职业院校机电类专业中高职衔接系列教材(中职)

液压与气压传动项目教程

主编　侯守军

参编　涂建军　尹凤梅

　　　张道平　刘伦富

U0378507

西安电子科技大学出版社

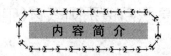

内 容 简 介

　　本书的内容均按项目组织，全书由八个项目组成，主要内容包括：液压与气压传动基础知识；液压与气动的能源装置、执行元件、控制元件、辅助元件的工作原理、结构特点、应用要点；各种液压与气动基本回路的功用和组成；几种典型液压系统和气动系统；液压系统和气动系统的安装调试、维护保养等。每个项目末均附有思考练习题，便于学生课后巩固学习内容。

　　本书可作为机械设计制造及自动化等专业中高职衔接教学用书，也可供汽车、航空等相关专业的高校师生和工程技术人员参考使用。

图书在版编目(CIP)数据

液压与气压传动项目教程/侯守军主编. —西安：西安电子科技大学出版社，2019.1
(2022.11 重印)
　ISBN 978 - 7 - 5606 - 5062 - 3

　Ⅰ. ①液… 　Ⅱ. ①侯… 　　Ⅲ. ①液压传动—教材 　②气压传动—教材
　Ⅳ. ①TH137 　②TH138

中国版本图书馆 CIP 数据核字(2018)第 270220 号

策　　划　　秦志峰　杨丕勇
责任编辑　　武翠琴
出版发行　　西安电子科技大学出版社(西安市太白南路 2 号)
电　　话　　(029)88202421　88201467　　　邮　编　710071
网　　址　　www.xduph.com　　　　　电子邮箱　xdupfxb001@163.com
经　　销　　新华书店
印　　刷　　咸阳华盛印务有限责任公司
版　　次　　2019 年 1 月第 1 版　2022 年 11 月第 2 次印刷
开　　本　　787 毫米×1092 毫米　1/16　印张 17.5
字　　数　　411 千字
印　　数　　2001～3000 册
定　　价　　42.00 元
ISBN 978 - 7 - 5606 - 5062 - 3/TH
XDUP 5364001 - 2

＊＊＊如有印装问题可调换＊＊＊

职业院校机电类专业中高职衔接系列教材（中职）

编审专家委员会名单

主　任：黄邦彦（武汉船舶职业技术学院　院长、教授）

副主任：章国华（武汉船舶职业技术学院　副教授）

张道平（湖北信息工程学校　高级讲师）

易法刚（武汉市东西湖职业技术学校　高级讲师）

程立群（武汉市电子信息职业技术学校　高级讲师）

杨亚芳（武汉市仪表电子学校　高级讲师）

周正鼎（武汉机电工程学校　讲师）

编委委员：（委员按照姓氏拼音顺序排列）

毕红林（武汉东西湖职业技术学校）

程立群（武汉市电子信息职业技术学校）

贺志盈（武汉机电工程学校）

侯守军（湖北信息工程学校）

李碧华（宜都市职业教育中心）

李世发（宜都市职业教育中心）

李习伟（湖北信息工程学校）

刘伦富（湖北信息工程学校）

罗文彩（武汉市仪表电子学校）

邵德明（湖北城市职业学校）

沈　阳（武汉机电工程学校）

杨亚芳（武汉市仪表电子学校）

杨成锐（宜城市职业高级中学）

易法刚（武汉市东西湖职业技术学校）

张道平（湖北信息工程学校）

张凤姝（宜昌机电工程学校）

周正鼎（武汉机电工程学校）

前　言

　　液压与气动技术是机械行业工程技术人员必须掌握的一种自动化技术。"液压与气压传动"课程的任务是使学生掌握流体力学和气体热力学基础知识，熟悉并掌握各类液压与气动元件的工作原理、结构特点、安装使用，以及各种液压与气动基本回路的功用、组成和应用场合，从而具备安装、调试、使用、改进液压与气动设备的技能。

　　本书紧紧围绕"教、学、做"一体化的项目教学模式，充分体现了教学过程的实践性。本书主要内容包括：液压与气压传动基础知识；液压与气动的能源装置、执行元件、控制元件、辅助元件的工作原理、结构特点、应用要点；各种液压与气动基本回路的功用和组成；几种典型液压系统和气动系统；液压系统和气动系统的安装调试、维护保养等。

　　本书在内容取舍上贯彻少而精、理论联系实际的原则，理论部分尽量避免过于繁琐的推导和设计原理讲解，强调简洁、实用，应用部分则加强了针对性和实用性，注意理论教学与实践教学的密切结合，注重学生在应用技术方面的能力培养。本书在内容编排上密切联系生产实际，选用较为先进、典型的线路和实例，力图使学生获得实用的技术知识。为便于学生阅读和理解，在介绍元件工作原理时多配以简单的原理图，在介绍典型结构图时配以新型的结构图。每个项目末均附有思考练习题，便于学生对所学内容进行巩固。

　　本书由湖北信息工程学校侯守军担任主编，荆门职业学院涂建军、尹凤梅及湖北信息工程学校张道平、刘伦富参与编写工作。在本书编写过程中，得到了许多专家的指点和帮助，在此表示感谢！

　　限于编者水平，书中难免存在不足之处，恳请广大读者批评指正。

编　者

2018 年 9 月

目　录

液压传动系统组成

液压传动是用液体作为工作介质来传递能量和进行控制的传动方式，是根据17世纪帕斯卡提出的液体静压力传动原理而发展起来并在生产中广为应用的一门技术。液压传动和利用气体作为工作介质的气压传动统称为流体传动，如今，流体传动技术水平的高低已成为一个国家工业发展水平的重要标志。

了解工作介质基本的物理、化学性质，以及物体平衡和运动的力学规律，有助于正确理解液压传动的基本原理，同时这些内容也是液压系统设计、计算和合理使用的理论基础。

流体动力学研究流体在流动状态下的力学规律及其应用。流体运动的连续性方程、伯努利方程、动量方程是描述流动流体力学规律的三个基本方程式，它们构成了流体动力学的基础，是液压和气压传动中分析问题和设计计算的理论依据。

任务 1.1 液压传动基础知识

任务目标与分析

通过学习液压传动工作介质、液体静力学、液体动力学等相关知识，掌握液体压力的表示方法，了解液体动力学的三个基本方程（连续性方程、伯努利方程和动量方程）的应用，为分析元件的结构及油路提供依据。

液压传动的工作介质是液压油，气压传动的工作介质是压缩空气，它们统称为流体，流体自身的性质会直接影响流体的运动规律，因此应该首先了解流体的各种特性。

知识链接

1.1.1 液压传动工作介质

液压系统的工作性能直接影响工程机械整机的可靠性，而液压油作为传递能量的介质，同时还具有冷却、润滑、防锈的功能，对液压系统的正常运行起着举足轻重的作用。正确使用液压油，既能最大限度地发挥液压系统的性能，又能延长液压元件的使用寿命，确保整机使用的可靠性和稳定性。

1. 液压传动工作介质的性质

1）密度 ρ

$$\rho = \frac{m}{V} \quad (\text{kg/m}^3)$$

式中，ρ 为液体的密度，单位为 kg/m^3；m 为液体的质量，单位为 kg；V 为液体的体积，单位为 m^3。

一般矿物油的密度为 $850\sim950$ kg/m^3。

2）重度 γ

$$\gamma = \frac{G}{V} \quad (\text{N/m}^3)$$

式中，γ 为液体的重度，单位为 N/m^3；G 为液体的重量，单位为 N；V 为液体的体积，单位为 m^3。

一般矿物油的重度为 $8400\sim9500$ N/m^3，因 $G=mg$，所以 $\gamma=G/V=\rho g$。

3）液体的可压缩性

液体的可压缩性是指当外界的压强发生变化时液体的体积也随之发生改变的特性。液体的可压缩性在一般情况下可以不必考虑，但是当外界压强变化较大，如发生水击现象时则必须考虑。

4）液体的黏性

液体在外力作用下流动时，由于液体分子间的内聚力而产生一种阻碍液体分子之间进行相对运动的内摩擦力，液体的这种产生内摩擦力的性质称为液体的黏性。由于液体具有黏性，当流体发生剪切变形时，流体内就产生阻滞变形的内摩擦力，由此可见，黏性表征了流体抵抗剪切变形的能力。处于相对静止状态的流体中不存在剪切变形，因而也不存在变形的抵抗，只有当运动流体流层间发生相对运动时，流体对剪切变形的抵抗，也就是黏性才表现出来。黏性所起的作用为阻滞流体内部的相互滑动，在任何情况下它都只能延缓滑动的过程而不能消除这种滑动。

黏性的大小可用黏度来衡量，黏度是选择液压用流体的主要指标，是影响流动流体的重要物理性质。

2. 对液压传动工作介质的要求

液压油的质量及其各种性能将直接影响液压系统的工作。从液压系统使用油液的要求来看，有下面几点：

（1）适宜的黏度和良好的黏温性能。

（2）润滑性能好。在液压传动机械设备中，除液压元件外，其他一些有相对滑动的零件也要用液压油来润滑，因此，液压油应具有良好的润滑性能。为了改善液压油的润滑性能，可加入添加剂以增加其润滑性能。

（3）良好的化学稳定性，即对热、氧化、水解、相容都具有良好的稳定性。

（4）对液压装置及相对运动的元件具有良好的润滑性。

（5）对金属材料具有防锈性和防腐性。

（6）比热容、热传导率大，热膨胀系数小。

（7）抗泡沫性好，抗乳化性好。

（8）油液纯净，含杂质量少。

（9）流动点和凝固点低，闪点和燃点高。

此外，对油液的无毒性、价格便宜等，也应根据不同的情况有所要求。

3. 工作介质的分类及选用

1）液压油按工作介质的分类

液压油的种类繁多，分类方法各异，通常按用途进行分类，也有根据油品类型、化学组成或可燃性分类的。

石油基液压油的分类如图 1-1 所示。石油基液压油是以石油的精炼物为基础，加入抗氧化剂或抗磨剂等混合而成的液压油，不同性能、不同品种、不同精度则加入不同的添加剂。

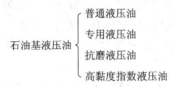

图 1-1　石油基液压油的分类

图 1-2 是难燃液压油的分类。磷酸酯液压油是难燃液压油之一，它的使用温度范围宽，可达 -54～135℃。另外，其抗燃性、氧化安定性和润滑性都很好。缺点是与多种密封材料的相容性很差，有一定的毒性。

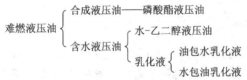

图 1-2　难燃液压油的分类

水-乙二醇液压油由水、乙二醇和添加剂组成，蒸馏水占 35%～55%，因而抗燃性好。这种液体的凝固点低，达 -50℃，黏度指数高（130～170），为牛顿流体。缺点是能使油漆涂料变软，但对一般密封材料无影响。

乳化液属抗燃液压油，由水、基础油和各种添加剂组成，可分为水包油乳化液和油包水乳化液，前者含水量为 90%～95%，后者含水量为 40%。

2）液压油的选用

正确而合理地选用液压油，是保证液压设备高效率正常运转的前提。

选用液压油时，可根据液压元件生产厂样本和说明书所推荐的品种号数，或者根据液压系统的工作压力、工作温度、液压元件种类及经济性等因素全面考虑，一般是先确定适用的黏度范围，再选择合适的液压油品种。同时，还要考虑液压系统工作条件的特殊要求，如在寒冷地区工作的系统要求油的黏度指数高、低温流动性好、凝固点低；伺服系统要求油质纯、压缩性小；高压系统则要求油液抗磨性好。在选用液压油时，黏度是一个重要的参数。黏度的高低将影响运动部件的润滑、缝隙的泄漏以及流动时的压力损失、系统的发热温升等。因此，在环境温度较高、工作压力较高或运动速度较低时，为减少泄漏，应选用黏度较高的液压油，否则相反。

液压油的牌号（用数字表示）表示在 40℃ 下油液运动黏度的平均值。但是总的来说，应尽量选用较好的液压油，虽然初始成本要高些，但因为优质油使用寿命长，对元件损害小，所以从整个使用周期看，其经济性要比选用劣质油好些。

4. 液压油的污染与防护

液压油是否清洁，不仅影响液压系统的工作性能和液压元件的使用寿命，而且直接关系到液压系统是否能正常工作。液压系统多数故障与液压油受到污染有关，因此控制液压油的污染是十分重要的。

液压油污染严重时，直接影响液压系统的工作性能，使液压系统经常发生故障，并使液压元件寿命缩短。造成这些危害的原因主要是污垢中的颗粒。对于液压元件来说，由于这些固体颗粒进入到元件里，会使元件的滑动部分磨损加剧，并可能堵塞液压元件里的节流孔、阻尼孔，或使阀芯卡死，从而造成液压系统的故障。水分和空气的混入使液压油的润滑能力降低并使其加速氧化变质，产生气蚀，使液压元件加速腐蚀，以及液压系统出现振动、爬行等。

造成液压油污染的原因多而复杂，液压油自身又在不断地产生脏物，因此要彻底解决液压油的污染问题是很困难的。为了延长液压元件的寿命，保证液压系统可靠地工作，将液压油的污染度控制在某一限度以内是较为切实可行的办法。对液压油的污染控制工作主要从两个方面着手：一是防止污染物侵入液压系统；二是把已经侵入的污染物从系统中清除出去。污染控制要贯穿于整个液压装置的设计、制造、安装、使用、维护和修理等各个阶段。

1.1.2　液体静力学基础

液压传动是以液体作为工作介质进行能量传递的，因此要研究液体处于相对平衡状态下的力学规律及其实际应用。所谓相对平衡，是指液体内部各质点间没有相对运动，至于液体本身则完全可以和容器一起如同刚体一样做各种运动。因此，液体在相对平衡状态下不呈现黏性，不存在切应力，只有法向的压应力，即静压力。

液体静力学研究的是液体处于静止状态下的力学规律以及这些规律的应用。所谓的静止，是指液体内部质点之间没有相对运动，以至于液体整体完全可以像刚体一样做各种运动。

1. 液体的静压力及其特性

1）液体的静压力

静止液体在单位面积上所受的法向力称为静压力。这一定义在物理学中称为压强，但在液压传动中称为压力，通常用 p 表示：

$$p = \frac{F}{A} \tag{1-1}$$

式中，p 的单位为 Pa 或 N/m²；F 为液体所受的压力，单位为 N；A 为受力面积，单位为 m²。

2）液体静压力的特性

（1）液体的静压力垂直于其承压面，方向和该面的内法线方向一致。即静止液体承受的只是法向压力，而不承受剪切力和拉力。

（2）静止液体内任一点所受到的静压力在各个方向上都相等。

2. 帕斯卡原理

1）液体静力学基本方程

如图 1-3(a)所示，密度为 ρ 的液体在容器内处于静止状态，作用在液面上的压力为 p_0，如果计算离液面深度为 h 处的某一点的压力，可以从液体内取出一个底面通过该点的垂直小液柱作为研究体。

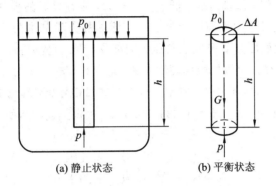

(a) 静止状态　　　　　　　(b) 平衡状态

图 1-3　静止液体内压力分布规律

如图 1-3(b)所示，这个液柱在重力及周围液体的压力作用下，处于平衡状态，因此列平衡方程有

$$p\Delta A = p_0\Delta A + \rho g h \Delta A$$

等式两边同时除以 ΔA，则有

$$p = p_0 + \rho g h \tag{1-2}$$

式(1-2)即为液体静力学基本方程，由此可知：

（1）静止液体内任一点处的压力由两部分组成，即液面上的压力和液体自重产生的压力之和。当液面与大气接触时，p_0 为大气压力 p_a，液体内任一点处的压力为 $p = p_a + \rho g h$。

（2）静止液体内任一点处的压力随该点距离液面的深度呈直线规律递增。

（3）离液面深度相同的各点的压力均相等，而压力相等的所有点组成的面称为等压面。在重力作用下的静止液体中的等压面为水平面，而与大气接触的自由表面也是等压面。

（4）在液压传动装置中，一般液压装置的安装都不高，通常由外力产生的压力要比由液体自重产生的压力 $\rho g h$ 大得多，因此分析计算时 $\rho g h$ 可忽略不计，即认为液压装置静止的液体内部的压力都是近似相等的。

2）压力的表示方法及单位

液压系统中的压力就是指压强，液体压力通常有绝对压力、相对压力（表压力）、真空度三种表示方法。因为在地球表面上，一切物体都受大气压力的作用，而且是自成平衡的，即大多数测压仪表在大气压下并不动作，这时它所表示的压力值为零，所以它们测出的压力是高于大气压力的那部分压力。也就是说，它是相对于大气压（即以大气压为基准零值时）所测量到的一种压力，因此称为相对压力或表压力。另一种是以绝对真空为基准零值时所测得的压力，称为绝对压力。当绝对压力低于大气压时，习惯上称为出现真空。

因此，某点的绝对压力比大气压小的那部分数值叫做该点的真空度。如某点的绝对压力为 $4.052 \times 10^4 \, \text{Pa}(0.4$ 大气压$)$，则该点的真空度为 $6.078 \times 10^4 \, \text{Pa}$（0.6 大气压）。

绝对压力、相对压力(表压力)和真空度的关系如图 1-4 所示。由图 1-4 可知，绝对压力总是正值，表压力则可正可负，负的表压力就是真空度，如真空度为 $4.052 \times 10^4 \, \text{Pa}$（0.4 大气压），其表压力为 $-4.052 \times 10^4 \, \text{Pa}$（$-0.4$ 大气压）。

把下端开口、上端具有阀门的玻璃管插入密度为 ρ 的液体中，如图 1-5 所示。如果在上端抽出一部分封入的空气，使管内压力低于大气压力，则在外界的大气压力 p_a 的作用下，管内液体将上升至 h_0，这时管内液面压力为 p_0，由流体静力学基本公式可知：$p_a = p_0 + \rho g h_0$。显然，$\rho g h_0$ 就是管内液面压力 p_0 不足大气压力的部分，因此它就是管内液面上的真空度。由此可见，真空度的大小往往可以用液柱高度 $h_0 = (p_a - p_0)/\rho g$ 来表示。在理论上，当 p_0 等于零时，即管中呈绝对真空时，h_0 达到最大值。根据公式可推导出，理论上在标准大气压下的最大真空度可达 760 mmHg（1 mmHg $\approx 1.333 \times 10^2 \, \text{Pa}$）。根据上述归纳如下：

绝对压力＝大气压力＋表压力

表压力＝绝对压力－大气压力

真空度＝大气压力－绝对压力

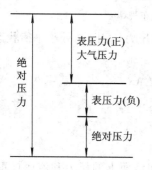

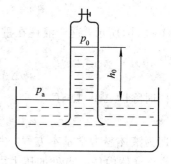

图 1-4 绝对压力、表压力和真空度的关系　　　　图 1-5 真空度

压力的单位为帕斯卡，简称帕，符号为 Pa，1 Pa＝1 N/m^2。由于此单位很小，工程上使用不便，因此常采用兆帕（MPa），1 MPa＝10^6 Pa。

3）静压力对固体壁面的作用力

流体和固体壁面接触时，固体壁面将受到流体静压力的作用。当固体壁面为一平面时，流体压力在该平面上的总作用力 F 等于流体压力 p 与该平面面积 A 的乘积，其作用方向与该平面垂直，即

$$F = pA \tag{1-3}$$

当固体壁面为一曲面时，流体压力在该曲面某 x 方向上的总作用力 F 等于流体压力 p 与曲面在该方向投影面积 A_x 的乘积，即

$$F_x = pA_x \tag{1-4}$$

如果已知若干个指定方向上的分力，就可求得总作用力 F。

4）帕斯卡原理

由液体静力学基本方程可知，静止液体中任一点的压力都包含了液面在外力作用下所产生的压力 p_0，当外加压力 p_0 发生变化时，只要液体仍保持原来的静止状态不

变，则液体内任一点的压力也将发生同样大小的变化。这就是说，在密闭容器内，由外力作用所产生的压力将等值地传递到液体内部所有各点，这就是帕斯卡原理，或称为静压力传递原理。

图 1-6 是帕斯卡原理的应用实例。图中大小两个相互连通的液压缸构成密闭容积，其中大缸活塞的面积为 A_1，作用在活塞上的负载为 F_1，则液体所形成的压力为 $p = F_1/A_1$，由帕斯卡原理可知，小活塞处的压力也为 p，若小活塞的面积为 A_2，为了防止大活塞下降，在小活塞上施加的力应为 $F_2 = pA_2 = \dfrac{A_2}{A_1}F_1$，由于 $\dfrac{A_2}{A_1} < 1$，因此用一个很小的推力 F_2，就可以顶起一个比较大的负载 F_1，这就是液压千斤顶等液压起重机械的工作原理，体现了液压装置的力的放大作用。

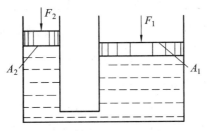

图 1-6　帕斯卡原理应用实例

1.1.3　液体动力学基础

在液压传动系统中，液压油总是在不断地流动，因此要研究液体在外力作用下的运动规律及作用在流体上的力及这些力和流体运动特性之间的关系，这属于液体动力学的范畴。其中，我们最为关心的是平均作用力和运动之间的关系。

1. 基本概念

1）理想液体与定常流动

液体具有黏性，并在流动时表现出来，因此研究流动液体时就要考虑其黏性，而液体的黏性阻力是一个很复杂的问题，这就使对流动液体的研究变得复杂。因此，引入理想液体的概念。理想液体就是指没有黏性、不可压缩的液体。首先通过对理想液体进行研究，然后再通过实验验证的方法对所得的结论进行补充和修正。这样，不仅使问题简单化，而且得到的结论在实际应用中也具有足够的精确性。与理想液体相对，既具有黏性又可压缩的液体称为实际液体。

当液体流动时，可以将流动液体中空间任一点上质点的运动参数，如压力 p、流速 v 及密度 ρ 表示为空间坐标和时间的函数，例如：

$$压力\ p = p(x, y, z, t)$$
$$速度\ v = v(x, y, z, t)$$
$$密度\ \rho = \rho(x, y, z, t)$$

如果空间上的运动参数 p、v、ρ 在不同的时间内都有确定的值，即它们只随空间坐标点的变化而变化，不随时间 t 变化，则液体的这种运动称为定常流动或恒定流动。但只要有一个运动参数随时间而变化，则就是非定常流动或非恒定流动。

在图 1-7(a)中，对容器出流的流量给予补偿，使其液面高度不变，这样，容器中各点的液体运动参数 p、v、ρ 都不随时间而变，这就是定常流动。在图 1-7(b)中，不对容器的出流给予流量补偿，则容器中各点的液体运动参数将随时间而改变，例如随着时间的消逝，液面高度逐渐减低，因此，这种流动为非定常流动。

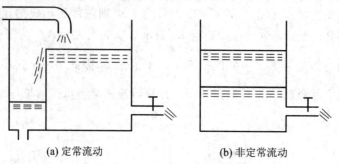

(a) 定常流动   (b) 非定常流动

图 1-7　定常流动与非定常流动

2）迹线、流线、流管、流束和通流截面

（1）迹线：迹线是流场中液体质点在一段时间内运动的轨迹线。

（2）流线：流线是流场中液体质点在某一瞬间运动状态的一条空间曲线。在该线上各点的液体质点的速度方向与曲线在该点的切线方向重合。在非定常流动时，因为各质点的速度可能随时间改变，所以流线形状也随时间改变。在定常流动时，因流线形状不随时间而改变，所以流线与迹线重合。由于液体中每一点只能有一个速度，因此流线之间不能相交也不能折转。

（3）流管：某一瞬时 t 在流场中画一封闭曲线，经过曲线的每一点作流线，由这些流线组成的表面称为流管。

（4）流束：充满在流管内的流线的总体，称为流束。图 1-8 为流线和流束示意图。

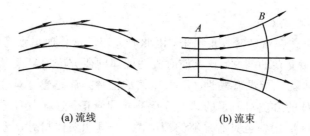

(a) 流线   (b) 流束

图 1-8　流线和流束

（5）通流截面：液体在管道中流动时，将垂直于液体流动方向的截面称为通流截面或过流截面。通常用 A 表示，单位为 m^2。

3）流量和平均流速

（1）流量：单位时间内通过通流截面的液体的体积称为流量，用 q 表示，流量的常用单位为升/分（L/min）。对微小流束，其表达式为

$$q = \int_A u \, dA \tag{1-5}$$

当已知通流截面上的流速 u 的变化规律时，可以由式（1-5）求出实际流量。

（2）平均流速：在实际液体流动中，由于黏性摩擦力的作用，通流截面上流速 u 的分布规律难以确定，因此引入平均流速的概念，即认为通流截面上各点的流速均为平均流速，用 v 来表示，则通过通流截面的流量就等于平均流速乘以通流截面积。令此流量与上述实际流量相等，得

$$q = \int_A u \, \mathrm{d}A = vA \tag{1-6}$$

则平均流速为

$$v = \frac{q}{A} \tag{1-7}$$

4）液体的流态和雷诺数

（1）液体的流态。液体的流态实验装置（雷诺实验装置）如图 1-9 所示。实验表明，在液体流动的过程中，存在着多种不同的流动状态。

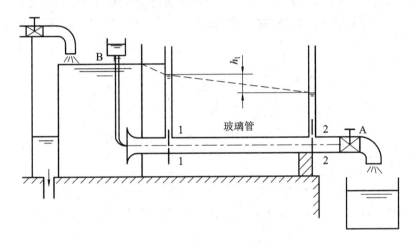

图 1-9　雷诺实验装置

实验时保持水箱中水位恒定和尽可能平静，然后将阀门 A 微微开启，使少量水流流经玻璃管，即玻璃管内平均流速 v 很小。这时，如果将颜色水容器的阀门 B 也微微开启，使颜色水也流入玻璃管内，就可以在玻璃管内看到一条细直而鲜明的颜色流束，而且不论颜色水放在玻璃管内的任何位置，它都能呈直线状，这说明管中水流都是安定地沿轴向运动的，液体质点没有垂直于主流方向的横向运动，因此颜色水和周围的液体没有混杂。如果把 A 阀缓慢开大，管中流量和它的平均流速 v 也将逐渐增大，直至平均流速增加至某一数值，颜色流束开始弯曲颤动，这说明玻璃管内液体质点不再保持安定，开始发生脉动，不只具有横向的脉动速度，也具有纵向脉动速度。如果 A 阀继续开大，脉动加剧，颜色水就完全与周围液体混杂而不再维持流束状态。

大量的实验表明，基本上可以把液体的流动状态分为三类：即层流、紊流和过渡流态。

① 层流：在液体流动时，如果质点没有横向脉动，不引起液体质点混杂，而是液体流动层次分明，能够维持安定的流束状态，这种流动称为层流。

② 紊流：如果液体流动时质点具有脉动速度，引起流层间质点相互错杂交换，这种流动称为紊流或湍流。

③ 过渡流态：处于层流和紊流之间的一种中间状态。

（2）雷诺数。液体流动时究竟是层流还是紊流，须用雷诺数来判别。

实验证明，液体在圆管中的流动状态不仅与管内的平均流速 v 有关，还与管径 d、液体的运动黏度 ν 有关。但是，真正决定液流状态的却是这三个参数所组成的一个称为雷诺数 Re 的无量纲数：

$$Re = \frac{vd}{\nu} \tag{1-8}$$

由式（1-8）可知，液流的雷诺数若相同，则它的流动状态也相同。当液流的雷诺数 Re 小于临界雷诺数时，液流为层流；反之，液流大多为紊流。常见的液流管道的临界雷诺数由实验求得。

2. 连续性方程

质量守恒是自然界的客观规律，不可压缩液体的流动过程也遵守能量守恒定律。在流体力学中这个规律用连续性方程的数学形式来表达。如图 1-10 所示，设液体在管道中做稳定流动。

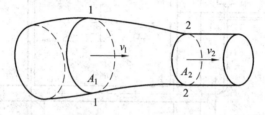

图 1-10　液体的微小流束连续性流动示意图

根据质量守恒定律，在单位时间内通过两个截面的液体质量应相等，即

$$\rho_1 v_1 A_1 = \rho_2 v_2 A_2 \tag{1-9}$$

忽略液体的可压缩性，有 $\rho_1 = \rho_2$，则

$$v_1 A_1 = v_2 A_2 \tag{1-10}$$

由于通流截面是任意取的，则有

$$q_1 = q_2 = vA = 常量 \tag{1-11}$$

式（1-9）中，v_1、v_2 分别是流管通流截面 A_1 及 A_2 上的平均流速。式（1-11）表明通过流管内任一通流截面上的流量相等，当流量一定时，任一通流截面上的通流面积与流速成反比。则任一通流断面上的平均流速为

$$v_1 = \frac{q}{A_1} \tag{1-12}$$

3. 伯努利方程

能量守恒是自然界的客观规律，流动液体也遵守能量守恒定律，这个规律是用伯努利方程的数学形式来表达的。伯努利方程是一个能量方程，掌握其物理意义是十分重要的。

1）理想液体微小流束的伯努利方程

为研究方便，一般将液体作为没有黏性摩擦力的理想液体来处理。

$$\frac{p_1}{\rho g} + z_1 + \frac{v_1^2}{2g} = \frac{p_2}{\rho g} + z_2 + \frac{v_2^2}{2g} \tag{1-13}$$

式中，$p/\rho g$ 为单位重量液体所具有的压力能，称为比压能，也叫做压力水头；z 为单位重量液体所具有的势能，称为比位能，也叫做位置水头；$v^2/2g$ 为单位重量液体所具有的动能，称为比动能，也叫做速度水头，它们的量纲都为长度。图 1-11 为液体流动能量方程关系转换图。

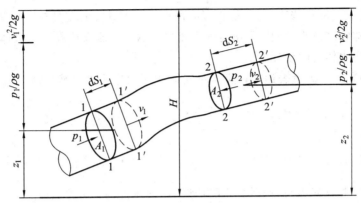

图 1-11　液流能量方程关系转换图

对伯努利方程可作如下的理解：

（1）伯努利方程式是一个能量方程式，它表明在空间各相应通流断面处流通液体的能量守恒规律。

（2）理想液体的伯努利方程只适用于重力作用下的理想液体做定常活动的情况。

（3）任一微小流束都对应一个确定的伯努利方程式，即对于不同的微小流束，它们的常量值不同。

2）实际液体微小流束的伯努利方程

由于液体存在着黏性，其黏性力在起作用，并表示为对液体流动的阻力，实际液体的流动要克服这些阻力，表示为机械能的消耗和损失，因此当液体流动时，液流的总能量或总比能在不断地减少。所以，实际液体微小流束的伯努力方程为

$$\frac{p_1}{\rho g} + z_1 + \frac{v_1^2}{2g} = \frac{p_2}{\rho g} + z_2 + \frac{v_2^2}{2g} + h_w \tag{1-14}$$

式中，h_w 表示液流从截面 1 到截面 2 因黏性而损耗的能量。

3）实际液体总流的伯努利方程

$$\frac{p_1}{\rho g} + z_1 + \frac{\alpha_1 v_1^2}{2g} = \frac{p_2}{\rho g} + z_2 + \frac{\alpha_2 v_2^2}{2g} + h_w \tag{1-15}$$

式中，α_1、α_2 分别表示截面 A_1、A_2 上的动能修正系数。

伯努利方程的适用条件为：

（1）稳定流动的不可压缩液体，即密度为常数的液体。

（2）液体所受质量力只有重力，忽略惯性力的影响。

（3）所选择的两个通流截面必须在同一个连续流动的流场中是渐变流（即流线近于平行线，有效截面近于平面），而不考虑两截面间的流动状况。

4. 动量方程

动量方程是动量定理在流体力学中的具体应用。流动液体的动量方程是流体力学的基

本方程之一,它是研究液体运动时作用在液体上的外力与其动量的变化之间的关系。在液压传动中,计算液流作用在固体壁面上的力时,应用动量方程比较方便。

可导出流动液体的动量方程为

$$F = \rho q (\beta_2 v_2 - \beta_1 v_1) \tag{1-16}$$

式中,β_1、β_2 均表示动量修正系数(修正以断面平均速度计算的动量与实际动量的差异)。

动量方程的物理意义表明:单位时间内流出控制体与流入控制体的水体动量之差等于作用在控制体内水体上的合外力。

式(1-16)是一个矢量表达式,液体对固体壁面的作用力与液体所受外力大小相等方向相反。

任务实施

【例 1-1】 按给定条件计算两个相互连通的液压缸的相关参数。

图 1-12 为相互连通的两个液压缸,已知大缸内径 $D=100$ mm,小缸内径 $d=20$ mm,大活塞上放上质量为 5000 kg 的物体,问:

(1) 在小活塞上所加的力 F 多大才能使大活塞顶起重物?

(2) 若小活塞下压速度为 0.2 m/s,试求大活塞上升速度。

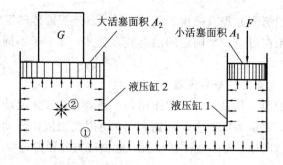

图 1-12 相互连通的两个液压缸

解 (1) 物体的重力为

$$G = mg = 5000 \text{ kg} \times 9.8 \text{ m/s}^2 = 49\ 000 \text{ kg} \cdot \text{m/s}^2 = 49\ 000 \text{ N}$$

根据帕斯卡原理,由外力产生的压力在两缸中相等,即有

$$F = \frac{A_1}{A_2} G = 1960 \text{ N}$$

故为了顶起重物应在小活塞上加力 1960 N。

(2) 由连续性方程:

$$q = Av = \frac{\pi d^2}{4} v_小 = \frac{\pi D^2}{4} v_大 = 常数$$

可得出大活塞上升速度为 0.008 m/s。

本计算说明了液压千斤顶等液压起重机械的工作原理,体现了液压装置的力的放大作用,并且建立了一个很重要的概念,即在液压传动中工作的压力取决于负载,而与流入的流量多少无关。

【例 1-2】 图 1-13 为一滑阀示意图，试求当液流通过滑阀时，液流对阀芯的轴向力。

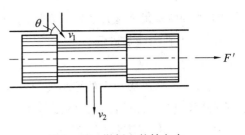

图 1-13　滑阀上的轴向力

解　取进、出油口之间的液体为控制体积，根据式(1-16)，作用在液体上的轴向力为

$$F = \rho q (v_2 \cos 90° - v_1 \cos \theta) = -\rho q v_1 \cos \theta$$

液体对阀芯的轴向力 $F' = -F = \rho q v_1 \cos \theta$，方向向右，即液流有一个企图使阀口关闭的力。当液流反方向通过该阀时，同理可得相同的结果，液流的作用力仍企图使阀口关闭。

【例 1-3】 图 1-14 所示为一圆锥阀，阀口直径为 d，在锥阀的部分圆锥面上有压力为 p 的油液作用，试求油液对圆锥阀芯的总作用力。

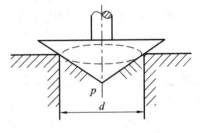

解　由于阀芯前后、左右对称，油液作用在阀芯上的力在 x、y 方向的分力均为零，在垂直方向的分力即为总作用力

$$F = F_z = \frac{\pi}{4} d^2 p$$

图 1-14　油液对锥阀的作用

知识拓展

1. 液体静力学基本方程的物理意义

如图 1-15 所示为密封容器内压力的示意图，密封容器内压力为 p_0，取一基准平面 $M-M$ 为相对高度的起点，则距 $M-M$ 平面 h 处 A 点压力 p，可以写成

$$p = p_0 + \rho g h_A = p_0 + \rho g (h_0 - h)$$

整理后得

$$\frac{p}{\rho} + gh = \frac{p_0}{\rho} + gh_0 = 常数 \qquad (1-17)$$

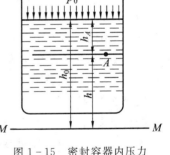

图 1-15　密封容器内压力

式(1-17)是液体静力学基本方程的另一种形式。其中 gh 表示单位质量液体的位能，又称为位置水头；p/ρ 表示单位质量液体的压力能，又称为压力水头。式(1-17)说明了静止液体中单位质量液体的压力能和位能可以相互转换，但各点的总能量却保持不变，即能量守恒，这就是液体静力学基本方程中包含的物理意义。

2. 流体在管道内的流动

1）液体流动时的压力损失

由于实际液体具有黏性，以及液体在流动时会遇到阻力，为了克服阻力，液体会损失一部分能量，这种能量损失称为压力损失。压力损失分为沿程压力损失和局部压力损失两类。

2）气体的流动特性

气体在管道中的流动特性，随流动状态的不同而不同。在亚声速流动时，气体的流动特性和不可压缩流体的流动特性相同；在超声速流动时，气体的流动特性和不可压缩流体的流动特性有很大区别，限于篇幅，这里不作介绍。

3. 小孔和缝隙流量

1）小孔流量

流体在通流面积突然缩小处的流动称为节流。在液压与气动技术中，需要用小孔（节流孔）来控制流体的流量。小孔分为三种：当小孔的长径比 $1/d \leqslant 0.5$ 时，称为薄壁孔；当 $1/d > 4$ 时，称为细长孔；当 $0.5 < 1/d \leqslant 4$ 时，称为短孔。

薄壁小孔因为流程很短，流量对油温的变化不敏感，因此适于用作调节流量的节流器。

由于短孔易于加工，因而常用作固定节流器。

流量与黏度有关，当流体温度发生变化时，黏度也发生变化，流量随之发生变化。

2）缝隙流量

由于流体的黏性，流体在缝隙中的流态均为层流。缝隙流动有两种状况：一种是由缝隙两端的压力差造成的流动，称为压差流动；另一种是形成缝隙的两壁面做相对运动造成的流动，称为剪切流动。这两种流动经常会同时存在。

在液压和气动元件中，有配合的零件应尽量使其同心，以减小缝隙泄漏量。

4. 液压冲击和气穴现象

1）液压冲击

在液压系统中，常常由于某些原因（如阀门迅速关闭，运动部件突然制动等）而使液体压力急剧上升，形成很高的压力峰值，这种现象称为液压冲击。液压冲击会引起振动和噪声，有时使液压元件产生误动作，甚至损坏液压元件和密封装置，必须采取措施加以解决。常用措施有：减慢阀门关闭速度，延长运动部件制动时间，限制管道中的油液速度，采用橡胶软管或在冲击源处设置蓄能器等。

2）气穴

液压系统中，如果某处的压力低于空气分离压，就会使原来溶于液体中的空气分离出来，形成气泡，这种现象称为气穴。当液体中的压力进一步降低到饱和蒸汽压时，液体将迅速汽化，气穴现象就更加严重。

气穴现象会造成流量和压力的脉动，引起振动和噪声。气泡在高压区破裂时，会产生局部的高温高压，元件表面受到高温高压的作用，会发生氧化腐蚀，这种由气穴造成的腐蚀称为气蚀。当液流速度过高或液压泵进口处真空度过大时均会发生气穴现象。防止气穴现象发生的措施有：减小小孔或缝隙前后的压力降（常取 $p_1/p_2 \leqslant 3.5$），降低液压泵的安装高度，限制吸油管（$p_1/p_2 \leqslant 3.5$）的流速等。

任务 1.2　液压系统工作原理及组成

🏃 任务目标与分析

千斤顶是一种起重高度小于 1 m 的最简单的起重设备，是一种采用柱塞或液压缸作为钢性顶举件的工作装置，是一种通过顶部托座或底部托爪在行程内顶升重物的轻小起重设备，主要用于厂矿、交通运输等部门作为车辆修理及其他起重、支撑等工作。其结构轻巧坚固、灵活可靠、重量轻、便于携带、移动方便。千斤顶分机械式和液压式两种，液压千斤顶又称油压千斤顶。

通过学习液压传动工作原理及组成，了解液压传动的基本原理，掌握液压传动的定义，熟悉液压传动的基本组成。通过常用液压千斤顶的拆卸与装配，进一步理解液压千斤顶的结构组成及工作原理。

知识链接

1.2.1　液压传动系统的工作原理

观察图 1-16 所示的各种液压设备，试分析其工作过程及组成。

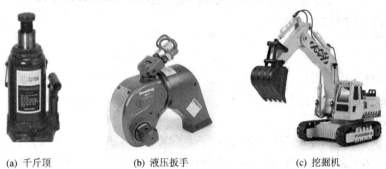

(a) 千斤顶　　　　　　(b) 液压扳手　　　　　　(c) 挖掘机

图 1-16　各种液压设备

液压千斤顶适用于起重高度不大的各种起重作业。它由油室、储油腔、活塞、摇把、油阀等主要部分组成。工作时，只要往复扳动摇把，使手动油泵不断向油缸内压油，由于油缸内油压的不断增高，因而迫使活塞及活塞上面的重物一起向上运动。打开回油阀，油缸内的高压油便流回储油腔，于是重物与活塞也就一起下落。

通过观察与讨论回答以下问题：

(1) 操作者的动作与机械的动作有什么联系？

(2) 这些机械的巨大力量来自那里？

1. 液压千斤顶工作原理

下面以图 1-17 所示液压千斤顶为例，说明液压传动系统的工作原理。

大液压缸 6 和大活塞 7 构成举升缸，杠杆 1、小液压缸 3、小活塞 2、单向阀 4 和 5 构成手动液压泵。活塞和缸体之间保持良好的配合关系，活塞不仅能在缸内滑动，而且配合面之间又能实现可靠的密封。当抬起杠杆 1 时，其带动小活塞 2 向上运动，活塞下腔密封容积增大形成局部真空，由于压力差，单向阀 4 打开、5 关闭，油箱中的油在大气压力的作用下通过吸油管进入小活塞下腔，完成一次吸油动作。当用力压下手柄时，小活塞 2 下移，其下腔密封容积减小，油压升高，这时，单向阀 4 关闭、5 打开，油液进入举升缸下腔，驱动大活塞 7 使重物 G 上升一段距离，完成一次压油动作。如此反复地抬、压手柄，就能使油液不断地被压入举升缸，使重物不断地升高，达到起重的目的。如将放油阀 9 旋转 90°，大活塞 7 可以在自重和外力的作用下实现回程。这就是液压千斤顶的工作原理。

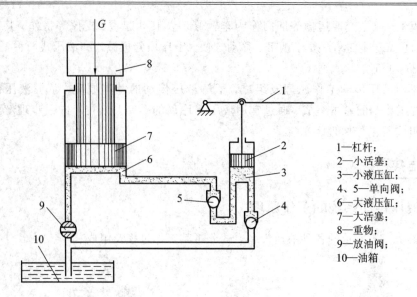

1—杠杆；
2—小活塞；
3—小液压缸；
4、5—单向阀；
6—大液压缸；
7—大活塞；
8—重物；
9—放油阀；
10—油箱

图 1-17　液压千斤顶的工作原理

显然，杠杆 1 反复提压的速度越快，单位时间内进入大液压缸 6 中的油液就越多，从而重物升起速度就越快；重物越重，杠杆 1 反复提压时，压下的阻力就越大，千斤顶中的油液压力就越高。

由液压千斤顶的工作原理可知，液压传动是以密闭容积中的受压液体作为工作介质来传递运动和动力的传动，小液压缸 3 与单向阀 4、5 一起完成吸油和排油，将杠杆的机械能转换为油液的压力能输出，大液压缸 6 将油液的压力能转换为机械能输出。在这里大、小液压缸组成了最简单的液压传动系统，实现了力和运动的传递。液压传动利用液体的压力能进行工作，它与利用液体的动能工作的液力传动有根本的区别。

由以上的分析可知，液压传动的工作原理有以下几个特点：

（1）液压传动是以密闭容器中的受压液体作为工作介质来传递运动和动力的。

（2）大活塞所能承受负载的大小与油液压力和大活塞 7 的有效工作面积有关，而它的运动速度取决于单位时间内进入缸内油液的多少。

（3）液压传动装置本质上是一种能量转换装置，杠杆手柄先把机械能转换为便于输送的油液压力能，通过液压回路后，举升缸又将油液的压力能转换为机械能输出做功。

2. 液压千斤顶力和运动的传递

1）力的传递

根据液压千斤顶的工作原理图（图 1-17），设液压缸小活塞的面积为 A_1，大活塞的面积为 A_2，作用在活塞上的负载为 G，该力在液压缸中所产生的液体的压力为 $p_2 = G/A_2$。根据帕斯卡原理可知，为了克服负载 G 使液压缸活塞运动，作用在小活塞上的力 F_1 应为 $F_1 = pA_1 = \dfrac{A_1}{A_2}G$。

在 A_1、A_2 一定时，负载 G 越大，系统中的压力 p 也越高，所需的作用力 F_1 也越大，即系统压力与外负载密切相关。这就是液压传动工作原理的第一个特点：液压传动中的工作压力取决于外负载。在液压千斤顶系统中，因为 $A_1 < A_2$，所以较小的力能够顶起较重的重物。

2）运动的传递

如果不考虑液体的可压缩性、漏损和缸体、管路的变形，小活塞缸排出的液体体积

V_1 必然等于进入大活塞缸的液体体积 V_2。设小活塞位移为 S_1，大活塞位移为 S_2，则有 $V_1 = S_1 A_1 = S_2 A_2 = V_2$，上式两边同时除以运动时间 t，得

$$q_1 = v_1 A_1 = v_2 A_2 = q_2 \qquad (1-18)$$

式中，v_1、v_2 分别表示小活塞、大活塞的平均运动速度；q_1、q_2 分别表示小活塞缸排出液体的平均流量和进入大活塞缸液体的平均流量。

由上述可见，液压传动是靠密闭工作容积变化相等的原则实现运动（速度和位移）传递的。若调节进入液压缸的流量，即可调节活塞的运动速度，这是液压传动的第二个特点：活塞的运动速度取决于输入流量的大小，而与外负载无关。

3. 千斤顶的使用方法和注意事项

1）千斤顶的使用方法

（1）使用前必须检查各部是否正常。

（2）使用时应严格遵守主要参数中的规定，切忌超高超载，否则当起重高度或起重吨位超过规定时，电动液压千斤顶的顶部会发生严重漏油。

（3）重物重心要选择适中，合理选择千斤顶的着力点，底面要垫平，同时要考虑到地面软硬条件，是否要衬垫坚韧的木材，放置是否平稳，以免负重下陷或倾斜。

（4）欲使活塞杆下降，可将放油阀微微旋松，使油缸卸荷，活塞杆逐渐下降。否则，下降速度过快将产生危险。

（5）使用过程中应避免千斤顶剧烈振动。

（6）不适宜在有酸碱或腐蚀性气体的工作场所使用。

（7）用户要根据使用情况定期检查和保养。

2）千斤顶的使用注意事项

（1）液压千斤顶在顶升作业时，要选择合适吨位的液压千斤顶：承载能力不可超负荷，选择液压千斤顶的承载能力需大于重物重力的 1.2 倍；液压千斤顶最低高度合适，为了便于取出，选用液压千斤顶的最小高度应与重物底部施力处的净空相适应，起落过程中垫枕木支持重物时，液压千斤顶的起升高度要大于枕木厚度与枕木变形之和。

（2）当使用多台液压千斤顶顶升同一设备时，应选用同一型号的液压千斤顶，且每台液压千斤顶的额定起重量之和不得小于所承担设备重力的 1.5 倍。

（3）液压千斤顶在使用前应放置平整，不能倾斜，底部要垫平，严防地基偏沉或载荷偏移而使液压千斤顶倾斜或翻倒，可在液压千斤顶底部垫坚韧的枕木或钢板来扩大承压面积，以免陷落或滑动而发生事故；切勿用有油污的木板或钢板作为衬垫，防止受力时打滑，发生安全事故；重物被顶升位置必须是安全、坚实的部位，以防损坏设备。

（4）使用液压千斤顶时，应先将重物试顶起一部分，仔细检查液压千斤顶无异常后，再继续顶升重物。若发现垫板受压后不平整、不牢固或液压千斤顶有倾斜时，必须将液压千斤顶卸压回程，及时处理好后方可再次操作。

（5）在顶升过程中，应随重物的不断上升及时在液压千斤顶下方铺垫保险枕木架，以防液压千斤顶倾斜或引起活塞突然下降而造成事故，下放重物时要逐步向外抽出枕木，枕木与重物间的距离不得超过一块枕木的厚度，以防意外。

（6）当重物的顶升高度需超出液压千斤顶额定高度时，需先在液压千斤顶顶起的重物下垫好枕木，降下液压千斤顶，垫高其底部，重复顶升，直至需要的起升高度。

（7）液压千斤顶不可作为永久支承设备。如需长时间支承，应在重物下方增加支承部分，以保证液压千斤顶不受损坏。

（8）若顶升重物一端只用一台液压千斤顶，则应将液压千斤顶放置在重物的对称轴线上，并使液压千斤顶底座长的方向和重物易倾倒的方向一致。若重物一端使用两台液压千斤顶，则其底座的方向应略呈八字形对称放置于重物对称轴线两侧。

（9）使用两台或多台液压千斤顶同时顶升作业时，须统一指挥、协调一致、同时升降。

（10）液压千斤顶应存放在干燥、无尘的地方，不适宜在有酸碱或腐蚀性气体的工作场所使用，更不能放在室外日晒雨淋。在使用前应擦拭干净，并应检查各部件是否灵活。

（11）操作时应严格遵守技术规范，需根据使用情况定期检查和保养。

1.2.2 液压传动装置的组成

1. 机床工作台液压系统的工作过程

图 1-18 为机床工作台液压系统示意图。当液压泵 3 由电动机驱动旋转时，从油箱 1 经过过滤器 2 吸油。经换向阀 7 和管路 11 进入液压缸 9 的左腔，推动活塞杆及工作台 10 向右运动。液压缸 9 右腔的油液经管路 8、换向阀 7 和管路 6、4 排回油箱，通过扳动换向手柄切换换向阀 7 的阀芯，使之处于左端工作位置，则液压缸活塞反向运动；切换换向阀 7 的阀芯工作位置，使其处于中间位置，则液压缸 9 可在任意位置停止运动。

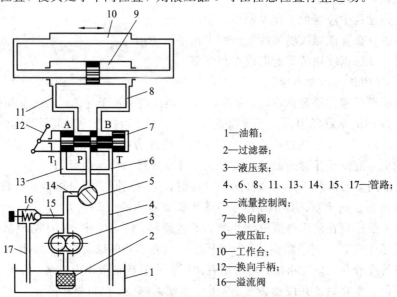

1—油箱；
2—过滤器；
3—液压泵；
4、6、8、11、13、14、15、17—管路；
5—流量控制阀；
7—换向阀；
9—液压缸；
10—工作台；
12—换向手柄；
16—溢流阀

图 1-18 机床工作台液压系统结构示意图

调节和改变流量控制阀 5 的开度大小，可以调节进入液压缸 9 的流量，从而调节液压缸活塞及工作台的运动速度。液压泵 3 排出的多余油液经管路 15、溢流阀 16 和管路 17 流回油箱。液压缸 9 的工作压力取决于负载。液压泵 3 的最大工作压力由溢流阀 16 调定，其调定值应为液压缸的最大工作压力及系统中油液经各类阀和管路的压力损失之和。因此，系统的工作压力不会超过溢流阀的调定值，溢流阀对系统还有超载保护作用。

2. 液压传动装置的组成

从液压千斤顶和机床工作台液压系统的工作过程可以看出，一个完整的、能够正常工作的液压系统，应该由以下 5 个主要部件组成。

1）动力元件

动力元件是指供给液压系统压力油，把原动机的机械能转化成液压能的装置。常见的动力元件是液压泵。

2）执行元件

执行元件是指把液压能转换为机械能的装置。其形式有做直线运动的液压缸，有做旋转运动的液压马达。

3）控制调节元件

控制调节元件是指能够完成对液压系统中工作液体的压力、流量和流动方向进行控制和调节的元件。这类元件主要包括各种液压阀，如溢流阀、节流阀和换向阀等。

4）辅助元件

辅助元件是指油箱、蓄能器、油管、管接头、滤油器、压力表以及流量计等。这些元件分别起散热储油、蓄能、输油、连接、过滤、测量压力和测量流量等作用，以保证系统正常工作，是液压传动系统不可缺少的组成部分。

5）工作介质

工作介质在液压传动及控制中起传递运动、动力及信号的作用，包括液压油或其他合成液体。

3. 液压传动系统的图形符号

图 1-17 和图 1-18 所示的液压传动系统图是一种半结构式的工作原理图，其直观性强，容易理解，但难于绘制。为了便于阅读、分析、设计和绘制液压系统，在工程实际中，国内外都采用液压元件的图形符号来表示。按照规定，这些图形符号只表示元件的功能，不表示元件的结构和参数，并以元件的静止状态或零位状态来表示。若液压元件无法用图形符号来表示，则仍允许采用半结构原理图表示。图 1-19 即为用图形符号表示的机床往

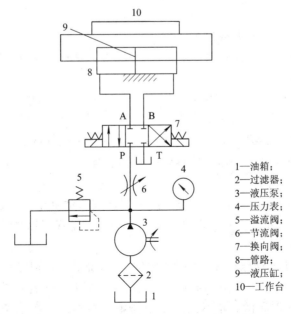

1—油箱；
2—过滤器；
3—液压泵；
4—压力表；
5—溢流阀；
6—节流阀；
7—换向阀；
8—管路；
9—液压缸；
10—工作台

图 1-19　机床工作台液压传动系统图形符号图

复运动工作台液压传动系统工作原理图。我国制定有液压与气动元件图形符号标准(参见附录1),在液压系统设计中,要严格执行这一标准。

任务实施

液压千斤顶的结构如图1-20所示。按照规定的步骤拆装液压千斤顶,为避免出现误装、反装、欠装等问题的出现,可在相应的位置做记号,或者用数码设备做好记录。

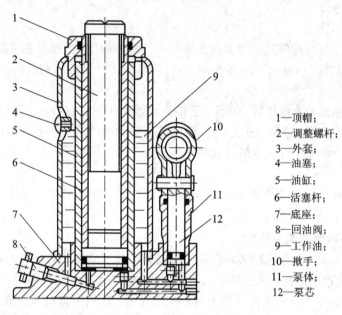

1—顶帽;
2—调整螺杆;
3—外套;
4—油塞;
5—油缸;
6—活塞杆;
7—底座;
8—回油阀;
9—工作油;
10—撬手;
11—泵体;
12—泵芯

图1-20　液压千斤顶结构图

1. 液压千斤顶的拆解

(1) 取下加油口皮塞,加油口朝下放在四方铁盒上。

(2) 取出回油阀8,油开始放出。

(3) 取下撬手10连杆,使用梅花扳手+0.8 m管子逆时针方向旋开小泵,用尖嘴钳撬开垫片,取出6♯钢球。

(4) 将千斤顶夹在台钳上,使用管子钳将顶帽1逆时针方向松开,取下。

(5) 用皮锤敲打外套3,取下。

(6) 拔开活塞杆6,如拔不出,用尖嘴钳取出底座7的回油阀8孔内的矩形橡胶圈,倒出8♯钢球,用长嘴气枪伸到底座7的回油阀8孔内最里面吹气,需控制气量,活塞杆6会弹出,要对准墙体,避免伤人。

(7) 取下活塞尼龙密封圈后,再把活塞杆6重新放入油缸中间部位,要看清活塞头在油缸的部位。使用管子钳夹住油缸逆时针方向旋出,这样管子钳加力时可避免油缸变形夹扁。

(8) 用自攻螺丝拧入钢球挡片,用钳子拔出挡片,取出6♯钢球。

(9) 所用部件用柴油清洗,用气枪吹干,用气枪吹通底座7各孔道,用电筒观察油缸5内部、泵体11内部是否光滑。如不光滑或破损则需更换。观察三个钢球凹孔是否圆形光滑。

2. 液压千斤顶的安装

（1）将底座立起来，放油阀方位向着装配者，将8♯钢球放入孔内，把矩形圈用尖嘴钳夹扁慢慢放入，穿过螺纹处的内部卡住即可。

（2）将底座平放在硬板上，把6♯钢球放入油缸内孔，使用撞针敲击钢球，把尼龙挡片敲入旁边空位挡住钢球，把6♯钢球放入小泵位置内孔，使用撞针敲击钢球，把垫片放入压住钢球。

（3）将底座夹在台钳上，将梯形垫圈拉一下（平底朝下），放入底座油缸底部，将油缸顺时针拧入底座（先用千斤顶油涂到螺纹和密封件上），将三件套（未装尼龙密封圈）放入油缸中下部，使用管子钳夹住油缸（位置处于三件套活塞处）拧紧，需用1.2 m空心钢管套在管子钳上，一人用力扳紧即可，将千斤顶油涂到油缸壁上。

注：三件套（三组件配件）是指活塞杆、螺纹管、螺杆（螺纹杆）三个核心的零件。

（4）将小泵总成顺时针拧入底座（螺纹涂千斤顶油），使用0.8 m空心钢管加力梅花扳手，用力扳紧。

（5）将活塞杆（装好尼龙密封件并涂千斤顶油）平稳塞入油缸上部（另外把黄油涂在活塞杆上，有油膜即可），然后按到底，使三件套处于油缸正中。

（6）将底座梯形圈拉一下放入底座槽内（平底向下），将外套平整放在底座上。外面一圈均需看到底座梯形圈密封件露出，然后双手平稳压一压。

（7）将顶帽螺纹及密封件涂上千斤顶油，套在三件套与外套之间，顺时针旋入，如不能旋入可按压顶帽逆时针慢慢反旋，找到位置后再顺时针旋入，需用1.2 m空心钢管套在管子钳上，用力扳紧即可。

（8）安装揿手连杆，安装放油阀，先用放油阀顶部对准矩形圈正中，用手拧几圈，再取出，观察矩形圈是否偏斜，再拧入。若矩形圈偏斜会导致放油阀处在放油时有漏油现象。

（9）用油枪加千斤顶油至加油口水平位置（千斤顶处于立式），使用尖嘴钳装上皮塞即可。

3. 液压千斤顶拆装注意事项

1）拆卸注意事项

（1）拆卸液压千斤顶之前，应使液压回路卸压。否则，当把与液压千斤顶相连接油管接头拧松时，回路中的高压油就会迅速喷出。液压回路卸压时应先拧松溢流阀等处的手轮或调压螺钉，使压力油卸荷，然后切断电源或切断动力源，使液压装置停止运转。

（2）拆卸时应防止损伤活塞杆顶端螺纹、油口螺纹和活塞杆表面、缸套内壁等。为了防止活塞杆等细长件弯曲或变形，放置时应用垫木支承均衡。

（3）拆卸时要按顺序进行。由于各种液压千斤顶结构和大小不尽相同，拆卸顺序也稍有不同。一般应放掉液压千斤顶两腔的油液，然后拆卸缸盖，最后拆卸活塞与活塞杆。在拆卸液压千斤顶的缸盖时，对于内卡键式连接的卡键或卡环要使用专用工具，禁止使用扁铲；对于法兰式端盖必须用螺钉顶出，不允许锤击或硬撬。在活塞和活塞杆难以抽出时，不可强行打出，应先查明原因再进行拆卸。

（4）拆卸前后要设法创造条件防止液压千斤顶的零件被周围的灰尘和杂质污染。例如，拆卸时应尽量在干净的环境下进行；拆卸后所有零件要用塑料布盖好，不要用棉布或其他工作用布覆盖。

（5）液压千斤顶拆卸后要认真检查，以确定哪些零件可以继续使用，哪些零件可以修理后再用，哪些零件必须更换。

2）装配注意事项

（1）装配前必须对各零件仔细清洗。

（2）要正确安装各处的密封装置。

① 安装 O 形圈时，不要将其拉到永久变形的程度，也不要边滚动边套装，否则可能因形成扭曲状而漏油。

② 安装 Y 形和 V 形密封圈时，要注意其安装方向，避免因装反而漏油。对 Y 形密封圈而言，其唇边应对着有压力的油腔；此外，YX 形密封圈还要注意区分是轴用还是孔用，不要装错。V 形密封圈由形状不同的支承环、密封环和压环组成，当压环压紧密封环时，支承环可使密封环产生形变而起密封作用，安装时应将密封环的开口面向压力油腔；调整压环时，应以不漏油为限，不可压得过紧，以防密封阻力过大。

③ 密封装置如与滑动表面配合，装配时应涂以适量的液压油。

④ 拆卸后的 O 形密封圈和防尘圈应全部换新。

（3）螺纹连接件拧紧时应使用专用扳手，扭力矩应符合标准要求。

（4）活塞与活塞杆装配后，须设法测量其同轴度和在全长上的直线度是否超差。

（5）装配完毕后活塞组件移动时应无阻滞感和阻力大小不匀等现象。

（6）液压千斤顶向主机上安装时，进出油口接头之间必须加上密封圈并紧固好。

知识拓展

液压与气动技术是实现工业自动化最有效的手段，是机械设备中发展速度最快的技术之一。液压与气动技术是液压与气压传动及控制的简称，它们以流体（液压油液、压缩空气）为工作介质，进行能量和信号的传递，来控制各种机械设备，故它们又称为流体传动及控制。

液压与气压传动、机械传动、电气传动、电子传动并列为四大传动形式。

1. 液压传动技术发展概况

液压传动相对于机械传动来说，是一门新学科，从 17 世纪中叶帕斯卡提出静压传动原理，18 世纪末英国制成第一台水压机算起，液压传动已有两三百年的历史，只是由于早期技术水平和生产需求的不足，液压传动技术没有得到普遍地应用。随着科学技术的不断发展，对传动技术的要求越来越高，液压传动技术自身也在不断发展，特别是在第二次世界大战期间及战后，由于军事及建设需求的刺激，液压技术日趋成熟。

第二次世界大战前后，成功地将液压传动装置用于舰艇炮塔转向器，其后出现了液压六角车床和磨床，一些通用机床到 20 世纪 30 年代才用上了液压传动。第二次世界大战期间，在兵器上采用了功率大、反应快、动作准的液压传动和控制装置，它大大提高了兵器的性能，也大大促进了液压技术的发展。战后，液压技术迅速转向民用，并随着各种标准的不断制定和完善及各类元件的标准化、规格化、系列化而在机械制造、工程机械、农业机械、汽车制造等行业中推广开来。近 30 年来，由于原子能技术、航空航天技术、控制技术、材料科学、微电子技术等学科的发展，再次将液压技术推向前进，使它发展成为包括传动、控制、检测在内的一门完整的自动化技术，在国民经济的各个部门都得到了应用，如工程机械、数控加工中心、冶金自动线等。

工程实际中都是基于液压传动与控制技术的某种优点而应用的。例如，液压机是利用液压传动输出极大的压制力而应用的；金属切削机床是利用液压传动无级调速、频繁启动性、换向快速性和平稳性等而应用的；工程机械和所有运动机械是利用液压传动结构简单、体积小、重量轻等优点而得到应用。

我国的液压工业开始于 20 世纪 50 年代，其产品最初用于机床和锻压设备，后来又用于拖拉机和工程机械。自 1964 年开始从国外引进液压元件生产技术，同时自行设计液压产品以来，我国生产的液压元件已形成系列，并在各种机械设备上得到了广泛的应用。目前，我国在消化、推广从国外引进的现代液压技术的同时，大力开展国产液压新产品的研制工作，加强产品质量可靠性和新技术应用的研究，积极采用国标标准和执行新的国家标准，合理调整产品结构，对一些性能较差的不符合国家标准的液压元件产品采取逐步淘汰的措施。可以看出，液压传动技术在我国的应用与发展已经进入到一个崭新的历史阶段，为了满足国民经济发展的需要，液压技术必将继续获得飞速发展，它的应用将越来越广泛。

随着电子技术、计算机技术、信息技术、自动控制技术及新工艺、新材料的发展和应用，液压传动技术也在不断创新。液压传动技术已成为工业机械、工程建筑机械及国防尖端产品不可缺少的重要技术。

2. 液压传动的优缺点

1）液压传动的优点

（1）传动平稳。在液压传动装置中，由于油液的压缩量非常小，在通常压力下可以认为不可压缩，依靠油液的连续流动进行传动。油液有吸振能力，在油路中还可以设置液压缓冲装置，故不像机械机构因加工和装配误差会引起振动扣撞击，使传动十分平稳，便于实现频繁的换向，因此它广泛地应用在要求传动平稳的机械上，如磨床几乎全都采用了液压传动。

（2）承载能力大。液压传动易于获得很大的力和转矩，因此广泛用于压制机、隧道掘进机、万吨轮船操舵机和万吨水压机等。

（3）容易实现无级调速。在液压传动中，调节液体的流量就可实现无级调速，并且调速范围很大，可达 2000∶1，很容易获得极低的速度。

（4）易于实现过载保护。液压系统中采取了很多安全保护措施，能够自动防止过载，避免发生事故。

（5）液压元件能够自动润滑。由于采用液压油作为工作介质，使液压传动装置能自动润滑，因此元件的使用寿命较长。

（6）便于实现自动化。液压系统中，液体的压力、流量和方向是非常容易控制的，再加上电气装置的配合，很容易实现复杂的自动工作循环。目前，液压传动在组合机床和自动线上应用得很普遍。

2）液压传动的缺点

（1）液压元件制造精度要求高。由于元件的技术要求高和装配比较困难，使用维护比较严格。

（2）实现定比传动困难。液压传动是以液压油为工作介质的，因而在相对运动表面间不可避免地要有泄漏，同时油液也不是绝对不可压缩的，因此不宜应用在传动比要求严格的场合，如螺纹和齿轮加工机床的传动系统。

（3）油液受温度的影响。由于油的黏度随温度的改变而改变，故不宜在高温或低温的环境下工作。

（4）不适宜远距离输送动力。由于采用油管传输压力油，压力损失较大，故不宜远距离输送动力。

（5）油液中混入空气易影响工作性能。油液中混入空气后，容易引起爬行、振动和噪声，使系统的工作性能受到影响。

（6）油液容易污染。油液污染后，会影响系统工作的可靠性。

（7）发生故障不易检查和排除。

✦✦✦✦ 思考练习题 ✦✦✦✦

1. 液压油有哪些参数？使用时，该如何选用？

2. 通过学习或者查阅资料，了解液压油使用时的注意事项。

3. 对液压油的污染控制工作主要是从哪两个方面着手？

4. 简述液体的静压力及其特性。

5. 对液压传动工作介质有哪些要求？

6. 什么是流体的黏性？

7. 液压千斤顶的工作原理是什么？通过学习或查阅资料，试举例说明生活中哪些方面用到液压传动。

8. 液压传动系统主要由几部分组成？各部分的作用是什么？

9. 通过学习或查阅资料，说说什么是液压传动？它与其他传动方式相比，有什么特点？

10. 查阅相关资料，简述我国液压传动技术的发展现状。

11. 千斤顶的使用方法和注意事项有哪些？

液压系统主要由动力元件（油泵）、执行元件（油缸或液压马达）、控制元件（各种阀）、辅助元件和工作介质（液压油）五部分组成。

通过对常用液压元件作用、结构和工作原理的学习，具有正确选择液压元件的能力，以及正确分析、判断液压传动系统中液压元件常见故障及排除故障的能力。

任务 2.1 液压动力元件——液压泵

任务目标与分析

液压泵是靠发动机或电动机驱动，从液压油箱中吸入油液，形成压力油排送到执行元件的一种元件。

通过对常用液压泵作用、结构和工作原理的学习，具有正确选择液压泵等动力元件的能力，以及正确分析、判断液压传动系统中液压泵常见故障及排除故障的能力。

通过对液压泵的拆装，增加对泵的结构组成、工作原理、主要零件形状的感性认识，进一步巩固理论知识。

拆开叶片泵后熟悉叶片泵的构造及工作原理，了解单作用和双作用叶片泵的形状、密封容积的变化及配油原理、叶片形状及倾角方向，并会判别进、出油口和转子的旋转方向。

知识链接

液压泵是液压系统中的动力元件，是一种能量转换装置，其作用是将驱动电机的机械能转换成输到系统中去的油液的压力能，即液压能，向整个液压系统提供动力。液压泵的工作原理是运动带来泵腔容积的变化从而压缩流体使流体具有压力能，而它的输出流量的大小是由密封工作腔的容积变化大小来决定的。液压泵的主要参数有压力、排量、流量和效率。

2.1.1 液压泵的工作原理及性能参数

1. 液压泵的基本工作原理

图 2-1 为单柱塞泵的工作原理图，其中柱塞 2 在弹簧 3 的作用下始终紧贴凸轮 1，凸轮转一周，柱塞往复运动一次，当柱塞向下运动时，柱塞缸弹簧腔的密封容积增大，形成一定真空度，油箱中的油液在大气压力的作用下，经吸入管和单向阀 5 进入密封容积，此时单向阀 6 关闭；当柱塞向上运动时，柱塞缸弹簧腔的密封容积减小，通过单向阀 6 排油，此时单向阀 5 关闭。凸轮不停地转动，使柱塞不断地升降，密封容积便周期性地增大或减小，泵就不停地吸油和排油。这种泵是一种容积式泵。通过上述工作过程的分析，可知容积式泵工作时必须满足以下两个条件：

（1）具有可变的密封容积。容积式泵是靠一个或数个密封容积的周期变化来进行工作的，泵的流量取决于密封容积的变化大小和变化频率。

（2）具有配流装置。为了保证密封容积变小时只与排油管相连，密封容积变大时只与吸油管相连，专门设置了两个单向阀分配液流，称为配流装置。不同形式液压泵的配流装置，其结构形式虽然各异，但所起的作用是相同的。为了保证液压泵吸油充分，油箱必须和大气相通。

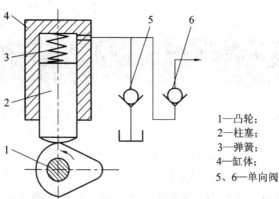

1—凸轮；
2—柱塞；
3—弹簧；
4—缸体；
5、6—单向阀

图 2-1　单柱塞泵的工作原理图

液压泵的图形符号如图 2-2 所示。更多符号参见附录。

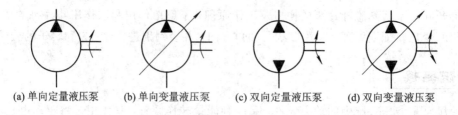

(a) 单向定量液压泵　　(b) 单向变量液压泵　　(c) 双向定量液压泵　　(d) 双向变量液压泵

图 2-2　液压泵的图形符号

工程实际中绘制液压传动系统图时，一般采用国标所规定的元件符号，绘制成液压传动系统符号图。

2. 液压泵的性能参数

1) 液压泵的压力

(1) 工作压力 p。液压泵的工作压力是指泵工作时的出口压力，其大小取决于负载。

(2) 额定压力 p_s。液压泵的额定压力是指液压泵在正常工作条件下，按实验标准规定能连续运转的最高压力。

2) 液压泵的排量和流量

(1) 排量 V。液压泵的排量是指泵转一周理论上排出的油液体积，又称理论排量或几何排量，其大小仅与液压泵的几何尺寸有关，常用单位为 mL/r。

(2) 流量。因为存在泄漏，所以液压泵的流量分为理论流量和实际流量。

① 理论流量 q_t：是指液压泵在单位时间内理论上排出的油液体积，它与泵的排量 V 和转速 n 成正比，即 $q_t = nV$，常用单位为 m³/s 和 L/min。

② 实际流量 q：是指液压泵在单位时间内实际排出的油液体积，实际流量为泵的理论流量与泄漏量 Δq 之差，即 $q = q_t - \Delta q$。

③ 额定流量 q_s：是指液压泵在正常工作条件下，按实验标准规定必须保证的输出流量。

3) 液压泵的功率

(1) 输入功率 p_i。液压泵的输入功率为驱动泵轴的功率，计算公式为 $p_i = 2\pi n T_i$，式中 T_i 为液压泵的输入转矩，n 为泵轴的转速。

(2) 输出功率 p_o。液压泵的输出功率为其实际流量 q 和工作压力 p 的乘积，即

$$p_o = pq \qquad (2-1)$$

液压泵工作时，由于存在泄漏和机械摩擦，就有能量损失，故其功率有理论功率和实际功率之分，并且输出功率 p_o 小于输入功率 p_i。如果忽略能量损失，则液压泵的输入功率（理论功率）等于输出功率（理论功率），其表达式为 $2\pi n T_t = pq_t = pnV$，则有

$$T_t = \frac{pV}{2\pi} \qquad (2-2)$$

式中，T_t 为液压泵的理论驱动转矩。

4) 液压泵的效率

(1) 容积效率 η_V。液压泵工作时，由于存在泄漏，其实际输出流量 q 小于理论输出流量 q_t。液压泵的实际流量 q 与理论流量 q_t 的比值称为容积效率，即

$$\eta_V = \frac{q}{q_t} = \frac{q_t - \Delta q}{q_t} \qquad (2-3)$$

式中，Δq 为液压泵的泄漏量。

(2) 机械效率 η_m。液压泵工作时由于存在机械摩擦，因此驱动泵所需的实际转矩 T 必然大于理论转矩 T_t。理论转矩与实际转矩的比值称为机械效率，即

$$\eta_m = \frac{T_t}{T} = \frac{T - \Delta T}{T} \qquad (2-4)$$

式中，ΔT 为液压泵的机械摩擦损耗。

(3) 总效率 η。液压泵的输出功率与输入功率的比值称为总效率，即

$$\eta = \frac{p_\text{o}}{p_\text{i}} = \frac{pq}{2\pi n T_\text{i}} = \eta_V \cdot \eta_\text{m} \qquad (2-5)$$

5）液压泵的转速

（1）额定转速 n_s：是指在额定压力下，液压泵能连续长时间正常运转的最高转速。

（2）最高转速 n_max：是指在额定压力下，液压泵超过额定转速允许短时间运转的最高转速。

（3）最低转速 n_min：是指正常运转所允许的液压泵的最低转速。

（4）转速范围：是指最低转速与最高转速之间的范围。

2.1.2 液压泵的分类、选用、安装及故障分析

1. 液压泵的分类

液压泵按其结构形式可分为齿轮泵、叶片泵、柱塞泵、螺杆泵，其中齿轮泵又分为外啮合齿轮泵和内啮合齿轮泵；叶片泵分为双作用叶片泵、单作用叶片泵和凸轮转子叶片泵；柱塞泵分为径向柱塞泵和轴向柱塞泵；螺杆泵分为单螺杆泵、双螺杆泵和三螺杆泵。

液压泵按排量能否调节分为定量泵和变量泵，其中变量泵可以是单作用叶片泵和柱塞泵。调节排量有手动和自动两种方式，而自动调节又分为限压式、恒功率式、恒压式和恒流量式等。

2. 液压泵的选用

首先根据液压系统的工况、工作性能要求等合理选用液压泵的类型，然后按系统所要求的压力、流量大小确定泵的型号。这些因素，有些已写在产品样本或技术资料上。

1）确定泵的额定流量

泵的流量应满足执行元件最高速度要求，因此泵的输出流量应根据系统所需的最大流量和泄漏量来确定。

2）确定泵的额定压力

泵的额定压力应根据液压缸的最高工作压力及管路压力损失来确定。

3）选择液压泵的具体结构型式

当液压泵的输出流量和工作压力确定后，就可以选择泵的具体结构型式了。一般情况下，额定压力为 2.5 MPa 时，可选择齿轮泵；额定压力为 6.3 MPa 时，可选择叶片泵；若工作压力更高时，就应选择柱塞泵；如果系统的负载较大，并有快速和慢速工作行程时，可选择限压式变量泵或双联叶片泵；应用于机床等辅助装置，如送料和夹紧等不重要的场合，可选用价格低廉的齿轮泵；负载大、功率大的系统（如刨床、拉床、压力机等设备）可选用柱塞泵。

3. 液压泵的安装

液压泵安装得是否合理，不仅影响液压系统的工作性能，同时也影响液压泵的使用寿命。

1）液压泵的安装方式

液压泵由电动机通过法兰盘或联轴器驱动。液压泵、电动机及其联轴器统称为泵组；泵组、油箱组件、滤油器组件等组合而成液压泵站。液压泵站的分类及特点如表 2-1 所示。

表 2－1　液压泵站的分类及特点

泵组布置型式			液压泵站简图	特　　点	适用功率范围	输出流量特性
整体型	上置式	立式		电动机立式安装在油箱上,液压泵置于油箱之内,结构紧凑,占地小,噪声低	广泛应用在中、小功率液压泵站,油箱容量可达1000 L	均可制造成定量型或变量型(恒功率式、恒压式、恒流量式、限压式和压力切断式)
		卧式		电动机卧式安装在油箱上,液压泵置于油箱之上,控制阀组亦可置于油箱之上,结构紧凑,占地小		
	非上置式	旁置式		泵组(液压泵、电动机、联轴器、传动底座等)安装在油箱旁侧,与油箱共用同一个底座,泵站高度低,便于维修	传动功率较大	
		下置式		泵组安装在油箱之下,可有效地改善液压泵的吸入性能		
	柜式			泵组和油箱置于封闭型柜体内,可以在柜体上布置仪表板和电控箱,外形整齐,尺寸较大,噪声低,受外界污染小	仅应用在中、小功率液压泵站	
分离型	非上置式旁置式			泵组和油箱组件分离,单独安装在地基上,可改善液压泵的吸入性能,便于维修,占地大	传动功率大,油箱容量大	

2）液压泵安装注意事项

液压泵布置在单独油箱上时，有两种安装方式：卧式和立式。立式安装的管道和泵等均在油箱内部，便于收集漏油，外形整齐。卧式安装的管道露在外面，安装和维修比较方便。

液压泵安装不当会引起噪声、振动，影响其工作性能和降低寿命，因此在安装时应注意以下几点：

（1）泵的支座或法兰和电动机应有共同的安装基础。基础、支座都必须有足够的刚度。在支座下面及法兰和支架之间应装上橡胶隔振垫，以降低噪声。

（2）液压泵一般不允许承受径向负载，因此常用电动机直接通过弹性联轴器来传动。安装时，要求电动机与液压泵的轴应有较高的同轴度，其偏差应在 0.1 mm 以下，倾斜角不得大于 1°，以避免增加泵轴的额外负载并引起噪声。

（3）对于安装在油箱上的自吸泵，通常泵中心至油箱液面的距离不大于 500 mm，对于安装在油箱下面或旁边的泵，为了便于检修，吸入管道上应安装截止阀。

（4）液压泵的进口、出口位置和旋转方向应符合泵上标明的要求，不得接反。

（5）要拧紧进、出油口管接头连接螺钉，密封装置要可靠，以避免引起吸空、漏油，影响泵的工作性能。

（6）在齿轮泵和叶片泵的吸入管道上可装粗过滤器，但在柱塞泵的吸入口一般不装滤油器。

（7）安装联轴器时，不要用力敲打泵轴，以避免损伤泵的转子。

4. 液压泵的故障分析

造成液压泵故障的原因是多种多样的，但总的说来，可以归结为两个方面：一方面是因设计原因引起的液压泵本身故障；另一方面是由于使用维护及装配问题等外界因素引起的故障。由于前者引起的故障对于一般用户来说不易排除，因此这里只讨论后者。

液压泵常见故障现象有压力不足、排量不足、噪声过大和温升过高等。

1）压力不足

压力不足的主要原因有以下几点：

（1）电动机转向不对，造成泵不吸油。改变电动机转向即可。

（2）吸油管或过滤器堵塞。疏通管道、清洗过滤器即可。

（3）液压泵泄漏严重。这种情况多半是由于液压泵的磨损所致。齿轮泵的齿轮端面与泵盖内侧面磨损后，会造成端面间隙过大，这是引起泄漏的主要原因。解决的办法是修磨齿轮端面和泵体端面，保证适当的端面间隙（CB 型齿轮泵的间隙为 0.03～0.04 mm）。叶片泵的定子内表面及叶片顶部、转子与配流盘端面的磨损是最常见的。双作用叶片泵定子内表面的过渡曲线，在吸油区的部分因为受到叶片根部压力油的作用最易磨损。解决办法是：磨损不严重时，可用细砂布修磨，把定子旋转 180° 使用；如果叶片顶部磨损，可把叶片根部做成倒角或圆角，当做新的顶部使用；转子与配流盘端面磨损严重时，也可采用修磨的办法，但同时应修磨叶片，保证叶片宽度比转子小 0.005～0.01 mm，还要修磨定子端面，使轴向间隙控制在 0.04～0.07 mm 范围内。柱塞泵的缸体与配流盘、柱塞与缸孔之间磨损严重时也会造成输出压力不足。解决办法是修磨接触面或更换配流盘和柱塞。此外，还应注意紧固连接处的螺钉，严防泄漏。

2）排量不足

上述液压泵压力不足的原因也常常是排量不足的原因，此外还有其他原因，具体如下：

（1）液压泵转速不够，使吸流量不足。这种现象往往是由于泵的驱动装置打滑或功率不足所致。

（2）吸油口漏气。漏气的原因多是管接头处密封不良。

（3）油箱中油液不足、泵的安装位置过高、油液黏度过高等，都会使吸油困难。

（4）空气的混入、油液黏度过低或油温过高使泄漏增加，造成流量不足。

3）噪声过大

流量与压力剧变、发生气穴、机械振动等都会引起液压泵的异常声响。控制噪声的常用方法如下：

（1）严格防止空气的混入而产生气穴。

（2）尽量防止由于装配不良、液压泵管件松动等引起的振动与噪声。

4）温升过高

液压泵的温度以不超过 65℃ 为宜。从使用维护的角度考虑，造成温升过高的原因如下：

（1）装配质量没有保证，使相对运动的表面油膜被破坏而形成干摩擦。

（2）液压泵磨损严重，使泄漏增加、容积效率降低，其损失转化为热能。

（3）油液被污染，油液黏度过高。污染物使运动副的摩擦力增大，黏度过高使流动阻力增加。

（4）液压泵超负荷运行，液压系统卸荷不当。

（5）油箱小、散热差。为了控制温升，液压泵从制造到使用、维护的各个环节都应根据质量要求严格检查。装配时，要使零件间的间隙符合要求，使有相对运动的零件表面不得出现干摩擦；系统工作压力要调整到小于泵的额定压力，油液黏度要适当，并保持其清洁性；油箱要足够大，使油液得到充分冷却。

值得注意的是，上述常见的故障现象往往不是孤立出现的。以叶片泵为例，当转子的端面、配流盘、定子工作面、叶片与转子叶片槽等部位严重磨损后，叶片泵就会同时出现噪声大、温升高、压力与流量不足等故障现象，而造成零件磨损的主要原因是液压油中的固体污染物所致。因此，严格控制油液污染是提高液压泵的使用性能、延长液压泵的使用寿命的主要途径。

2.1.3　几种典型的液压泵

1. CBG 系列高压齿轮泵（外啮合齿轮泵）

1）工作原理

如图 2-3 所示为外啮合齿轮泵的工作原理。在泵的壳体内有一对外啮合齿轮，齿轮两侧有端盖（图中未标示）罩住，壳体、端盖和齿轮的各个齿槽组成了许多密封工作腔。当齿轮按照图示方向旋转时，右侧吸油腔由于相互啮合的轮齿逐渐脱开，密封工作腔容积逐渐增大，形成部分真空，油箱中的油液被吸进来，将齿槽充满，并随着齿轮旋转，把油液带到左侧压油腔去。在压油区一侧，由于轮齿在这里逐渐进入啮合，密封工作腔容积不断减小，油液便被挤出去。吸油腔和压油腔是由相互啮合的轮齿以及泵体分隔开的。

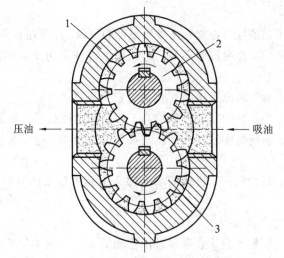

1—泵体；2—主动齿轮；3—从动齿轮

图 2-3　外啮合齿轮泵工作原理图

齿轮泵的排量可根据一对齿轮的齿谷容积之和计算。假设齿谷容积等于轮齿体积（扣去齿根间隙），那么排量就相当于以有效齿高 h 和齿宽 b 构成的平面扫过的环形体积，即

$$V = \pi dhb = 2\pi zm^2 b \tag{2-6}$$

式中，d 为节圆直径；h 为有效齿高；z 为齿数；m 为齿轮模数；b 为齿宽。

因为轮齿体积稍小于齿谷容积，故以 3.33 代替 π，设泵的转速为 n，则泵的流量为 $q_t = 6.66 m^2 zbn$。

式（2-6）中，q_t 是齿轮泵的平均流量。实际上，由于齿轮啮合过程中压油腔的容积变化是不均匀的，因此齿轮泵的瞬时流量是脉动的。外啮合齿轮泵的齿数越少，流量脉动越大。

2）结构组成

CBG 系列外啮合齿轮泵的结构如图 2-4 所示，在拆装叶片泵前，首先要熟悉其结构。

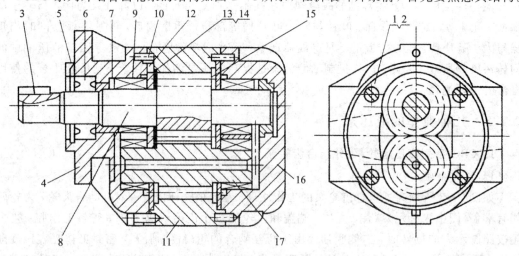

1—螺栓；2—热圈；3—平键；4—泵前盖；5—挡圈；6—油封；7—密封环；8—主动轮轴；9—滚动轴承；
10—圆柱销；11—泵体；12—弓形圈；13—密封圈；14—挡圈；15—侧板；16—后泵盖；17—从动齿轮轴

图 2-4　CBG 系列外啮合齿轮泵结构简图

3）CBG 系列高压齿轮泵常见故障及排除方法

CBG 系列高压齿轮泵常见故障及排除方法如表 2-2 所示。

表 2-2　CBG 系列高压齿轮泵常见故障及排除方法

故　障	故　障　原　因	排　除　方　法
泵输不出油、输出油量不足、压力提不高	① 原动机转向不对； ② 吸油管路或过滤器堵塞； ③ 间隙过大（端面、径向）； ④ 泄漏引起空气混入； ⑤ 油液黏度过大或温升过高	① 纠正转向； ② 疏通管路、清洗过滤器； ③ 修复零件； ④ 紧固连接件； ⑤ 控制油液黏度在合适的范围内
噪声大、压力波动严重	① 泵与原动机不同轴； ② 齿轮精度太低； ③ 骨架油封损坏； ④ 吸油管路或过滤器堵塞； ⑤ 油中混有空气	① 调整同轴度； ② 更换齿轮或修研齿轮； ③ 更换油封； ④ 疏通管路、清洗过滤器； ⑤ 排空气体
泵旋转不灵活或卡死	① 间隙过小（端面、径向）； ② 装配不良； ③ 油液中有杂质	① 修复零件； ② 重新装配； ③ 保持油液清洁

2. YB1 型叶片泵（双作用叶片泵）

叶片泵根据转子每转一转吸压油的次数，分为双作用叶片泵和单作用叶片泵。叶片泵具有体积小、重量轻、噪声低、流量均匀的优点，但其结构较复杂，对油液的污染较敏感。

1）双作用叶片泵的工作原理

如图 2-5 所示，当传动轴带动转子转动时，装于转子叶片槽中的叶片在离心力和叶片底部压力油的作用下伸出，叶片顶部紧贴于定子表面，沿着定子曲线滑动。叶片从定子的短半径（r）往定子的长半径（R）方向运动时叶片伸出，使得由定子的内表面、配流盘、转子和叶片所形成的密闭容腔不断扩大，通过配流盘上的配流窗口实现吸油。叶片从定子的长半径（R）往定子的短半径（r）方向运动时叶片缩进，密闭容腔不断缩小，通过配流盘上的配流窗口实现排油。转子旋转一周，叶片伸出和缩进两次。

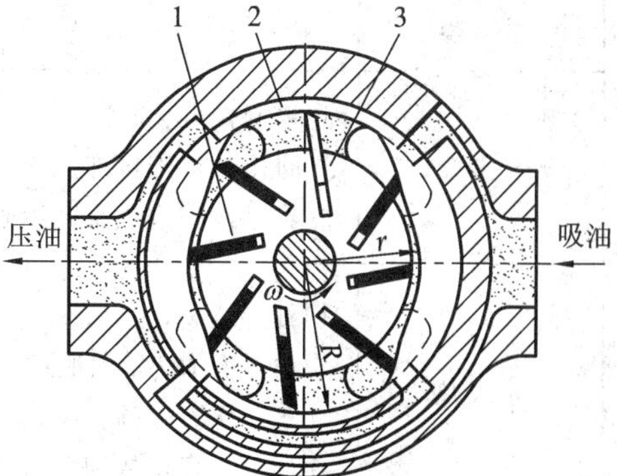

1—叶片；2—定子；3—转子

图 2-5　双作用叶片泵工作原理图

双作用叶片泵的排量为

$$V = 2\pi(R^2 - r^2)b - \frac{2zbs(R-r)}{\cos\theta} \qquad (2-7)$$

式中，R、r 为定子圆弧的大、小半径；b 为叶片宽度；s 为叶片厚度；z 为叶片数；θ 为叶片槽相对于径向的倾斜角。

2）双作用叶片泵的结构组成

双作用叶片泵的结构如图 2-6 所示，在拆装叶片泵前，先熟悉其结构。

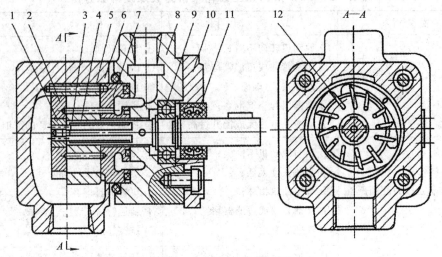

1、9—滚针(动)轴承；2、7—配流盘；3—传动轴；4—转子；
5—定子；6、8—泵体；10—盖板；11—密封圈；12—叶片

图 2-6　双作用叶片泵结构简图

3）双作用叶片泵常见故障及排除方法

双作用叶片泵常见故障及排除方法如表 2-3 所示。

表 2-3　双作用叶片泵常见故障及排除方法

故　障	故　障　原　因	排　除　方　法
外泄漏	① 密封件老化； ② 进出油口连接部位松动； ③ 密封面磕碰或泵壳体砂眼	① 更换密封； ② 紧固管接头或螺钉； ③ 修磨密封面或更换壳体
过度发热	① 油温过高； ② 油黏度太大、内泄过大； ③ 工作压力过高； ④ 回油口直接接到泵入口	① 改善油箱散热条件或使用冷却器； ② 选用合适的液压油； ③ 降低工作压力； ④ 回油口接至油箱液面以下
泵不吸油或 无压力	① 泵转向不对或漏装传动键； ② 泵转速过低或油箱液面过低； ③ 油温过低或油液黏度过大； ④ 吸油管路或过滤器堵塞； ⑤ 吸油管路漏气	① 纠正转向或重装传动键； ② 提高转速或补油至最低液面以上； ③ 加热至合适黏度后使用； ④ 疏通管路、清洗过滤器； ⑤ 密封吸油管路

续表

故 障	故 障 原 因	排 除 方 法
输油量不足或压力不高	① 叶片移动不灵活; ② 各连接处漏气; ③ 间隙过大(端面、径向); ④ 吸油不畅或液面太低; ⑤ 叶片和定子内表面接触不良	① 不灵活叶片单独配研; ② 加强密封; ③ 修复或更换零件; ④ 清洗过滤器或向油箱内补油; ⑤ 定子磨损发生在吸油区,双作用叶片泵可将定子旋转180°后重新定位装配
噪声、振动过大	① 吸油不畅或液面太低; ② 有空气侵入; ③ 油液黏度过高; ④ 转速过高; ⑤ 泵与原动机不同轴; ⑥ 配油盘端面与内孔不垂直或叶片垂直度太差	① 清洗过滤器或向油箱内补油; ② 检查吸油管、注意液位; ③ 适当降低油液黏度; ④ 降低转速; ⑤ 调整同轴度至规定值; ⑥ 修磨配油盘端面或提高叶片垂直度

3. 单作用叶片泵

1)工作原理

单作用叶片泵用做变量泵。图2-7为变量叶片泵的结构图,主要零件包括传动轴7、转子4、叶片5、定子3、右配流盘12。转子旋转时,叶片在离心力的作用下紧贴定子内表面,其工作原理可用图2-8加以说明。定子内表面为圆形,转子与定子间有偏心距e,配流盘上开有一个吸油窗口和一个压油窗口,当转子旋转一周时,由定子内表面、转子外表面、配流盘和叶片组成的密封工作空间增大和缩小各一次。增大时通过配流盘上的吸油窗口吸油,缩小时通过压油窗口压油。由于液压泵的转子旋转一周泵吸油、压油各一次,故称这种泵为单作用叶片泵。

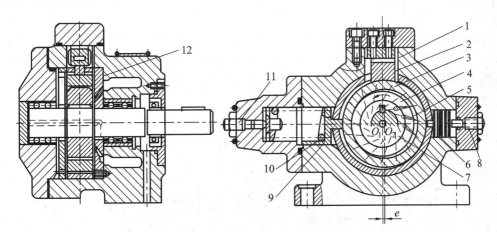

1—滚针;2—滑块;3—定子;4—转子;5—叶片;6—控制活塞;7—传动轴;
8—流量调节螺钉;9—弹簧座;10—弹簧;11—压力调节螺钉;12—右配流盘

图2-7 变量叶片泵的结构图

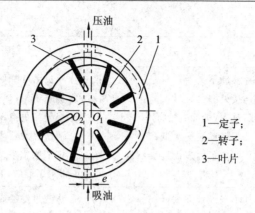

1—定子；
2—转子；
3—叶片

图 2-8　变量叶片泵的工作原理图

单作用叶片泵的排量为

$$V = 2\pi bDe \qquad (2-8)$$

式中，D 为定子内直径；b 为叶片宽度；e 为定子与转子的偏心距。

单作用叶片泵的定子内表面为圆柱面，由于转子与定子偏心安装，其容积变化是不均匀的，故瞬时流量是脉动的。理论分析表明，叶片数为奇数时脉动率较小，叶片数常取 13 或 15。

2）结构特点

（1）定子和转子偏心安装，改变偏心距 e 就能改变泵的流量，故单作用叶片泵常做成变量泵。

（2）单作用叶片泵只有一个吸油窗口和一个压油窗口，因此其转子和轴承上承受着不平衡的径向力。

（3）变量叶片泵的叶片底部在压油区通压力油，在吸油区通吸油腔，叶片厚度对泵的排量无影响，叶片两端受到的液压力平衡。

4. 斜盘式轴向柱塞泵

1）工作原理

斜盘式轴向柱塞泵的工作原理如图 2-9 所示，当电机带动油泵的传动轴旋转时，缸体随之转动，由于装在缸体中柱塞的球头部分上的滑靴回程盘压向斜盘，因此柱塞将随着斜盘的斜面在缸体中做往复运动，从而实现油泵的吸油和排油。油泵的配油是由配油盘实现的。改变斜盘倾斜角度就可以改变油泵的流量输出。

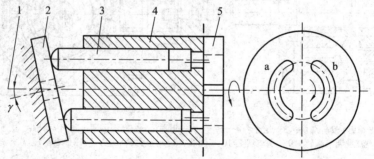

1—传动轴；2—斜盘；3—柱塞；4—泵体；5—配流盘；a—吸油窗口；b—压油窗口

图 2-9　斜盘式轴向柱塞泵工作原理图

泵的排量为

$$V = \frac{\pi}{4} d^2 zD \tan\gamma \qquad (2-9)$$

式中，d 为柱塞直径；D 为柱塞分布圆直径；γ 为斜盘倾角；z 为柱塞数。

由理论推导知，柱塞数为奇数时流量脉动较偶数时小，从结构和工艺考虑，柱塞数常取 5、7 或 9。由式(2-9)知，改变斜盘倾角 γ，就可以改变泵的排量。为限制柱塞所受液压侧向力不致过大，斜盘的最大倾角 γ_{max} 一般小于 20°。

2) 结构组成及主要零部件分析

(1) 结构组成。SCY14-1B 型手动变量轴向柱塞泵的结构如图 2-10 所示。

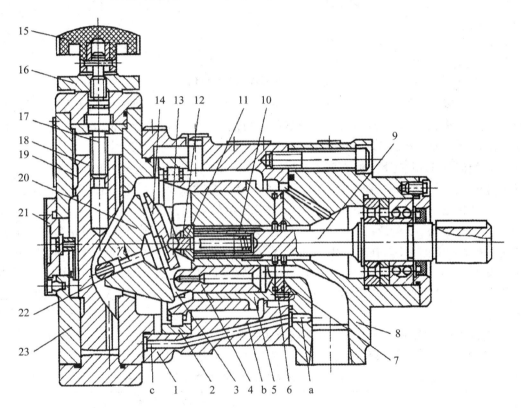

1—中间泵体；2—圆柱滚子轴承；3—滑靴；4—柱塞；5—缸体；6、7—配流盘；
8—前泵体；9—传动轴；10—定心弹簧；11—内套；12—外套；13—钢球；
14—回程盘；15—手轮；16—螺母；17—螺杆；18—变量活塞；19—导向键；
20—斜盘；21—刻度盘；22—销轴；23—变量壳体；a、b—配流窗口；c—通孔

图 2-10　SCY14-1B 型手动变量轴向柱塞泵结构简图

(2) 主要零部件分析(参见图 2-10)。

① 缸体 5：缸体用铝青铜制成，上面有七个与柱塞相配合的圆柱孔，其加工精度很高，以保证既能相对滑动，又有良好的密封性能。缸体中心开有花键孔，与传动轴 9 相配合。缸体右端面与配流盘 7 相配合。

② 柱塞 4 与滑靴 3：如图 2-11 所示，柱塞的球头与滑靴铰接。柱塞在缸体内做往复

运动，并随缸体一起转动。滑靴随柱塞做轴向运动，并在斜盘 20 的作用下绕柱塞球头中心摆动，使滑靴平面与斜盘斜面贴合。柱塞和滑靴中心开有直径 1 mm 的小孔，缸中的压力油可进入柱塞和滑靴、滑靴和斜盘间的相对滑动表面，形成油膜，起静压支承作用，以减小零件的磨损。

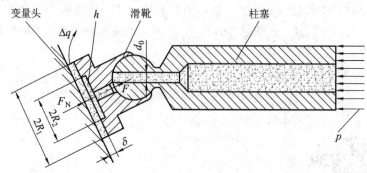

图 2 - 11　滑靴净压支承原理

③ 定心弹簧机构：定心弹簧 10，通过内套 11、钢球 13 和回程盘 14 将滑靴压向斜盘，使活塞得到回程运动，从而使泵具有较好的自吸能力。同时，定心弹簧 10 又通过外套 12 使缸体 5 紧贴配流盘 6，以保证泵启动时基本无泄漏。

④ 配流盘 6：配流盘上开有两条月牙形配流窗口 a、b，两个通孔 c 起减少冲击、降低噪声的作用。四个小盲孔起储油润滑作用。配流盘下端的缺口，用来与右泵盖准确定位。

⑤ 圆柱滚子轴承 2：用来承受斜盘 20 作用在缸体上的径向力。

⑥ 变量机构：变量活塞 18 装在变量壳体内，并与螺杆 17 相连。斜盘 20 前后有两根耳轴支承在变量壳体上（图中未示出），并可绕耳轴中心线摆动。斜盘中部装有销轴 22，其左侧球头插入变量活塞 18 的孔内。转动手轮 15，螺杆 17 带动变量活塞 18 上下移动（因导向键的作用，变量活塞不能转动），通过销轴 22 使斜盘 20 摆动，从而改变了斜盘倾角 γ，达到变量目的。

3）SCY14 - 1B 轴向柱塞泵的故障判断及排除方法

SCY14 - 1B 轴向柱塞泵的故障判断及排除方法如表 2 - 4 所示。

表 2 - 4　SCY14 - 1B 轴向柱塞泵的故障判断及排除方法

故　　障	可能引起的原因	排　除　方　法
流量不够	① 油脏造成进油口滤油器堵死或阀门吸油阻力较大； ② 吸油管漏气，油面太低； ③ 中心弹簧断裂，缸体和配流盘无初始密封力； ④ 变量泵倾角处于小偏角； ⑤ 配流盘与泵体配油面贴合不平或严重磨损； ⑥ 油温过高	① 去掉滤油器，提高油液清洁度；增大阀门，减少吸油阻力； ② 排除漏气，增高油面； ③ 更换中心弹簧； ④ 增大偏角； ⑤ 消除贴合不平的原因，重新安装配流盘；更换配流盘； ⑥ 降低油温

续表

故　障	故　障　原　因	排　除　方　法
压力波动、压力表指示值不稳定	① 液压系统中压力阀本身不能正常工作； ② 系统中有空气； ③ 吸油腔真空度太大； ④ 因油脏等原因使配油面严重磨损； ⑤ 压力表座处于振动状态	① 更换压力阀； ② 排除空气； ③ 降低真空度值使其小于 0.016 MPa； ④ 修复或更换零件并消除磨损原因； ⑤ 消除表座振动原因
无压力或大量泄漏	① 滑靴脱落； ② 配油面严重磨损； ③ 调压阀未调整好或建立不起压力； ④ 中心弹簧断，无初始密封力； ⑤ 泵和电机安装不同轴，造成泄漏严重	① 更换柱塞滑靴； ② 更换或修复零件并消除磨损原因； ③ 重新调整或更换调压阀； ④ 更换中心弹簧； ⑤ 调整泵轴与电机轴的同轴度
噪声过大	① 吸油阻力太大，自吸真空度太大，接头处不密封，吸入空气； ② 泵和电机安装不同轴，主轴受径向力； ③ 油液的黏度太大； ④ 油液大量泡沫	① 密封，排除系统中空气； ② 调整泵和电机的同轴度； ③ 降低黏度； ④ 视不同情况消除进气原因
油温提升过快	① 油箱容积太小； ② 油泵内部漏损太大； ③ 液压系统泄漏太大； ④ 周围环境温度过高	① 增加容积或加装冷却装置； ② 检修油泵； ③ 修复或更换有关元件； ④ 改善环境条件或加冷却
伺服变量机构失灵不变量	① 伺服活塞卡死； ② 变量活塞卡死； ③ 变量头转动不灵活； ④ 单向阀弹簧断裂	① 消除伺服活塞卡死原因； ② 消除变量活塞卡死原因； ③ 消除转动不灵原因； ④ 更换弹簧
泵不能转动（卡死）	① 柱塞与缸体卡死(油脏或油温变化引起)； ② 滑靴脱落（柱塞卡死、负载过大）； ③ 柱塞球头折断（柱塞卡死、负载过大）	① 更换新油、控制油温； ② 更换或重新装配滑靴； ③ 更换零件

5. 斜轴式轴向柱塞泵

如图 2-12 所示，斜轴式轴向柱塞泵的缸体轴线与传动轴轴线不在一条直线上，它们之间存在一个摆角 β。柱塞 3 与传动轴 1 之间通过连杆 2 连接。当传动轴旋转时，通过连杆拨动缸体 4 旋转，并强制带动柱塞在缸体孔内做往复运动，实现吸油和压油。其排量公式与斜盘式轴向柱塞泵完全相同，用缸体的摆角 β 代替斜盘倾角 γ 即可。改变缸体的摆角 β 可以改变排量，变量方式有手动变量方式和自动变量方式两种。斜轴式轴向柱塞泵的柱塞受力状态较斜盘式轴向柱塞泵好，这不仅可以通过增大缸体摆角($\beta_{max}=25°$)来增大泵的排量，而且耐冲击性能好，寿命长，特别适用于工作环境比较恶劣的冶金、矿山机械液压系统中。

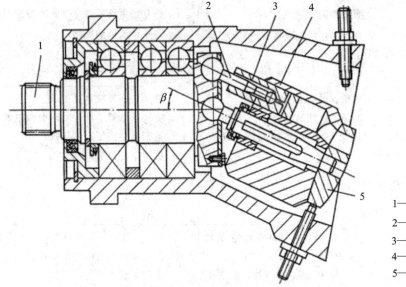

1—传动轴；
2—连杆；
3—柱塞；
4—缸体；
5—配流盘

图 2-12　斜轴式轴向柱塞泵

任务实施

1. 液压泵拆装所需工具与材料

(1) 液压泵：外啮合齿轮泵 1 台(CBG 系列高压齿轮泵)、双作用叶片泵 1 台(YB1 型叶片泵)、轴向柱塞泵 1 台(SCY14-1B 型斜盘式)。

(2) 工具：内六方扳手 2 套、固定扳手、螺丝刀、卡簧钳等。

(3) 辅料：铜棒、棉纱、煤油等。

2. CBG 系列外啮合齿轮泵拆装步骤及注意事项

根据图 2-13 所示分解图拆装齿轮泵，其步骤及注意事项如下：

(1) 拆解齿轮泵时，先用内六方扳手在对称位置松开螺栓，之后取下螺栓，取下定位销，掀去前泵盖，观察并分析工作原理。轻轻取出泵体，观察卸荷槽、消除困油槽及吸、压油腔等结构，弄清楚其作用。

(2) 装配齿轮泵时，先将齿轮、轴装在后泵盖的滚动轴承内，轻轻装上泵体和前泵盖，打紧定位销，拧紧螺栓，注意使其受力均匀。

(3) 拆装中应用铜棒轻轻敲打零部件，以免损坏零部件和轴承。

(4) 拆卸过程中，遇到元件卡住的情况时，不要乱敲硬砸，请指导老师来解决。

(5) 装配时，遵循先拆的零部件后安装，后拆的零部件先安装的原则，正确合理地安装，脏的零部件应用煤油清洗后才可安装，安装完毕后应使泵转动灵活，没有卡死现象。

图 2-13 所示分解图各零部件名称及分析见表 2-5。

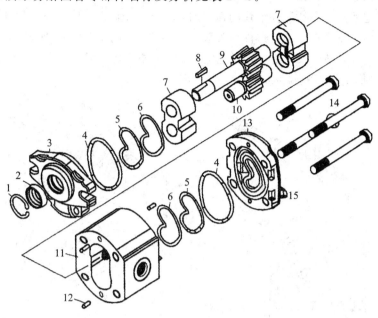

图 2-13 外啮合齿轮泵的分解

表 2-5 外啮合齿轮泵分解图各零部件名称及分析

件号	零部件名称	数量	件号	零部件名称	数量
1	C 形卡环	1	9	主齿轮	1
2	骨架密封圈	1	10	副齿轮	1
3	前盖	1	11	泵体	1
4	泵体密封圈	2	12	定位销	4
5	"心"形密封圈	2	13	后盖	1
6	背挡圈	2	14	外六角螺栓	4
7	8 字轴承套	2	15	弹簧垫	4
8	平键	1			
泵体 11：泵体的两端面开有封油槽，此槽与吸油口相通，用来防止泵内油液从泵体与泵盖接合面外泄，泵体与齿顶圆的径向间隙为 0.13～0.16 mm					
前盖 3 与后盖 13：前后端盖内侧开有卸荷槽，用来消除困油。前盖 3 上吸油口大，压油口小，用来减小作用在轴和轴承上的径向不平衡力					
主齿轮 9 与副齿轮 10：两个齿轮的齿数和模数都相等，齿轮与端盖间轴向间隙为 0.03～0.04 mm，轴向间隙不可以调节					

3. YB1 型叶片泵拆装步骤及注意事项

根据图 2-14 所示分解图，拆装叶片泵，其步骤及注意事项如下：

（1）拆解叶片泵时，先用内六方扳手在对称位置松开后泵体上的螺栓后，再取下螺栓，用铜棒轻轻敲打使花键轴和前泵体及泵盖部分从轴承上脱下，把叶片分成两部分。

（2）观察泵体内定子、转子、叶片、配流盘的安装位置，分析其结构、特点，理解工作过程。

（3）取掉泵盖，取出花键轴，观察所用的密封元件，理解其特点、作用。

（4）拆卸过程中，遇到元件卡住的情况时，不要乱敲硬砸，请指导老师来解决。

（5）装配时，遵循先拆的零部件后安装，后拆的零部件先安装的原则，正确合理安装，注意配流盘、定子、转子、叶片安装要正确，安装完毕后应使泵转动灵活，没有卡死现象。

图 2-14 所示分解图各零部件名称及分析见表 2-6。

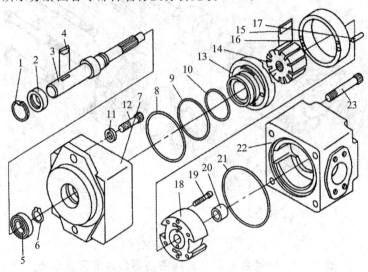

图 2-14　双作用叶片泵分解图

表 2-6　双作用叶片泵分解图各零部件名称及分析

件号	零部件名称	数量	件号	零部件名称	数量
1	卡簧	1	13	前侧板	1
2	油封	1	14	转子	1
3	轴芯	1	15	叶片	12
4	键	1	16	定子	1
5	轴承	1	17	定位锁	2
6	卡簧	1	18	后侧板	1
7	泵体	1	19	螺栓	2
8	O 形圈	1	20	自润轴承	1
9	O 形圈	1	21	O 形圈	1
10	O 形圈	1	22	盖	1
11	热圈	2	23	螺栓	4
12	螺钉	2			
定子和转子：定子由两段长半径圆弧、两段短半径圆弧和四段过渡曲线组成；转子的外表面则是圆柱面，且定子和转子是同心的。转子径向开有 12 条槽可以安置叶片					
叶片：该泵共有 12 个叶片，径向力平衡。叶片前倾角一般为 10°～14°，可使叶片在槽中移动灵活，并减少磨损					
配流盘：此泵用长定位销将配流盘和定子定位，固定在泵体上，以保证配流盘上吸、压油窗口位置与定子内表面曲线相对应。配流盘上开有与压油腔相通的环槽，将压力油引入叶片底部					
传动轴：传动轴通过花键带动转子在配流盘之间传动					

4. SCY14 - 1B 型斜盘式轴向柱塞泵拆装步骤及注意事项

根据图 2-15 所示分解图，拆装轴向柱塞泵，其步骤及注意事项如下：

（1）拆解轴向柱塞泵时，先拆下变量机构，取出斜盘、柱塞、压盘、套筒、弹簧、钢球，注意不要损伤，观察、分析其结构特点，弄清各元件的作用。

（2）轻轻敲打泵体，取出缸体，取下螺栓，分开泵体为中间泵体和前泵体，注意观察、分析其结构特点，搞清楚各自的作用，尤其注意配流盘的结构、作用。

（3）拆卸过程中，遇到元件卡住的情况时，不要乱敲硬砸，请指导老师来解决。

（4）装配时，先装中间泵体和前泵体，注意装好配流盘，之后装上弹簧、套筒、钢球、压盘、柱塞；在变量机构上装好斜盘，最后用螺栓把泵体和变量机构连接为一体。

（5）装配中，注意不能最后把花键轴装入缸体的花键槽中，更不能猛烈敲打花键轴，避免花键轴推动钢球顶坏压盘。

（6）安装时，遵循先拆的零部件后安装，后拆的零部件先安装的原则，安装完毕后应使花键轴带动缸体转动灵活，没有卡死现象。

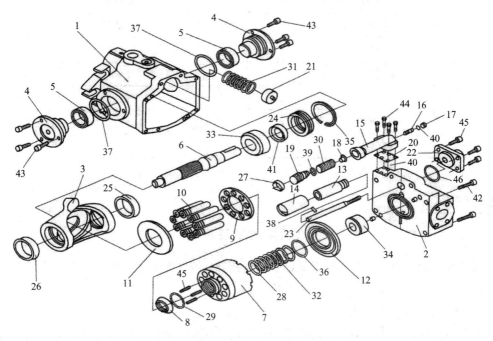

图 2-15　柱塞泵分解图

图 2-15 所示分解图各零部件名称见表 2-7。

表 2-7　柱塞泵分解图各零部件名称

件号	零部件名称	数量	件号	零部件名称	数量
1	前泵体	1	5	密封件	3
2	后泵体	1	6	传动轴	1
3	斜盘支撑	1	7	缸体	1
4	端盖	2	8	螺母	1

续表

件号	零部件名称	数量	件号	零部件名称	数量
9	定位环	1	25、26	支撑	2
10	柱塞	1	27	螺母	1
11	斜盘	1	28、29	调节环	2
12	配流盘	1	30	调压弹簧	1
13	调节杆	1	31	流量调节弹簧	1
14	导向套	1	32	定心弹簧	1
15	压力调节套管	1	33	轴承	1
16	螺钉	1	34	密封件	1
17	调节手柄	1	35、36	弹簧挡圈	2
18	U 形杯	1	37	密封垫	2
19	阀芯	1	38、39	定位销	2
20	过滤板	1	40	调节螺母	1
21	弹簧垫片	1	41	轴阀密封	1
22	端盖	1	42~45	螺钉	18
23	调节螺杆	1	46	密封垫	1
24	密封圈	1			

知识拓展

液压泵的发展展望

液压泵经历了近一个世纪的发展已经比较成熟，因此要求更高的设计工艺水平以及融合现代化的最新技术才能达到更完美的阶段。

1. 液压泵的高压化

在液压高压化的发展中首要的是泵(马达)的高压化。液压泵压力等级的提高意味着机械体积的减小，也会使整个液压系统所用介质明显减少。这个优点在行走机械的液压传动中特别突出，因此高压泵的应用前景之一是在工程机械方面。这些优点会使主机体积减小或更紧凑，生产成本有所下降，而且动态性能还会提高。

当今最先进的液压泵的使用压力已达到 50 MPa。

2. 液压泵变量的信息化、智能化控制

随着液压系统在冶金、工程机械等大型设备中日益广泛地被采用，对于变量控制系统提出了更高的要求。

电子排量泵是当前正在发展的一种液压泵变量控制的方式。电子排量泵提供了一个可动作的平台，用于控制泵的输出压力、输出流量以及输出功率。今后在液压技术与信息技术的融合中,液压泵是最主要的载体之一,将会有更强劲的发展。

3. 液压泵与原动机的合一趋势

液压泵与原动机的合一,将对提高泵的传动效率有利,同时也简化了结构。

Eaton Vickers 开发的电机泵获得美国同期的产品开发金奖。这种电机泵已投放市场,在国内也有应用。

近年来,荷兰 Inmas 分公司研制了将液压泵柱塞与内燃机自由活塞相连的液压泵,提高了传动装置的功率密度,即体积会减小、效率会提高,这一方面的研究仍在继续中,并正受到更多的关注。

4. 纯水液压泵的前景

纯水液压泵是近 20 年来又重新兴起的纯水液压系统中首要开发的元件。

不过,由纯水介质液压产品来替代油介质液压产品,目前仍限于某些领域或某些需要而开发。丹麦的 Danfoss 公司是水液压元件供应商的典型代表,其 Nessie 系列水液压元件已供应市场。德国 Hauhinc、Gmbh 公司与英国的 Fenner 公司也有系列水液压元件供应市场。我国的华中科技大学等在该方面的研究已取得相当的进展。

任务 2.2 液压执行元件

任务目标与分析

液压执行元件是将液压泵提供的液压能转变为机械能的能量转换装置,它包括液压缸和液压马达。从工作原理上讲,液压系统中的液压泵和液压马达都是靠工作腔密封容积的变化而工作的,因而液压泵和液压马达在原理上是可逆的,但它们在结构上是有差别的,并不能通用。

通过对液压缸和液压马达的作用、结构和工作原理的学习,具有正确选择液压缸和液压马达等执行元件的能力,具有正确分析、判断液压传动系统中液压缸和液压马达常见故障及排除故障的能力。

注意观察活塞与活塞杆、缸体与端盖、活塞杆头部及液压缸的安装形式等结构特点。

知识链接

液压执行元件是将液压泵提供的液压能转变为机械能的能量转换装置,它包括液压缸和液压马达。液压马达习惯上是指输出旋转运动的液压执行元件,而把输出直线运动(其中包括输出摆动运动)的液压执行元件称为液压缸。

2.2.1 液压马达

1. 液压马达的分类及性能参数

1)液压马达的分类

马达与泵在原理上有可逆性,但因用途不同结构上有些差别:马达要求正反转,其结构具有对称性;而泵为了保证其自吸性能,结构上采取了某些措施,使之不能通用。

（1）液压马达按其结构类型，可以分为齿轮式、叶片式、柱塞式等。

（2）液压马达按其额定转速，可以分为高速和低速两大类。额定转速高于 500 r/min 的属于高速液压马达，额定转速低于 500 r/min 的属于低速液压马达。

① 高速液压马达的基本形式有齿轮式、螺杆式、叶片式和轴向柱塞式等。它们的主要特点是转速较高、转动惯量小，便于启动和制动，调节（调速及换向）灵敏度高。通常高速液压马达输出转矩不大（仅几十 N·m 到几百 N·m），因此又称为高速小转矩液压马达。

② 低速液压马达的基本形式是径向柱塞式，此外在轴向柱塞式、叶片式和齿轮式中也有低速的结构形式。低速液压马达的主要特点是排量大、体积大、转速低（有时可达每分钟几转甚至零点几转），因此可直接与工作机构连接，不需要减速装置，使传动机构大为简化。通常低速液压马达输出转矩较大（可达几千 N·m 到几万 N·m），因此又称为低速大转矩液压马达。

2）液压马达的性能参数

（1）工作压力和额定压力。

① 液压马达的工作压力就是它输入油液的实际压力，其大小取决于液压马达的负载。液压马达进口压力与出口压力的差值，称为液压马达的压差。

② 液压马达的额定压力是指按实验标准规定能使液压马达连续正常运转的最高压力，即液压马达在使用中允许达到的最大工作压力。超过此值就是过载。

（2）排量、流量和转速。

① 液压马达的排量是指在没有泄漏的情况下，液压马达轴转一周时所需输入的油液体积，用 V 表示。排量不可变的液压马达称为定量液压马达；排量可变的液压马达称为变量液压马达。液压马达的排量取决于其密封工作腔的几何尺寸，与转速无关。

② 液压马达的流量是指液压马达达到要求转速时，单位时间内输入的油液体积。由于有泄漏存在，故又有理论流量和实际流量之分。

理论流量是指液压马达在没有泄漏的情况下，达到要求转速时，单位时间内需输入的油液体积，用 q_{Mt} 表示。

实际流量是指液压马达达到要求转速时，其入口处的流量，用 q_M 表示。由于液压马达存在间隙，产生泄漏 Δq，故实际流量 q_M 与理论流量 q_{Mt} 之间存在如下关系：

$$q_M = q_{Mt} + \Delta q \qquad (2-10)$$

③ 液压马达的转速 n 与流量、排量有如下关系：

$$n = \frac{q_{Mt}}{V} \qquad (2-11)$$

（3）功率和效率。

液压马达输入量是液体的压力和流量，输出量是转矩和转速（角速度）。因此液压马达的输入功率和输出功率分别为

$$p_{Mi} = \Delta p q_M \qquad (2-12)$$
$$p_{Mo} = T_M \omega_M = T_M 2\pi n \qquad (2-13)$$

式中，p_{Mi} 为液压马达输入功率；p_{Mo} 为液压马达输出功率；Δp 为液压马达进出口压差；T_M 为液压马达实际输出转矩；ω_M 为液压马达输出角速度。

由于液压马达在进行能量转换时，总是有能量损耗，因此其输出功率总小于其输入功

率。输出功率和输入功率之比值，称为液压马达的效率 η_M，计算公式为

$$\eta_\mathrm{M} = \frac{p_\mathrm{Mo}}{p_\mathrm{Mi}} = \frac{T_\mathrm{M}\omega_\mathrm{M}}{\Delta p q_\mathrm{M}} \qquad (2-14)$$

液压马达的能量损耗可分为两部分：一部分是由于泄漏等原因引起的流量损耗；另一部分是由于流动液体的黏性摩擦和机械相对运动表面之间机械摩擦而引起的转矩损耗。

由于液压马达有泄漏量 Δq 的存在，故其实际输入流量 q_M 总大于其理论流量 q_Mt，则有式(2-10)的存在。液压马达的理论流量与实际流量之比称为液压马达的容积效率，用 η_Mv 表示：

$$\eta_\mathrm{Mv} = \frac{q_\mathrm{Mt}}{q_\mathrm{M}} = \frac{q_\mathrm{M} - \Delta q}{q_\mathrm{M}} = 1 - \frac{\Delta q}{q_\mathrm{M}} \qquad (2-15)$$

泄漏量与压力有关，它随压力的增高而增大，因此液压马达的容积效率随工作压力升高而降低。

由于液压马达有转矩损耗 ΔT，故其实际输出转矩 T_M 比理论输出转矩 T_Mt 要小，即

$$T_\mathrm{M} = T_\mathrm{Mt} - \Delta T \qquad (2-16)$$

液压马达的实际转矩与理论转矩之比称为液压马达的机械效率，用 η_Mm 表示，即

$$\eta_\mathrm{Mm} = \frac{T_\mathrm{M}}{T_\mathrm{Mt}} = \frac{T_\mathrm{Mt} - \Delta T}{T_\mathrm{Mt}} = 1 - \frac{\Delta T}{T_\mathrm{Mt}} \qquad (2-17)$$

由黏性摩擦和机械摩擦而产生的转矩损失，其大小与油液的黏性、工作压力以及液压马达的转速有关。当油液黏度愈大、转速愈高、工作压力愈高时，转矩损失就愈大，机械效率就愈低。由式(2-14)、式(2-15)和式(2-17)可得

$$\eta_\mathrm{M} = \eta_\mathrm{Mv} \eta_\mathrm{Mm} \qquad (2-18)$$

由式(2-18)可知，液压马达的总效率等于其容积效率和机械效率的乘积。

2. 液压马达的工作原理

1）叶片式液压马达

由于压力油作用，受力不平衡使转子产生转矩。叶片式液压马达的输出转矩与液压马达的排量和液压马达进出油口之间的压力差有关，其转速由输入液压马达的流量大小来决定。

由于液压马达一般都要求能正反转，因此叶片式液压马达的叶片要径向放置。为了使叶片根部始终通有压力油，在回压油腔通入叶片根部的通路上应设置单向阀，为了确保叶片式液压马达在压力油通入后能正常启动，必须使叶片顶部和定子内表面紧密接触，以保证良好的密封，因此在叶片根部应设置预紧弹簧。叶片式液压马达体积小，转动惯量小，动作灵敏，可适用于换向频率较高的场合，但泄漏量较大，低速工作时不稳定。因此，叶片式液压马达一般用于转速高、转矩小和动作要求灵敏的场合。

叶片液压马达的排量计算公式与双作用叶片泵的排量计算公式相同，但公式中 $\theta=0°$。

2）径向柱塞式液压马达

图 2-16 为径向柱塞式液压马达工作原理图，当压力油经固定的配油轴 4 的窗口进入缸体 3 内柱塞 1 的底部时，柱塞向外伸出，紧紧顶住定子 2 的内壁。由于定子与缸体存在一偏心距 e，在柱塞与定子接触处，定子对柱塞产生反作用力，这个反作用力可分解为两个分力。它们对缸体产生转矩，使缸体旋转。缸体再通过端面连接的传动轴向外输出转矩和转速。

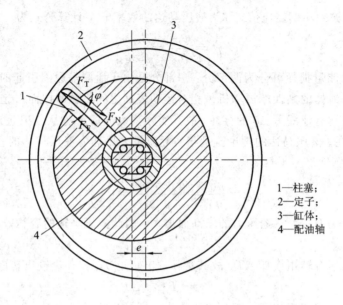

1—柱塞；
2—定子；
3—缸体；
4—配油轴

图 2 - 16　径向柱塞式液压马达工作原理

径向柱塞液压马达多用于低速大转矩的情况下。

单作用连杆型径向柱塞马达的排量为

$$V = \frac{\pi d^2 ez}{2} \qquad (2-19)$$

式中，d 为柱塞直径；e 为曲轴偏心距；z 为柱塞数。

单作用连杆型径向柱塞液压马达的优点是结构简单，工作可靠。其缺点是体积和质量较大，转矩脉动，低速稳定性较差。近年来因其主要的摩擦副大多采用静压支承或静压平衡结构，其低速稳定性有很大的改善，最低稳定转速可达 3 r/min。

多作用内曲线径向柱塞液压马达的排量为

$$V = \frac{\pi d^2}{4} sxyz \qquad (2-20)$$

式中，d 为柱塞直径；s 为柱塞行程；x 为作用次数；y 为柱塞排数；z 为每排柱塞数。

多作用内曲线径向柱塞液压马达的转矩脉动小，径向力平衡，启动转矩大，并能在低速下稳定地运转，普遍应用于工程、建筑、起重运输、煤矿、船舶等机械中。

3）轴向柱塞马达

轴向柱塞泵除阀式配流外，其他形式原则上都可以作为液压马达用，即轴向柱塞泵和轴向柱塞马达是可逆的。轴向柱塞马达的工作原理如图 2 - 17 所示，配油盘 4 和斜盘 1 固定不动，马达轴 5 与缸体 2 相连接一起旋转。当压力油经配油盘 4 的窗口进入缸体 2 的柱塞孔时，柱塞 3 在压力油作用下外伸，紧贴斜盘 1 对柱塞 3 产生一个法向反力 F，此力可分解为轴向分力 F_X 和垂直分力 F_Y。垂直分力与柱塞上液压力相平衡，而垂直分力则使柱塞对缸体中心产生一个转矩，带动马达轴逆时针方向旋转。轴向柱塞马达产生的瞬时总转矩是脉动的。若改变马达压力油输入方向，则马达轴 5 按顺时针方向旋转。斜盘倾角 a 的改变即排量的变化，不仅影响马达的转矩，而且影响它的转速和转向。斜盘倾角越大，产生的转矩越大，转速越低。

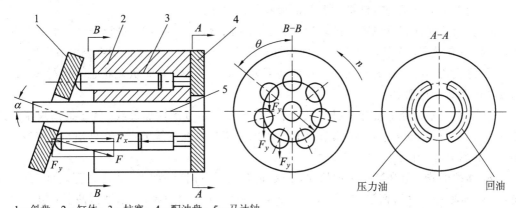

1—斜盘；2—缸体；3—柱塞；4—配油盘；5—马达轴

图 2-17　轴向柱塞马达的工作原理

轴向柱塞液压马达的排量计算公式与轴向柱塞泵的排量计算公式完全相同。

4）齿轮液压马达

齿轮马达在结构上为了适应正反转要求，进、出油通道对称，孔径相同，具有对称性，有单独外泄油口将轴承部分的泄漏油引出壳体外；为了减少启动摩擦力矩，采用滚动轴承；齿轮液压马达的齿数比泵的齿数要多。

齿轮液压马达仅适合于高速小转矩的场合。一般用于工程机械、农业机械以及对转矩均匀性要求不高的机械设备上。

齿轮液压马达的排量公式同齿轮泵。

3. 液压马达的使用与维护

液压马达的可靠性和寿命很大程度上取决于正确地使用和维护，为此使用时要注意以下几点。

（1）液压马达通常允许在短时间内以超过额定压力 20％～50％的压力下工作，但瞬时最高压力不能和最高转速同时出现。对液压马达的回油路背压有一定限制，且在背压较大时，必须设置泄漏油管。

（2）一般情况下，不应使液压马达的最大转矩和最高转速同时出现。实际转速不应低于液压马达的最低转速，否则将出现爬行现象。当系统要求的转速较低，而低速液压马达在转速、转矩等性能参数不易满足工作要求时，可采用高速液压马达并增设减速机构。

（3）安装液压马达的底座、支架必须具有足够的刚性。安装时要注意检查液压马达输出轴与工作机构传动轴的同轴度，否则将加剧液压马达的磨损，增加泄漏，降低容积效率，并严重影响使用寿命。对于不能承受额外的轴向力和径向力的液压马达，以及液压马达虽然可以承受额外的轴向力和径向力，但负载的实际轴向力或径向力大于液压马达允许的轴向力或径向力时，应考虑采用弹性联轴器连接液压马达轴和工作机构。

（4）液压马达在使用中应注意油液的种类和黏度；油液使用中的温度；系统滤油精度等均应符合产品样本的规定。

（5）运转前注意事项主要有以下几点。

① 液压马达使用前必须在壳体内灌满清洁液压油，使各运动副表面得到润滑，以防咬死或烧伤。

② 检查系统中是否有卸荷回路和溢流阀的调整压力。

③ 在无负载状态下以不同的转速运转一段时间(10～20 min),进行排气。油箱中有泡沫,系统中有噪声,以及液压马达或液压缸有滞进(颤动)等现象都证明系统中有空气。

④ 建议在系统中临时接入一个过滤精度较高的过滤器,在无负载状态下运行 30 min,以便清除系统中的脏物。

⑤ 只有当系统充分洗净和排气后,才能给液压马达逐渐增加负载。为了提高液压马达的寿命,通常在低负载下运转一段时间(如 1 h),同时检查系统的动作、外泄、噪声等,如果一切正常,就可正常工作。

⑥ 维护保养:通常第一次加的油,应在运转较短的时间(如 2～3 月或更短)内进行更换;以后定期检查油液污染程度,每 1～2 年换一次油;定期检查和清洗过滤器;定期检查油箱油面高度。这些措施都能有效地提高液压马达的寿命。另外,液压马达在使用中若发现其入口处有压力不正常的颤动、冲击声或外泄严重以及系统压力突然升高,应停车及时检查,以防液压马达损坏。

2.2.2 液压缸

液压缸是将液压泵输出的压力能转换为机械能的执行元件,主要用来输出直线运动(也包括摆动运动)。

液压缸按其结构形式,可以分为活塞缸、柱塞缸和摆动缸三类。活塞缸和柱塞缸实现往复运动,输出推力和速度;摆动缸则能实现小于 360°的往复摆动,输出转矩和角速度。液压缸除单个使用外,还可以几个组合起来或和其他机构组合起来,以完成特殊的功用。下面介绍几种常用的液压缸。

1. 活塞缸

活塞缸分为双杆式和单杆式两种。

1) 双杆式活塞缸

双杆式活塞缸的活塞两端都有一根直径相等的活塞杆伸出,根据安装方式不同又可以分为缸筒固定式和活塞杆固定式两种,如图 2 - 18 所示。

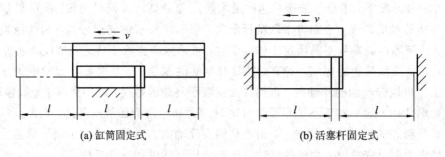

(a) 缸筒固定式　　　　　　　　　(b) 活塞杆固定式

图 2 - 18　双杆式活塞缸

双杆式活塞缸的进、出油口布置在缸筒两端,活塞通过活塞杆带动工作台移动,当活塞的有效行程为 l 时,整个工作台的运动范围为 $3l$,因此机床占地面积大,一般适用于小型机床。当工作台行程要求较长时,可采用图 2 - 18(b)所示的活塞杆固定的形式,这时缸体与工作台相连,活塞杆通过支架固定在机床上,动力由缸体传出。在这种安装形式中,工作台的移动范围只等于液压缸有效行程 l 的两倍($2l$)，因此占地面积小。

　　双杆式活塞缸在工作时，一个活塞杆是受拉的，而另一个活塞杆不受力，因此这种液压缸的活塞杆可以做得细些。

　　当分别向左、右腔输入的油液具有相同的压力和流量时，液压缸左、右两个方向上输出的推力 F 和速度 v 相等，其表达式为

$$F = \frac{\pi}{4}(D^2 - d^2)(p_1 - p_2)\eta_m \tag{2-21}$$

$$v = \frac{q\eta_V}{A} = \frac{4q\eta_V}{\pi(D^2 - d^2)} \tag{2-22}$$

式中，A 为液压缸的有效面积；η_m 为液压缸的机械效率；η_V 为液压缸的容积效率；D 为活塞直径；d 为活塞杆直径；q 为输入液压缸的流量；p_1 为进油腔压力；p_2 为回油腔压力。

　　2）单杆式活塞缸

　　如图 2-19 所示，活塞只有一端带活塞杆，单杆式液压缸也有缸体固定和活塞杆固定两种形式，但它们的工作台移动范围都是活塞有效行程的两倍。

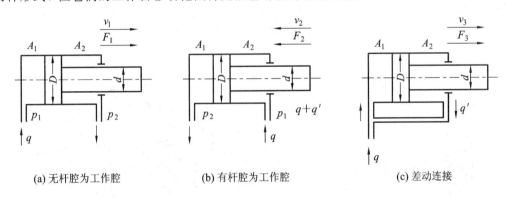

(a) 无杆腔为工作腔　　　　　(b) 有杆腔为工作腔　　　　　(c) 差动连接

图 2-19　单杆式活塞缸

　　单杆式活塞缸因左、右两腔有效面积 A_1 和 A_2 不等，因此当进油腔和回油腔压力分别为 p_1 和 p_2，输入左、右两腔的流量均为 q 时，液压缸左右两个方向的推力和速度不相同。

　　2. 柱塞缸

　　柱塞缸是一种单作用液压缸，其工作原理如图 2-20(a)所示，柱塞与工作部件连接，缸筒固定在机体上。当压力油进入缸筒时，推动柱塞带动运动部件向右运动，但反向退回时必须靠其他外力或自重驱动。柱塞缸通常成对反向布置使用，如图 2-20(b)所示。

　　柱塞式液压缸的主要特点是柱塞与缸筒无配合要求，缸筒内孔不需精加工，甚至可以不加工。运动时由缸盖上的导向套来导向，因此它特别适用在行程较长的场合。

　　当柱塞直径为 d、输入油液流量为 q、压力为 p 时，柱塞上所产生的推力 F 和速度 v 分别为

$$F = p\frac{\pi}{4}d^2\eta_m \tag{2-23}$$

$$v = \frac{4q\eta_V}{\pi d^2} \tag{2-24}$$

式中，η_m 为液压缸的机械效率；η_V 为液压缸的容积效率。

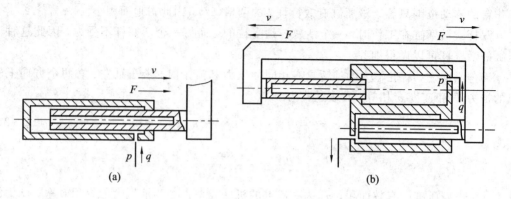

图 2-20　柱塞缸工作原理

3. 摆动缸

摆动式液压缸也称摆动液压马达。当通入压力油时，它的主轴能输出小于 360° 的摆动运动，常用于工夹具夹紧装置、送料装置、转位装置以及需要周期性进给的系统中。图 2-21(a) 所示为单叶片式摆动缸，它的摆动角度较大，可达 300°。图 2-21(b) 所示为双叶片式摆动缸，它的摆动角度较小，输出转矩是单叶片式的两倍，而角速度则是单叶片式的一半。

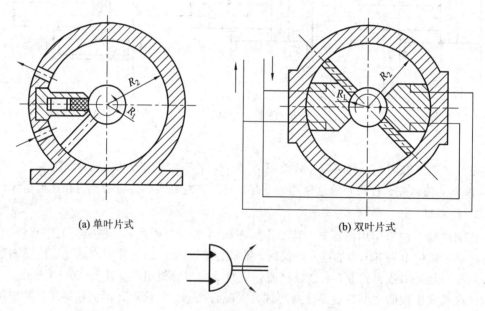

(a) 单叶片式　　　　　　　　　　　　(b) 双叶片式

图 2-21　摆动缸

单叶片式摆动液压缸输出的转矩和角速度分别为

$$T = \frac{b}{2}(R_2^2 - R_1^2)(p_1 - p_2)\eta_{\mathrm{m}} \tag{2-25}$$

$$\omega = \frac{2q\eta_{\mathrm{V}}}{b(R_2^2 - R_1^2)} \tag{2-26}$$

式中，b 为叶片宽度；η_{m}、η_{V} 分别为单叶片摆动液压缸的机械效率、容积效率；R_1、R_2 分别为叶片轴半径、缸筒内表面半径。

4. 液压缸的安装与维护

液压缸的安装方式有多种，如表 2-8 所示。每种安装方式的特点见表中说明。在具体安装中要根据机器的安装条件，受外负载作用力的情况以及液压缸稳定性的优劣来选择安装方式。

表 2-8　液压缸的安装方式

安装方式		安装简图	说　明
法兰型	头部内法兰		头部法兰型安装螺钉受拉力较大；尾部法兰型安装螺钉受力较小
	头部外法兰		
	尾部法兰		
销轴型	头部销轴		液压缸在垂直面内可摆动。尾部销轴型安装时，活塞杆受弯曲作用最大，中间销轴型次之，头部销轴型最小
	中间销轴		
	尾部销轴		
耳环型	尾部单耳环		液压缸在垂直面内可摆动
	尾部双耳环		
底座型	径向底座		径向底座型安装时，液压缸倾翻力矩小，切向底座型和轴向底座型受倾翻力矩较大
	切向底座		
	轴向底座		

在液压缸采用底座或法兰连接时，其活塞杆受外负载作用力的方向应与缸体轴线一致。

当液压缸所受外负载作用力的方向在液压缸转动平面内时，可采用销轴或耳环连接。当外负载作用力在空间的一定范围内变动时，可采用球头连接，以保证液压缸轴线与外负载作用方向一致。在可能的条件下，应采用在前缸盖上安装连接，这对液压缸的稳定性最有利。

安装时应仔细检查液压缸活塞杆是否弯曲。对于底座式或法兰式液压缸可通过在底座或法兰前设置挡块的方法，力求安装螺栓不直接承受负载，以减小倾翻力矩；对于销轴式或耳环式液压缸，应使活塞杆顶端的连接头方向与耳轴方向一致，以保证活塞杆的稳定性。对于行程较长和油温较高的液压缸，一端应保持浮动以补偿热膨胀的影响。安装好的液压缸活塞在缸内移动应灵活，无阻滞现象；缓冲机构不得失灵，各项安装精度应符合技术要求。

液压缸的正确使用与精心维护对其正常工作有很大影响。正确的使用与维护，可防止机件过早磨损和遭受不应的损坏，使其经常保持良好状态，发挥应有的效能。为此，要注意以下事项。

(1) 液压缸在污染严重的环境中工作时，对活塞杆要加防尘措施。

(2) 注意液压缸对工作介质的要求。一般液压缸所适用的工作介质黏度为 $12\sim28~mm^2/s$，一般弹性密封件液压缸的介质过滤精度为 $20\sim25~\mu m$，伺服液压缸的介质过滤精度要小于 $10~\mu m$，用活塞环的液压缸的介质过滤精度可达 $200~\mu m$。当然对过滤精度的考虑不能局限于液压缸，要从液压系统整体综合考虑。

(3) 要按设计规定和工作要求，合理调节液压缸的工作压力和工作速度。

(4) 定期维护。主要有以下几项。

① 定期检查。检查液压缸的各密封处及管接头处是否有泄漏；液压缸工作时是否正常平稳；防尘圈是否已不起防尘作用；液压缸紧固螺钉、压盖螺钉等受冲击较大的紧固件是否松动，等等。

② 定期清洗。液压缸在使用过程中，由于零件之间互相摩擦产生的磨损物、密封件磨损物和碎片以及油液带来的污染物等会积聚其内，影响正常工作，因此要定期清洗。一般每年清洗一次。

③ 定期更换密封件。密封件的材料一般为耐油丁腈橡胶或聚氨酯橡胶，长期使用不仅会自然老化，而且长期在受压状态下工作会产生永久变形，丧失密封性，其使用寿命一般为一年半到两年，因此应定期更换。

任务实施

液压缸的拆卸

以图 2-22 所示液压缸为例，准备各种拆卸工具，如内六角扳手、活动扳手、铜锤、棉纱等。液压缸的拆卸顺序为：

(1) 先将缸右侧的连接螺钉拆下(缸盖 14 与右法兰 10 分离)，将活塞杆和活塞整体从缸筒 7 中轻轻拉出，再从缸盖 14 中向左拉出活塞杆，使缸盖、压盖均成为单体。

(2) 从缸盖 14 中取出导向套 12，再取密封圈 15 和防尘圈 16。

(3) 在缸头 18 中拆卸下缓冲节流阀 11 和 O 形密封圈 9。

(4) 取出左侧直销，旋出缓冲套 24，将活塞与活塞杆脱离，按顺序卸下密封圈 4 和导向环、缓冲套、O 形密封圈以便检修活塞和活塞杆。

（5）松动并卸出左侧螺钉，使缸底与缸筒分离，缸底与缸筒成为单体，从缸底中卸下单向阀2，擦洗单向阀，保证排液装置通畅。

（6）对以上这些配件进行擦洗整理、修理、分类堆放，便于今后安装。

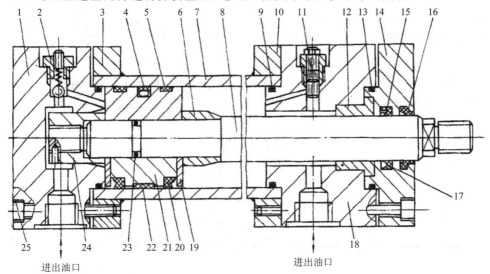

1—缸底；2—带放气孔的单向阀；3、10—法兰；4、15、17、20—密封圈；5、22—导向环；
6、24—缓冲套；7—缸筒；8—活塞杆；9、13、23—O形密封圈；11—缓冲节流阀；12—导向套；
14—缸套；16—防尘圈；18—缸头；19—护环；21—活塞；25—连接螺钉

图2-22 液压缸

知识拓展

其他形式液压缸

1. 伸缩液压缸

伸缩液压缸由两个或多个活塞式或柱塞式液压缸组装而成，它的前一级缸的活塞杆或柱塞是后一级缸的缸筒。这种伸缩液压缸在各级活塞杆或柱塞依次伸出时可获得很长的行程，而当它们缩入后又能使液压缸的轴向尺寸很短。

图2-23为一种双作用式伸缩液压缸。当压力油通入缸筒的左腔或右腔时，各级活塞

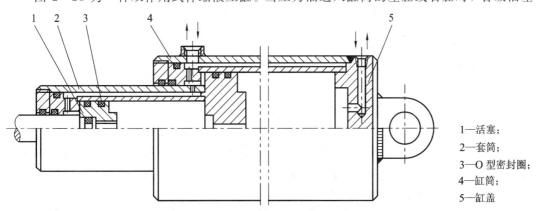

1—活塞；
2—套筒；
3—O型密封圈；
4—缸筒；
5—缸盖

图2-23 双作用式伸缩液压缸

按其有效作用面积的大小依次动作，伸出时作用面积大的先动，小的后动；缩回时动作次序反之。伸缩液压缸各级活塞的运动速度和推力是不同的，其值可按活塞液压缸的有关公式来计算。伸缩液压缸常用于工程机械和其他行走机械，如起重机、翻斗汽车等的液压系统中。

2. 齿条活塞液压缸

齿条活塞液压缸由两个活塞和一套齿条齿轮传动装置组成，如图 2-24 所示。压力油进入液压缸后，推动具有齿条的活塞做直线运动，齿条带动齿轮旋转，用来实现工作部件的往复摆动。这种液压缸常用在机床的回转工作台、液压机械手等机械设备上。

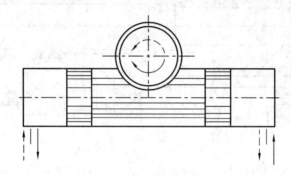

图 2-24　齿条活塞液压缸

3. 增压缸（增压器）

图 2-25 为一种由活塞缸和柱塞缸组合而成的增压缸，用以使低压系统中的局部区域获得高压。在这里，活塞缸中活塞的有效作用面积大于柱塞的有效作用面积，因此向活塞缸无杆腔送入低压油时，可以在柱塞缸里得到高压油。需要说明的是，增压缸不是将液压能转换为机械能的执行元件，而是传递液压能、使之增压的器具。

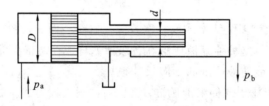

图 2-25　增压缸

4. 多位液压缸

多位液压缸的结构通常为杆径相等的双杆活塞缸，如图 2-26 所示。缸的两端有进油口 a、b，缸筒沿轴线方向上有多个出油孔，如 c_1、c_2、c_3、c_4、c_5。每个出油孔都有管道与一控制阀相连，可使出油口关闭，也可使其与油箱连通（图中未画出）。当 a、b 同时通入压力相等的液压油，而且所有出油口均关闭时，由于活塞两端受力相等，故保持原位置不动（图 2-26(a)）。若 a、b 通入压力相等的液压油，而某一出油口的控制阀开启，使其与油箱连通（例如 c_4 与油箱连通），则液压缸右腔油压降低，活塞右移，直到活塞将 c_4 油口关闭，液压缸两腔的压力又相等时，活塞停止在该位置上（图 2-26(b)）。

由于缸体上出油孔的数量、间距及其出油管道上控制阀的开启顺序均可按需要设计，因此这种液压缸多用于位置精度要求不很高的多工位、不等送进距离的送料装置。

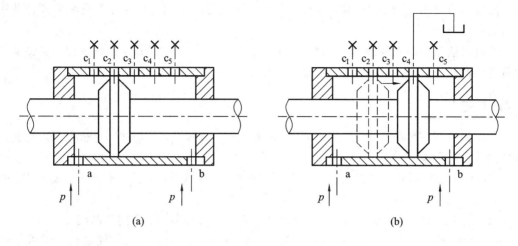

图 2-26 多位液压缸工作原理图

5. 数字液压缸

数字液压缸是由多级活塞串联而成的复合式液压缸，其每级活塞的行程长度为前一级行程长度的两倍。图 2-27 为 16 个位置的数字液压缸。它由四级活塞组成，其活塞的行程长度分别为 l、$2l$、$4l$、$8l$。缸体上有 a、b、c、d 四个油口及一个低压油口 e。当四个油口按不同的组合（由液压阀控制）通入压力较高的压力油时，其末级活塞及运动部件可以得到 16 种不同的行程。数字液压缸的定位精度高，能在二进制的输入信号下获得十进制的输出，多用于工业机器人等具有微机控制的设备中。

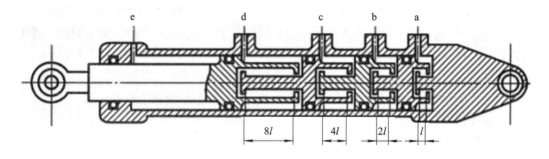

图 2-27 16 位数字液压缸

任务 2.3 液压控制元件

任务目标与分析

液压阀是用来控制液压系统中油液的流动方向或调节其压力和流量的控制元件，因此它可分为方向控制阀、压力控制阀和流量控制阀三大类。一个形状相同的阀，可以因为作用机制的不同而具有不同的功能。压力控制阀和流量控制阀利用通流截面的节流作用控制系统的压力和流量，而方向控制阀则利用通流通道的更换控制油液的流动方向。

通过学习液压控制元件的结构、图形符号、调节方法和型号，具有正确调节各种液压控制元件的能力。

通过对液压控制元件的拆装，增加对液压控制元件的结构组成、工作原理、主要零件形状的感性认识，进一步巩固理论知识。

知识链接

控制元件有多种分类方法，通常可按控制元件的结构形式、用途、控制方式、安装连接形式等进行分类。

(1) 根据结构形式，控制元件可分为：滑阀式、锥阀式、球阀式、截止式、膜片式、喷嘴挡板式等。

(2) 根据用途，控制元件可分为：压力控制阀、流量控制阀、方向控制阀等。

(3) 根据控制方式，控制元件可分为：定值或开关控制阀、比例控制阀、伺服控制阀等。

(4) 根据安装连接形式，控制元件可分为：管式连接、板式连接、插装式连接(插装阀)、叠加式连接(叠加阀)等。

控制元件的基本性能参数主要有公称通径和额定压力。

2.3.1 方向控制阀

方向控制阀是用来控制管道内压缩空气的流动方向和气流通断的元件，它是气动系统中应用最广泛的一类阀。

按气流在阀内的作用方向，方向控制阀可分为单向型方向控制阀和换向型方向控制阀两类。只允许气流沿一个方向流动的方向控制阀称为单向型方向控制阀，如单向阀、梭阀、双压阀等。可以改变气流流动方向的方向控制阀称为换向型方向控制阀，简称换向阀。

1. 单向阀

常用的单向阀有普通单向阀、梭阀和液控单向阀，普通单向阀简称单向阀。

1) 普通单向阀

普通单向阀(单向阀)是一种只允许流体沿一个方向通过，而反向流动被截止的方向控制阀。要求其正向流通时压力损失小，反向截止时密封性能好。

(1) 结构原理。图 2-28 为单向阀的结构原理和图形符号，它由阀体 1、阀芯 2 和弹簧 3 等零件组成。阀的连接形式为螺纹管式连接。阀体左端为流体进口 A，右端为出口 B。当进口有压力时，在压力 p_1 的作用下，阀芯克服右端弹簧力右移，阀芯锥面离开阀座，阀口开启，流体经阀口、阀芯上的径向孔 a 和轴向孔 b，从右端流出。若流体反向，由右端进

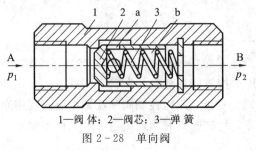

1—阀体；2—阀芯；3—弹簧
图 2-28 单向阀

入,压力 p_2 与弹簧同方向作用,将阀芯锥面紧压在阀座孔上,阀口关闭,流体被截止不能通过。在这里,弹簧力很小,仅起复位作用,因此正向开启压力只需要 $0.03\sim0.05$ MPa;反向截止时,因锥阀阀芯与阀座孔为线密封,且密封力随压力增高而增大,因此密封性能良好。单向阀正向开启,除克服弹簧力外,还需要克服液动力,因此进出口压力差(压力损失)为 $0.2\sim0.3$ MPa。

在单向阀中,由于锥阀与阀座密封不严、密封面上有污物、弹簧装歪斜等原因,都可能造成单向阀泄漏严重,不起单向控制作用。

管式连接的单向阀亦称为直通式单向阀。板式连接单向阀常称为直角式单向阀。

(2)应用。液压单向阀常被安装在泵的出口,一方面防止系统的压力冲击影响泵的正常工作,另一方面在泵不工作时防止系统的油液倒流经泵回油箱。单向阀还被用来分隔高、低压油路以防止干扰,并与其他阀并联组成复合阀,如单向减压阀、单向节流阀等。当安装在系统的回油路使回油具有一定背压,或安装在泵的卸荷回路使泵维持一定的控制压力时,应更换刚度较大的弹簧,其正向开启压力约为 $0.3\sim0.5$ MPa,此时该阀被称为背压阀。

2)液控单向阀

液控单向阀除进出油口 p_1、p_2 外,还有一个控制油口 p_c(图 2-29)。当控制油口不通压力油而通回油箱时,液控单向阀的作用与普通单向阀一样,油液只能从 p_1 到 p_2,不能反向流动。当控制油口通压力油 p_c 时,就有一个向上的液压力作用在控制活塞的下面,推动控制活塞克服单向阀阀芯上端的弹簧力顶开单向阀阀芯使阀口开启,这样正、反向的液流均可自由通过。

液控单向阀既可以对反向液流起截止作用且密封性好,又可以在一定条件下允许正、反向液流自由通过,因此多用在液压系统的保压或锁紧回路。

液控单向阀根据控制活塞上腔的泄油方式不同分为内泄式(图 2-29(a))和外泄式(图 2-29(b))。前者泄油通单向阀进油口 p_1,后者直接引回油箱。图 2-29(b)所示卸载式单向阀在单向阀阀芯内装有卸载小阀芯。控制活塞上行时先顶开小阀芯使主油路卸压,然后再顶开单向阀阀芯,其控制压力仅为工作压力的 4.5%。没有卸载小阀芯的液控单向阀的控制压力为工作压力的 40%~50%。

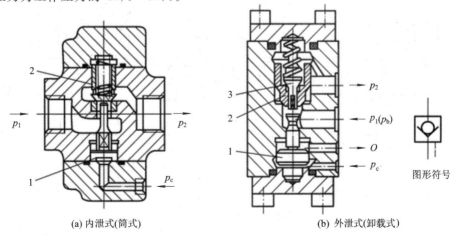

(a) 内泄式(筒式)　　　　　　　　(b) 外泄式(卸载式)

1—控制活塞;2—单向阀阀芯;3—卸载阀小阀芯

图 2-29　液控单向阀

需要指出的是，控制压力油油口不工作时，应使其通回油箱，否则控制活塞难以复位，单向阀反向不能截止液流。

2. 换向阀

1）换向阀的种类及原理

换向阀的作用是通过阀芯与阀体相对位置的改变，使油路接通或断开，从而实现液压执行元件的启动、停止或改变方向。

换向阀的种类很多，按换向阀的操纵方式不同，可分为手动、机动、电磁动、液动、电液动换向阀等类型；按阀芯在阀体孔内的工作位置数和换向阀所控制的油口路数，可分为二位二通、二位三通、二位四通、二位五通、三位四通、三位五通等类型；按阀芯运动方式，可分为滑阀、转阀等类型。这里主要介绍几种常用换向阀的典型结构。

"通"和"位"是换向阀的重要概念。几"通"：即阀的通路个数；几"位"：即阀的工作位置个数。

（1）手动换向阀。图 2-30 为自动复位式三位四通手动换向阀的结构原理和图形符号，推动手柄向左，阀芯移至右位，P 口与 A 口相通，B 口与 T 口相通；推动手柄向右，阀芯移动至左位，P 口与 B 口、A 口与 T 口经阀芯内的径向孔和轴向孔相通，从而实现换向。手一离开手柄，阀芯在弹簧力作用下自动复位到中位，油口 P、A、T 全部封闭。该阀应用于动作频繁、工作持续时间短的场合，如工程机械等。

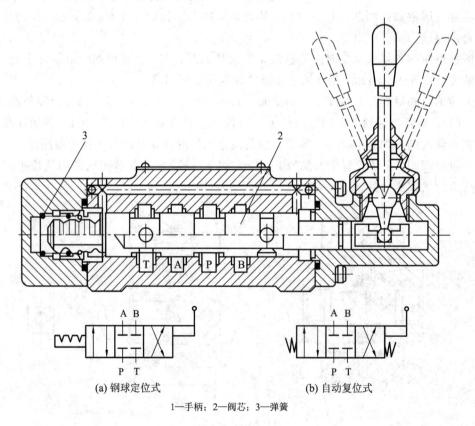

(a) 钢球定位式　　　　(b) 自动复位式

1—手柄；2—阀芯；3—弹簧

图 2-30　三位四通手动换向阀

图 2-30(a) 为钢球定位式换向阀定位部分结构原理及图形符号。其定位槽数由阀的工作位数决定，当手柄扳动阀芯时，阀芯可借助弹簧和钢球保持在左、中、右任何一个位置上定位。当松开手柄后，阀芯仍保持在所需要的工作位置上。该阀应用于液压机、船舶等需保持工作状态时间较长的情况。

(2) 机动换向阀。机动换向阀又称行程阀，它利用安装在运动部件上的挡块或凸轮压动阀芯端部的滚轮使阀芯移动，从而使油路换向。这种阀通常为二位阀，并且用弹簧复位。图 2-31 为二位二通机动换向阀的结构及图形符号。在图示位置，阀芯 3 在弹簧 4 的作用下处于左位，油口 P 与 A 不连通，当运动部件 1 上的挡块压动滚轮 2 使阀芯移动至右位时，油口 P 与 A 连通。

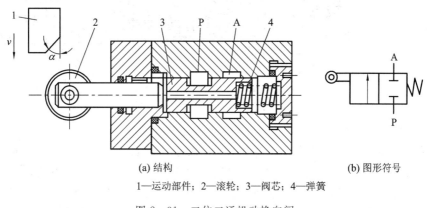

(a) 结构　　　　　　　　　　　　(b) 图形符号

1—运动部件；2—滚轮；3—阀芯；4—弹簧

图 2-31　二位二通机动换向阀

机动换向阀结构简单，换向时阀口逐渐打开或关闭，故换向平稳、可靠、位置精度高，常用于控制运动部件的行程或快慢速度的转换，其缺点是它必须安装在运动部件附近，一般油管较长。

(3) 电磁换向阀。电磁换向阀是利用电磁铁的吸引力控制阀芯移动实现换向的换向阀。它操作方便，布局灵活，有利于提高设备的自动化程度，因而应用广泛。按使用电源不同，有交流和直流两种电磁换向阀。

图 2-32 为二位三通电磁换向阀的结构及图形符号，当电磁铁不通电时，P 口与 A 口相通，B 口断开；当电磁铁通电时，推杆 1 将阀芯 2 推向右端，P 口与 B 口相通，A 口断开。

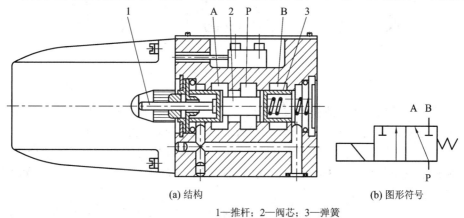

(a) 结构　　　　　　　　　　　　(b) 图形符号

1—推杆；2—阀芯；3—弹簧

图 2-32　二位三通电磁换向阀

图 2-33 为三位四通电磁换向阀的结构及图形符号。当两边电磁铁均不通电时，阀芯在两端对中弹簧的作用下处于中位。油口 P、A、B、T 均不相通；当左边电磁铁通电，铁芯 1 通过推杆 2 将阀芯 3 推至右位，则油口 P 与 A 相通，B 与 T 相通；当右边电磁铁通电时，阀芯被推至左位，油口 P 与 B 相通，A 与 T 相通。因此，通过控制左、右电磁铁通、断电，就可以控制液流的方向，实现执行元件的换向。

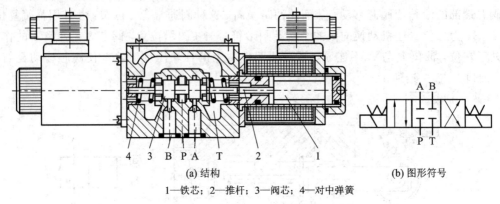

| (a) 结构 | (b) 图形符号 |

1—铁芯；2—推杆；3—阀芯；4—对中弹簧

图 2-33 三位四通电磁换向阀

电磁换向阀的优点是动作迅速，操作方便，便于实现自动控制，但电磁铁的吸引力有限，因此电磁阀只宜用于流量不大的系统。流量大的系统可采用液动或电液动换向阀。

（4）液动换向阀。液动换向阀是利用系统中控制油路的压力油来改变阀芯位置的换向阀。图 2-34 为三位四通液动换向阀的结构及图形符号。当其两端控制油口 k_1 和 k_2 均不通入压力油时，阀芯在两端弹簧力的作用下处于中位，此时油口 P、A、B、T 互不相通；当 k_1 进压力油，k_2 接油箱时，阀芯移至右端，此时 P 与 A 接通，B 与 T 接通；当 k_2 进压力油，k_1 接油箱时，阀芯移至左端，此时 P 与 B 接通，A 与 T 接通。

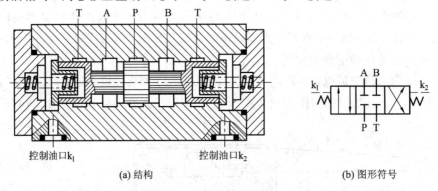

控制油口k_1　　　　　　控制油口k_2

(a) 结构　　　　　　　　　　(b) 图形符号

图 2-34 三位四通液动换向阀

液动换向阀结构简单，动作可靠，换向平稳，常与机动换向阀或电磁换向阀组合成机液换向阀或电液换向阀，由于液压驱动力大，故可用于流量大的系统中。

（5）电液换向阀。电液换向阀是由电磁换向阀和液动换向阀组合而成的组合阀。其中，电磁换向阀起先导作用，用来改变液动换向阀控制油路的方向，即为先导阀；液动换向阀实现主油路的换向，称为主阀。

图 2-35 为三位四通电液换向阀的结构和图形符号。当先导电磁阀两边的电磁铁均不通电时，先导阀处于中位，这时液动换向阀主阀芯 8 两端均不通控制压力油，在弹簧的作

用下处于中位,此时油口 P、A、B、T 均不相通。若先导阀左端电磁铁 3 通电,电磁阀阀芯 4 移至右端,由主阀 P 口进入的压力油经电磁阀 A′口及左端单向阀 1 进入液动换向阀的左端油腔,推动主阀阀芯 8 向右移动,这时主阀右端油腔的控制油液通过右边节流阀 6 经先导阀的 B′口和主阀的 T′口流回油箱。于是使主阀油口 P 与 A 相通,B 与 T 相通(换向阀左位工作);反之,先导电磁阀右端电磁铁 5 通电时,主阀右端油腔进控制压力油,左端油腔的油液经左边节流阀 2 回油箱,使主阀阀芯 8 向左移动,其主油路的油口为 P 与 B 相通,A 与 T 相通。阀体内的节流阀 2、6 可用来调节主阀芯的移动速度,使其换向平稳,无冲击。

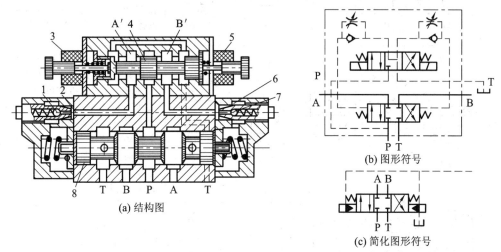

(a) 结构图 (b) 图形符号 (c) 简化图形符号

1、7—单向阀;2、6—节流阀;3、5—电磁铁;4—电磁阀阀芯;8—液动阀阀芯

图 2-35 三位四通电液换向阀

电液换向阀综合了电磁阀和液动阀的优点,具有控制方便、通过流量大的特点。

2)滑阀的中位机能

多位阀处于不同工作位置时,各油(气)口的不同连通方式体现了换向阀的不同控制机能,称为滑阀中位机能。对三位四通(五通)滑阀,左、右工作位置用于执行元件的换向,一般为 P 口与 A 口通、B 口与 T 口通或 P 口与 B 口通、A 口与 T 口通;中位则有多种机能以满足该执行元件处于非运动状态时系统的不同要求。下面主要介绍三位四通滑阀的几种常用中位机能,如表 2-9 所列,不同中位机能的滑阀,其阀体是通用的,仅阀芯的台肩尺寸和形状不同。

表 2-9 三位换向阀的中位机能

机能代号	机构原理图	中位图形符号		技能特点和应用(在中位时)
		三位四通	三位五通	
O		A B / P T	A B / T₁ P T₂	各油口全封闭,油不流通;工作装置的进、回油口都封闭,工作机构可以固定在任何位置静止不动;从停止到启动比较平稳;油泵不能卸载;换向位置精度高

续表

机能代号	机构原理图	中位图形符号		技能特点和应用（在中位时）
		三位四通	三位五通	
H		A B P T	A B T₁ P T₂	各油口全开，系统没有油压；进油口 P、回油口 T 与工作油口 A、B 全部连通，可在外力作用下运动；液压泵可以卸荷；制动较 O 型平稳；不能完全保证活塞处于停止状态
P		A B P T	A B T₁ P T₂	回油口 T 关闭，进油口 P 与工作油口 A、B 相通；工作机构可以停止不动，也可以用于带手摇装置的机构，但是对于单杆或直径不等的双杆双作用油缸，工作机构不能处于静止状态而组成差动回路；制动平稳；油泵不能卸荷；换向位置变动比 H 型的小，应用广泛
Y		A B P T	A B T₁ P T₂	进油口 P 关闭，工作油口 A、B 与回油口 T 相通；工作机构处于浮动状态；从停止到启动有些冲击；油泵不能卸荷
K		A B P T	A B T₁ P T₂	在中位时，进油口 P 与工作油口 A 与回油口 T 连通，而另一工作油口 B 封闭；油泵可以卸荷；两个方向换向时性能不同
M		A B P T	A B T₁ P T₂	工作油口 A、B 关闭，进油口 P、回油口 T 直接相连；工作机构可以保持静止；液压泵可以卸荷；不能用于带手摇装置的机构；从停止到启动比较平稳；制动时运动惯性引起液压冲击较大；可用于油泵卸荷而液压缸锁紧的液压回路中
X		A B P T	A B T₁ P T₂	A、B、P 油口都与 T 回油口相通；各油口与回油口 T 连通，处于半开启状态；避免在换向过程中的换向冲击；油泵不能卸荷；换向性能介于 O 型和 H 型之间

3. 换向阀的性能与选用

1）换向阀的性能

（1）换向可靠性和换向平稳性。换向阀的换向可靠性包括两个方面：换向信号发出后，阀芯能灵敏地移到预定的工作位置；换向信号撤出后，阀芯能在弹簧力的作用下自动恢复到常位。

实际应用过程中造成换向阀不换向的原因有：换向阀的电磁铁吸力不足以推动阀芯，电磁铁剩磁过大致使阀芯不复位、对中弹簧轴线歪斜、加工精度差或污物造成阀芯卡死等。

在选用换向阀时，同一通径的电磁换向阀，其滑阀机能不同，可靠换向的压力和流量范围不同。产品样本上，一般用工作性能极限曲线表示，如图 2 - 36 所示，通过换向阀的最大通流量为 100 L/min。曲线 1 为四通阀封闭一个油口作三通阀用的工作性能极限，其最大通流量为 65 L/min，额定压力下的通流量仅为 16 L/min。曲线 2、3、4、5 分别为 H 型、M 型、Y 型、P 型机能四通阀的工作性能极限曲线。显然，其通流能力下降了许多。

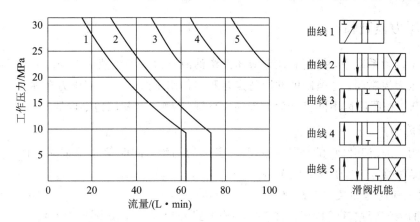

图 2 - 36　不同换向阀机能的工作性能极限

要求换向阀换向平稳，实际上就是要求换向时压力冲击要小。

（2）压力损失。换向阀的压力损失包括阀口压力损失和流道压力损失。当阀体采用铸造流道，流道形状接近于流线时，流道压力损失可降到很小。对电磁换向阀，因电磁铁行程较小，因此阀口开度仅 1.5～2.0 mm，阀口流速较高，阀口压力损失较大。

（3）内泄漏量。滑阀式换向阀为间隙密封，内泄漏不可避免。一般应尽可能减小阀芯与阀体孔的径向间隙，并保证其同心，同时阀芯台肩与阀体孔有足够的密封长度。在间隙和密封长度一定时，内泄漏量随工作压力的增高而增大。泄漏不仅带来功率损失，而且影响系统的正常工作。

2）换向阀的选用

换向阀种类很多，要正确选择换向阀，首先要计算出换向阀所在回路的压力和流量参数，换向阀使用时的压力、流量不要超过制造厂样本的额定压力、额定流量。应注意从满足系统对自动化和运行周期的要求出发，从手动、机动、电磁动等形式中合理选用其操纵方式。

在确定换向阀的通径时，不仅要考虑换向阀本身，而且要综合考虑回路中所有阀的压力损失、油路的内部阻力和管路阻力等。当系统流量在 0～100 L/min 时，宜选择普通换向阀；当系统流量在 100～250 L/min 时，宜选择电液换向阀；当系统流量大于 250 L/min 时，宜选择插装阀。

换向阀阀芯移动的方式有多种，要根据设备的需要来选择不同的操作方式。电磁换向阀和电液换向阀中的电磁铁有直流式、交流式等。换向阀的切换时间受电磁铁的类型和阀的结构的影响，一定要选择合适的电磁铁。

三位换向阀的中位机能关系到执行元件停止状态下位置保持的安全性，在选择中位机能时一定要考虑内泄漏和背压情况，从回路上要充分论证。

单向阀的开启压力取决于内装弹簧的刚度。一般来说，为减小流动阻力可使用开启压力低的单向阀，电液换向阀的控制压力宜选用开启压力高的单向阀。但对于作背压阀的单向阀，其开启压力较高，以保证足够的背压力。

液控单向阀所需要的控制压力取决于负载压力、阀芯受压面积及控制活塞的受压面积。外泄式液控单向阀的泄油口必须无压回油。

2.3.2　压力控制阀

在液压传动系统中，控制和调节液压系统油液压力或利用液压力控制其他元件动作的阀统称为压力控制阀。这类阀的共同特点是利用作用于阀芯上的液压力和弹簧力相平衡的原理来工作。按照用途不同可分为溢流阀、减压阀、顺序阀和压力继电器等。

1. 溢流阀

溢流阀是通过其阀口的溢流溢去系统多余的油液，同时使系统或回路的压力维持恒定，从而实现稳压、调压或限压作用。

1) 溢流阀的结构及工作原理

常用的溢流阀按其结构形式和基本动作方式分为直动式和先导式两种。

(1) 直动式溢流阀。

直动式溢流阀是依靠系统中的压力油直接作用在阀芯上与弹簧力相平衡，以控制阀芯的启闭动作的溢流阀。直动式溢流阀的结构和图形符号如图 2-37 所示，进油口 P 的压力油经阀芯 4 上的径向孔 f、轴向阻力孔 g 进入阀芯底部 c 腔。当进油压力较低时，阀芯在弹簧 2 的作用下处于下端位置，此时进油口 P 和回油口 T 隔开，阀处于关闭状态，即不溢流。当进油压力升高，阀芯所受的油压推力超过弹簧的预紧力时，阀芯上移，将油口 P 和 T 连通，使多余油液流回油箱，即溢流。这样，阀芯处于某一平衡位置，被控制的油液压力就不再升高。调整弹簧的预紧力，就可以调整溢流阀的工作压力 p。

直动式溢流阀的结构简单，制造容易，成本低，但油液压力直接靠弹簧平衡，所以压力稳定性较差，动作时有振动和噪声；此外，系统压力较高时，要求弹簧刚度大，使阀的开启性能变坏。因此，直动式溢流阀只用于低压小流量系统，或作为先导阀使用。

(2) 先导式溢流阀。

先导式溢流阀的结构和图形符号如图 2-38 所示，由先导阀Ⅰ和主阀Ⅱ两部分组成。先导阀Ⅰ实际上是一个小流量的直动式溢流阀，阀芯是锥阀，用来控制压力；主阀阀芯是滑阀，用来控制溢流流量。

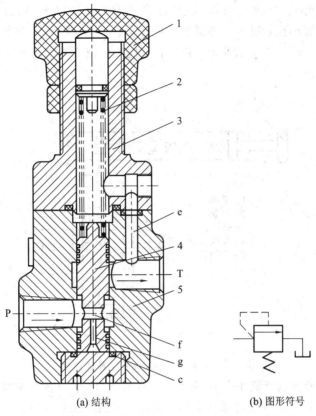

(a) 结构　　　　　　　　(b) 图形符号

1—调节螺母；2—弹簧；3—上盖；4—阀芯；5—阀体

图 2-37　直动式溢流阀

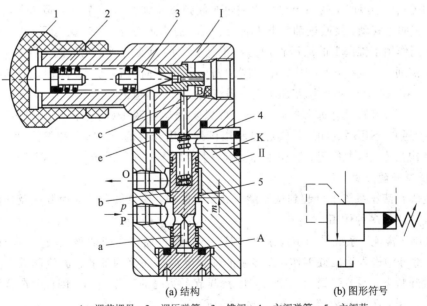

(a) 结构　　　　　　　　(b) 图形符号

1—调节螺母；2—调压弹簧；3—锥阀；4—主阀弹簧；5—主阀芯

图 2-38　先导式溢流阀

图 2-39 为先导式溢流阀的工作原理图。压力油经过油口 P、通道 a 进入主阀芯 5 底部油腔 A，并经节流小孔 b 进入上部油腔，再经通道 c 进入先导阀右侧油腔 B，给锥阀 3 以向左的作用力，当油液压力 p 较小时，作用在锥阀上的液压作用力小于调压弹簧 2 的弹簧力，先导阀关闭。

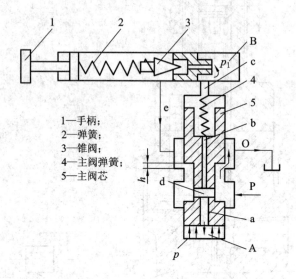

1—手柄；
2—弹簧；
3—锥阀；
4—主阀弹簧；
5—主阀芯

图 2-39　先导式溢流阀的工作原理图

此时，没有油液流过节流小孔 b，油腔 A、B 的压力相同，在主阀弹簧 4 的作用下，主阀芯处于最下端位置，回油口 O 关闭，即不溢流。当油液压力 p 增大，使作用于锥阀上的液压作用力大于弹簧 2 的弹簧力时，先导阀开启，油液经通道 e、回油口 O 流回油箱。这时，压力油流经节流小孔 b 时产生压力降，使 B 腔油液压力 p_1 小于油腔 A 中油液压力 p，当此压力差（$p-p_1$）产生的向上作用力超过主阀弹簧 4 弹簧力并克服主阀芯自重和摩擦力时，主阀芯向上移动，接通进油口 P 和回油口 O，溢流阀溢流。p 随溢流而下降，p_1 也随之下降，直到作用于锥阀上的液压作用力小于弹簧 2 的弹簧力时，先导阀关闭，节流小孔 b 中没有油液通过，$p_1 = p$，主阀芯在主阀弹簧 4 作用下向下移动，关闭回油口 O，停止溢流。这样，在系统压力超过调定压力时，溢流阀溢油，不超过时则不溢油，起到限压、溢流作用。先导式溢流阀设有远程控制口 K，可以实现远程调压（与远程调压阀接通）或卸荷（与油箱接通），不用时封闭。其阀芯是利用压差作用开启的，主阀芯弹簧刚度很小，因此它具有结构紧凑、压力稳定、波动小等特点，主要用于中高压系统。

2）溢流阀的应用

溢流阀在液压系统中可起到调压溢流、安全保护、使泵卸荷、远程调压及使液压缸回油腔形成背压等多种作用。

（1）调压溢流。系统采用定量泵供油时，常在其进油路或回油路上设置节流阀或调速阀，使一部分油进入液压缸工作，而多余的油须经溢流阀流回油箱，溢流阀处于其调定压力下的常开状态。调节弹簧的压紧力，也就调节了系统的工作压力。因此，在这种情况下溢流阀的作用即为调压溢流，如图 2-40(a) 所示。

（2）安全保护。系统采用变量泵供油时，用溢流阀限制系统压力不超过最大允许值，以防止系统过载。在正常情况下，阀口关闭。当系统超载时，系统压力达到溢流阀调定的压力，阀口打开，油液经阀口流回油箱，系统压力不再升高。这种溢流阀常称为安全阀，如图 2-40(b)所示。

（3）使泵卸荷。采用先导式溢流阀调压的定量泵系统，当阀的外控口 K 与油箱连通时，其主阀芯在进口压力很低时即可迅速抬起，使泵卸荷，以减少能量损耗。图 2-40(c)中，当电磁铁通电时，溢流阀外控口通油箱，因而能使泵卸荷。

（4）远程调压。当先导式溢流阀的外控口与调压较低的溢流阀（或远程调压阀）连通时，其主阀芯的油压只要达到低压阀的调整压力，主阀芯即可抬起溢流，即实现远程调压，如图 2-40(d)所示。

（5）形成背压。将溢流阀安设在液压缸的回油路上，可使缸的回油腔形成背压，提高运动部件运动的平稳性，因此，这种用途的溢流阀也称背压阀，如图 2-40(e)所示。

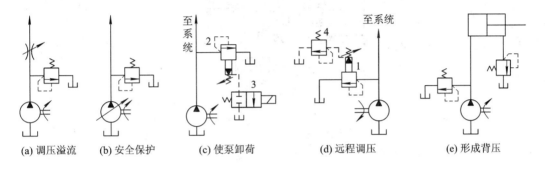

(a) 调压溢流　　(b) 安全保护　　(c) 使泵卸荷　　(d) 远程调压　　(e) 形成背压

图 2-40　溢流阀的应用

2. 减压阀

减压阀是利用油液流过缝隙时产生压降的原理，使系统某一支油路获得比系统压力低而平稳的压力油的液压控制阀。减压阀也有直动式和先导式两种，一般采用先导式减压阀。

1）减压阀的结构及工作原理

先导式减压阀的结构如图 2-41(a)所示，其结构与先导式溢流阀的结构相似，由先导阀和主阀两部分组成。系统主油路的高压油 p_1 从进油口 P_1 流入，经节流缝隙 x 减压后的低压油 p_2 从出油口 P_2 输出。同时 p_2 的油液经小孔流入主阀芯下腔，并经阻尼孔 e 流入主阀芯上腔，且经通道进入先导阀右腔，给先导阀阀芯一个向左的液压力。该液压力与先导阀调压弹簧的弹簧力相平衡，从而控制 p_2 基本保持调定的压力。当负载较小，出口压力 p_2 低于调定压力时，先导阀关闭，阻尼孔 e 没有油液流动，主阀芯上、下两腔油压相等，主阀芯在弹簧作用下处于最下端，节流口 x 增大，不起减压作用。当 p_2 超过调定压力时，先导阀打开，因阻尼孔的降压作用，使主阀上下两腔产生压力差，主阀芯在压力差作用下克服弹簧力向上移动，节流口 x 减小，起减压作用。当出口压力下降到调定压力时，先导阀和主阀阀芯同时处于受力平衡，出口压力稳定不变，等于调定压力。如果干扰使进口压力 p_1 升高，在主阀芯未来得及反应时 p_2 也升高，使主阀芯上移，节流口 x 减小，出口压力 p_2 又下降，使主阀芯在新的位置上达到平衡，而出口压力 p_2 基本保持不变。

先导式减压阀与先导式溢流阀结构非常相似，调定原理也相似，但两者的阀芯形状及油口连通情况有明显的差别，且减压阀的阀口为常开型。图 2-41(b)为先导式减压阀的图形符号。

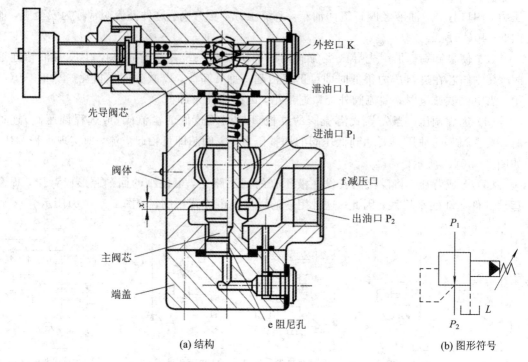

外控口 K

泄油口 L

先导阀芯

进油口 P_1

阀体

f 减压口

出油口 P_2

主阀芯

端盖

e 阻尼孔

(a) 结构

(b) 图形符号

图 2-41 先导式减压阀

2) 减压阀的应用

在液压系统中，当某个执行元件或某一支油路所需要的工作压力低于系统的工作压力或要求有较稳定的工作压力时，可采用减压回路。减压阀在控制油路、夹紧油路、润滑油路中应用广泛。图 2-42 是夹紧机构中常用的减压回路。回路中串联一个减压阀，使夹紧缸能获得较低而又稳定的夹紧力。

夹紧缸

至主系统

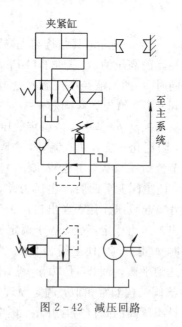

图 2-42 减压回路

3. 顺序阀

顺序阀是利用油路中压力的变化控制阀口启闭，以实现执行元件顺序动作的液压元件。其结构与溢流阀类同，也分为直动式和先导式两种。一般采用直动式顺序阀。

1）顺序阀的结构及工作原理

图 2-43 为直动式顺序阀的结构和原理图。它由端盖、控制活塞、阀体、阀芯、上阀盖、弹簧、调节螺钉等组成。图 2-43(a)是结构图，图 2-43(c)为其原理图。当压力油 p_1 从进油口 P_1 进入时，经阀体上的孔道 a 和端盖上的阻尼孔 b 进入阀下腔，当作用于阀芯上的油液压力大于弹簧力时，阀芯上移，进、出油口 P_1、P_2 接通，油液从出口 P_2 流出。当进油压力 p_1 小于弹簧的调定压力时，阀关闭。这种顺序阀利用其进油口压力控制，称为普通顺序阀(也称为内控式顺序阀)，其图形符号如图 2-43(b)所示。由于阀的出油口接压力油路，因此其上阀盖处泄油口必须另接一油管与油箱相通，这种连接方式称为外泄。

图 2-43　直动式顺序阀

顺序阀的工作原理和溢流阀相似，其主要区别在于，溢流阀的出油口接油箱，而顺序阀的出油口接执行元件，即顺序阀的进、出油口均通压力油，因此它的泄油口要单独接油箱。

2）顺序阀的应用

(1) 实现顺序动作。如图 2-44(a)所示为机床夹具上用单向顺序阀实现工件定位后夹紧的顺序动作回路。当电磁阀断电时(换向阀右位工作)，压力油先进入定位缸 A 的下腔，活塞上移，缸 A 上腔回油，实现定位，顺序阀在 A 缸动作时处于关闭状态，当 A 缸定位后，油液的压力升高，达到顺序阀的调定压力后，打开通向 B 缸的油路，从而实现 B 缸的夹紧动作。当电磁阀通电时，压力油同时进入定位缸、夹紧缸上腔，两缸下腔回油(夹紧缸经单向阀回油)，使工件松开。

(2) 用于组成平衡回路。为了保持垂直放置的液压缸不因自重而自行下降，可将单向阀与顺序阀并联构成的单向顺序阀接入油路，如图 2-44(b)所示。此单向顺序阀又称为平衡阀。这里，顺序阀的开启压力要足以支撑运动部件的自重。当换向阀处于中位时，液压缸即可悬停。图中单向顺序阀为液控单向顺序阀。

(3) 使泵卸荷。如图 2-44(c)所示的双泵供油回路中，泵 1 为大流量泵，泵 2 为小流量泵，两泵并联。在液压缸快速进退阶段，泵 1 输出的油经单向阀后与泵 2 输出的油汇合在一起流向液压缸，使缸快速运动；当液压缸转变为慢速工进时，缸的进油路压力升高，外控式顺序阀 3 被打开，泵 1 即开始卸荷，由泵 2 单独向系统供油以满足工进时所需的流量要求。

(4) 作背压阀。顺序阀与溢流阀用作背压阀时的情况相同。

4. 压力继电器

压力继电器是使油液压力达到预定值时发出电信号的液-电信号转换元件。它利用液压系统压力的变化来控制电路的通与断，以实现自动控制或安全保护等。

1）压力继电器的结构及工作原理

图 2-45 为常用压力继电器的结构示意图和图形符号。当从压力继电器下端进油口 P

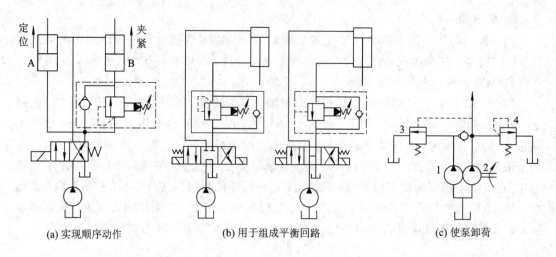

图 2-44 顺序阀的应用

进入的油液压力达到继电器的调定压力时，推动柱塞 1 上移，此位移通过杠杆 2 放大后推动开关 4 动作。改变弹簧 3 的压缩量即可调节压力继电器的动作压力。

2）压力继电器的应用

图 2-46 所示回路为用压力继电器控制电磁换向阀实现由"工进"转为"快退"的回路。当图中电磁阀左位工作时，压力油经调速阀进入缸左腔，缸右腔回油，活塞实现慢速"工进"。

当活塞行至终点停止时，缸左腔油压升高，当油压达到压力继电器的开启压力时，压力继电器发出电信号，使换向阀右端电磁铁 2YA 通电，换向阀右位工作；这时，压力油进入缸右腔，缸左腔回油（经单向阀），活塞快速向左退回，实现了由"工进"到"快退"的转换。

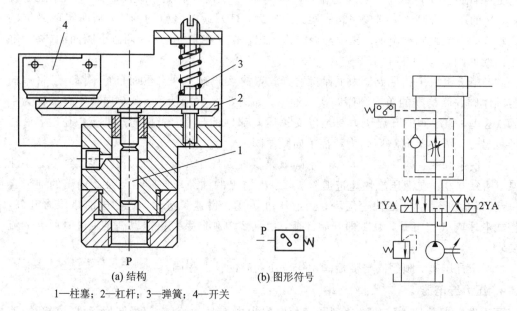

1—柱塞；2—杠杆；3—弹簧；4—开关

图 2-45 压力继电器

图 2-46 用压力继电器控制
顺序动作的回路

在这种回路中，压力继电器的调定压力应比液压缸的最高工作压力高，应比溢流阀的调定压力低。

2.3.3 流量控制阀

流量控制阀是在一定压力差下，依靠改变节流口液阻的大小来控制节流口的流量，从而调节执行元件(液压缸或液压马达)运动速度的阀类，适用于需控制流量和压力的管路中。在保持预定流量不变的情况下，将过大流量限制在一个预定值，并将上游高压适当减低，即使主阀上游的压力发生变化，也不会影响主阀下游的流量。流量控制阀一般分为节流阀、调速阀、分流集流阀等。流量控制阀一般水平安装。

1. 节流阀

节流阀是一种最简单又最基本的流量控制阀，其实质相当于一个可变节流口，即一种借助于控制机构使阀芯相对于阀体孔运动改变阀口过流面积的阀。

1) 结构原理

图 2-47 为一种典型的液压节流阀结构图，主要零件为阀芯、阀体和螺母。阀体上右边为进油口，左边为出油口。阀芯的一端开有三角尖槽，另一端加工有螺纹，旋转阀芯即可轴向移动改变阀口过流面积，即阀的开口面积。为平衡阀芯上的液压径向力，三角尖槽须对称布置，因此三角尖槽数 $n>2$。

节流口根据形成阻尼的原理不同，分为三种基本形式：薄壁小孔节流、细长孔节流以及介于二者之间的节流。在此三种基本形式的基础上，节流口的结构还有针阀式、槽式和缝隙式等。图 2-47 中的节流口属于槽式结构的三角槽型。

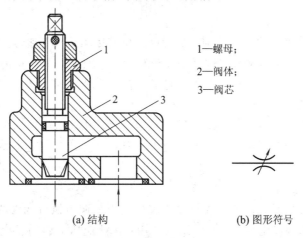

1—螺母；

2—阀体；

3—阀芯

(a) 结构　　　　　　　(b) 图形符号

图 2-47　液压节流阀

2）流量特性与刚性

节流阀的流量特性方程为

$$q = k_L A \Delta p^m$$

式中，k_L 为节流系数，一般可视为常数，由节流口形状、液体流态、油液性质等因素决定；A 为孔口或缝隙的过流面积；Δp 为孔口或缝隙的前后压力差；m 为指数，对于薄壁小孔 $m=0.5$，对于细长孔 $m=1$，介于两者之间的节流口，$0.5 < m < 1$。

上式反映了流经节流阀的流量 q 与阀前后压力差 Δp 和开口面积 A 之间的关系。显然，在 Δp 一定时，改变 A 可以调节流量 q，即阀的开口面积 A 一定，通过的流量 q 一定。

（1）压力对流量稳定性的影响。当节流阀在系统中起调速作用时，往往会因外负载的波动引起阀前后压力差 Δp 变化。此时即使阀开口面积 A 不变，也会导致流经阀口的流量 q 变化，即流量不稳定。一般定义节流阀开口面积 A 一定时，节流阀前后压力差 Δp 的变化量与流经阀的流量变化量之比为节流阀的刚性 T。显然，刚性 T 越大，节流阀的性能越好。因薄壁孔型的 $m=0.5$，故多作节流阀的阀口。另外，Δp 大有利于提高节流阀的刚性，但 Δp 过大，不仅造成压力损失增大，而且可能导致阀口因面积太小而堵塞，因此液压系统中一般取 $\Delta p = 0.15 \sim 0.4$ MPa。

（2）温度对流量稳定性的影响。油液温度变化时，其黏度相应变化，因此对流量发生影响。油液的性质影响 k_L 值，这种影响在细长孔上是十分明显的，而对薄壁式节流孔来说，k_L 值受油液黏度的变化影响很小，故在液压系统中节流口应采用薄壁孔式结构。由于温度（常温）的变化对实际气体黏度的影响远小于对液体黏度的影响，因此气动系统中薄壁孔和细长孔都应用广泛。

3）最小稳定流量

当液压节流阀的通流截面很小时，尽管保持所有因素不变，通过节流口的流量也会出现周期性的脉动，甚至造成断流，这就是节流阀的堵塞现象。节流口的堵塞会使液压系统中执行元件的速度不均匀。因此，每个节流阀都有一个能正常工作的最小流量限制，称为节流阀的最小稳定流量。

节流阀的常见故障是阀口堵塞，其原因是由于介质中含有杂质或由于油液因高温氧化后析出的胶质、沥青等黏附在节流口的表面上，当附着层达到一定的厚度时，会造成节流阀的断流。

4）节流阀的应用

（1）在定量泵液压系统中节流阀与溢流阀一起用来调节执行元件的速度。对某些液压系统，通流量为定值，节流阀则起负载阻尼作用；在液流压力容易发生突变的地方安装节流元件可延缓压力突变的影响，起压力缓冲作用，如压力表开关。

（2）节流阀与单向阀并联组合成为单向节流阀。单向节流阀只起单向节流作用，反方向不起节流作用。

2. 调速阀

由于液压节流阀刚性差，通过阀口的流量因阀口前后压力差变化而波动，因此仅适用于执行元件工作负载不大，且对速度稳定性要求不高的场合。为解决负载变化大的执行元件的速度稳定性问题，应采取措施保证负载变化时，节流阀的前后压力差不变。具体结构有节流阀与定差减压阀串联组成的调速阀和节流阀与差压式溢流阀并联组成的溢流节流阀。溢流节流阀又称为旁通型调速阀，故调速阀又称为普通调速阀。

1）调速阀的工作原理

图 2-48 为调速阀的工作原理图，压力油 p_1 进入调速阀后，先经过定差减压阀的阀口 x（压力由 p_1 减至 p_2），然后经过节流阀阀口 y 流出，出口压力为 p_3。从图 2-48 中可以看到，节流阀进出口压力 p_2、p_3 经过阀体上的流道被引到定差减压阀阀芯的两端（p_3 引到阀芯弹簧端，p_2 引到阀芯无弹簧端）。节流阀的进、出口压力差（p_2-p_3）由定差减压阀确定为定值，因此，对应于一定的节流阀开口面积 $A(y)$，流经阀的流量 q 一定。

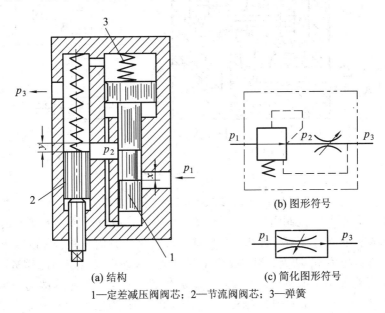

(a) 结构　　　　　　　(c) 简化图形符号

1—定差减压阀阀芯；2—节流阀阀芯；3—弹簧

图 2-48　调速阀的工作原理

设调速阀的进口压力 p_1 为定值，当出口压力 p_3 因负载增大而增加导致调速阀的进出口压力差（p_2-p_3）突然减小的同时，因 p_3 的增大势必破坏定差减压阀阀芯原有的受力平衡，于是阀芯向阀口增大的方向运动，定差减压阀的减压作用削弱，节流阀进口压力 p_2 随之增大，当 $p_2-p_3=(F_t-F_s)/A$（其中，F_t 为弹簧弹力，F_t 为液动力，A 为节流口通流面积）时，定差减压阀阀芯在新的位置平衡。当出口压力 p_3 因负载减小而导致（p_2-p_3）突然增大时，与上面分析类似，同样可保证（p_2-p_3）基本不变。由此可知，因定差减压阀的压力补偿作用，可保证节流阀前后压力差（p_2-p_3）不受负载的干扰，基本保持不变。

调速阀的结构可以是定差减压阀在前，节流阀在后；也可以是节流阀在前，定差减压阀在后。二者在工作原理和性能上完全相同。

需要说明的是，为保证定差减压阀能够起压力补偿作用，调速阀进出口压力差应大于由弹簧力和液动力所确定的最小压力差，否则仅相当于普通节流阀，无法保证流量稳定。使用过程中，如果调速阀中定差减压阀的阀芯运动不灵活或卡死，以及弹簧过软都会造成通过调速阀的流量不稳定。

2）旁通型调速阀

旁通型调速阀又称为溢流节流阀，图 2-49 为其原理图。它由差压式溢流阀 1 和节流阀 2 并联组成，阀体上有一个进油口、二个出油口。液压泵的来油 p_1 引到进油口后，一条支路经节流阀阀口到执行元件，一条支路经差压式溢流阀阀口 x 回油箱。因节流阀的进出口压力 p_1 和 p_2 被分别引到差压式溢流阀阀芯的两端，在溢流阀阀芯受力平衡时，压力差 (p_1-p_2) 被弹簧力确定为基本不变，因此流经节流阀的流量基本稳定。

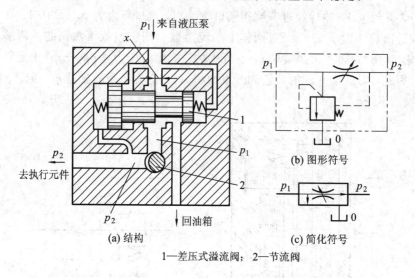

1—差压式溢流阀；2—节流阀

图 2-49　旁通型调速阀工作原理图

若因负载变化引起节流阀出口压力 p_2 增大，差压式溢流阀阀芯弹簧端的液压力将随之增大，阀芯原有的受力平衡被破坏，阀芯向阀口减小的方向位移，阀口减小使其阻尼作用增强，于是进口压力 p_1 增大，阀芯受力重新平衡。因差压式溢流阀的弹簧刚度很小，因此阀芯的位移对弹簧力影响不大，即阀芯在新的位置平衡后，阀芯两端的压力差，也就是节流阀前后压力差 (p_1-p_2) 保持不变。在负载变化引起节流阀出口压力 p_2 减小时，类似上面的分析，同样可保证节流阀前后压力差 (p_1-p_2) 基本不变。

旁通型调速阀用于调速时只能安装在执行元件的进油路上，其出口压力 p_2 随执行元件的负载而变。与调速阀调速回路相比，旁通型调速阀的调速回路效率较高。

3. 分流集流阀

有些液压系统由一台液压泵同时向几个几何尺寸相同的执行元件供油，要求不论各执行元件的负载如何变化，执行元件能够保持相同的运动速度，即速度同步。分流集流阀就是用来保证多个执行元件速度同步的流量控制阀，又称为同步阀。

分流集流阀包括分流阀和集流阀两种不同控制类型。分流阀安装在执行元件的进口，保证进入执行元件的流量相等；集流阀安装在执行元件的回油路，保证执行元件回油流量相同。分流阀和集流阀只能保证执行元件单方向的运动同步，而要求执行元件双向同步则可以采用分流集流阀。

图 2-50 所示分流阀由两个固定节流孔 1 和 2、阀体 5、阀芯 6 和两根对中弹簧 7 等主要零件组成。阀芯的中间台肩将阀分为完全对称的左、右两部分，阀芯右端面作用着固定节流孔 1 后的压力 p_1，阀芯左端面作用着固定节流孔 2 后的压力 p_2。当两个几何尺寸完全相同的执行元件的负载相等时，两出口压力 $p_3=p_4$，阀芯受力平衡，处于中间位置，可变节流孔 3 和 4 的过流面积相等 $q_1=q_2$，两执行元件速度同步。若执行元件的负载变化，使 $p_3>p_4$ 时，压力差 $(p_0-p_3)<(p_0-p_4)$，势必导致 $q_1<q_2$。这样一方面使执行元件的速度

不同步，另一方面又使固定节流孔 1 的压力损失（p_0-p_1）小于固定节流孔 2 的压力损失（p_0-p_2），即 $p_1>p_2$。p_1、p_2 的反馈作用，使阀芯左移，可变节流孔 3 的过流面积增大，而可变节流孔 4 的过流面积减小，致使 q_1 增加，q_2 减小，直至 $q_1=q_2$，$p_1=p_2$。阀芯受力重新平衡。阀芯稳定在新的工作位置，而执行元件速度恢复同步。若执行元件负载变化，使 $p_3<p_4$ 时，分析过程同上，由于可变节流孔的压力补偿作用，仍使两执行元件速度恢复同步。

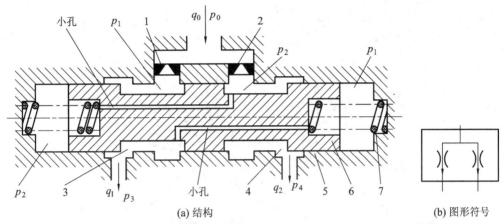

(a) 结构　　　　　　　　　　　　　　　　　(b) 图形符号

1、2—固定节流孔；3、4—可变节流孔；5—阀体；6—阀芯；7—弹簧

图 2-50　分流阀的结构原理图

任务实施

1. 换向阀的拆装

如图 2-51 所示为三位四通电磁换向阀的立体分解图。以这种阀为例说明换向阀的拆装步骤和方法。

（1）准备好内六角扳手一套，耐油橡胶板一块，油盘一个及钳工工具一套等器具。

（2）将电磁阀两端的电磁铁拆下。

（3）轻轻取出挡块、弹簧及阀芯等，如果阀芯发卡，可用铜棒轻轻敲击出来，禁止猛力敲打，损坏阀芯台肩。

（4）观察换向阀主要零件的结构和作用。① 观察阀芯与阀体内腔的构造，并记录各自台肩与沉割槽数量。② 观察阀芯的结构和作用。③ 观察电磁铁的结构。④ 如果是三位换向阀，判断中位机能的形式。

（5）按拆卸的相反顺序装配换向阀。

（6）将换向阀表面擦拭干净，整理工作台。

2. 先导式溢流阀的拆装

如图 2-52 所示为先导式溢流阀的立体分解图。以这种阀为例说明溢流阀的拆装步骤和方法。

（1）准备好内六角扳手一套，耐油橡胶板一块，油盘一个及钳工工具一套等器具。

（2）观察 Y-25B 型先导式溢流阀的外观，找出进油口 P、出油口 T、控制油口 K 及安

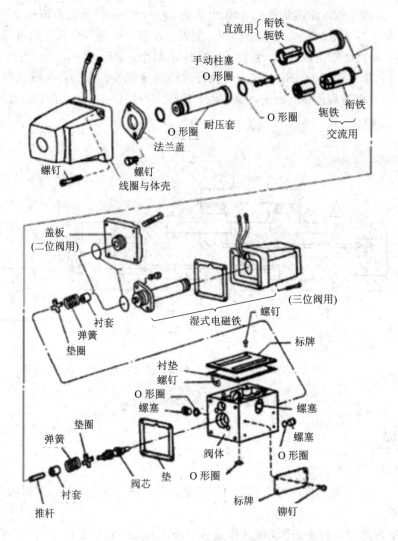

图 2-51　三位四通电磁换向阀的立体分解图

装阀芯用的中心圆孔,从出油口向里窥视,可以看见阀口是被阀芯堵死的,阀口被遮盖量约为 2 mm 左右。

（3）用内六方扳手对称位置松开阀体上的螺栓后,再取掉螺栓,用铜棒轻轻敲打使先导阀和主阀分开,轻轻取出阀芯,注意不要损伤,观察、分析其结构特点,搞清楚各自的作用。

（4）取出弹簧,观察先导调压弹簧、主阀复位弹簧的大小和刚度的不同。

（5）装配时,遵循先拆的零部件后安装,后拆的零部件先安装的原则,特别注意小心装配阀芯,防止阀芯卡死,正确合理地安装,保证溢流阀能正常工作。

（6）注意拆装中弄脏的零部件应用煤油清洗后才可装配。

3. 顺序阀的拆装

如图 2-53 所示为直动式顺序阀的立体分解图。拆装步骤和方法与溢流阀类似。

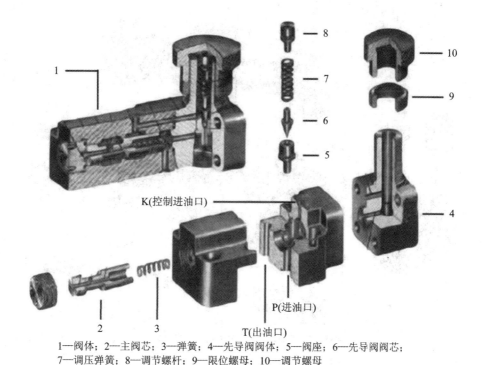

K(控制进油口)

P(进油口)

T(出油口)

1—阀体；2—主阀芯；3—弹簧；4—先导阀阀体；5—阀座；6—先导阀阀芯；
7—调压弹簧；8—调节螺杆；9—限位螺母；10—调节螺母

图 2-52　先导式溢流阀的立体分解图

4. 节流阀的拆装

如图 2-54 所示为节流阀的立体分解图。以这种阀为例说明节流阀的拆装步骤和方法。

（1）观察节流阀的外观，找出进油口 P1，出油口 P2。

（2）用内六方扳手松开阀体上的螺栓后，再取掉螺栓，轻轻取出阀芯，注意不要损伤，观察、分析其节流口的形状结构特点。

（3）装配时，遵循先拆的零部件后安装，后拆的零部件先安装的原则，特别注意小心装配阀芯，防止阀芯卡死，正确合理地安装，保证节流阀能正常工作。

（4）注意拆装中弄脏的零部件应用煤油清洗后才可装配。

5. 调速阀的拆装

如图 2-55 所示为调速阀的立体分解图，以这种阀为例说明调速阀的拆装步骤和方法。

（1）准备好内六角扳手一套、耐油橡胶板一块、油盘一个及钳工工具一套等器具。

（2）卸下堵头 1、12，依次从右端取下 O 形圈 2、密封挡圈 3、阀套 4；依次从左端取下密封挡圈 11、O 形圈 14、定位块 15、弹簧 16、压力补偿阀阀芯 17。

（3）卸下螺钉 24，取下手柄 23；卸下螺钉 25，取下铭牌 26；卸下节流阀阀芯 27。

（4）卸下 O 形圈 6、7，垫片 8、9，O 形圈 10。

（5）卸下螺钉 39，取下 38、37、36、35、34、33、32 等单向阀组件。

（6）观察调速阀主要零件的结构和作用。① 观察节流阀阀芯结构和作用。② 观察减压阀阀芯结构和作用。③ 观察单向阀阀芯结构和作用。④ 观察阀体的结构和作用。

（7）按拆卸的相反顺序装配，即后拆的零件先装配，先拆的零件后装配。装配时，如有

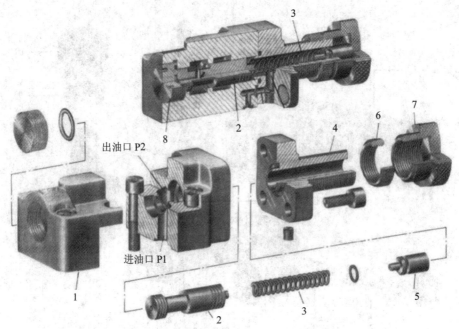

1—阀体；2—阀芯；3—弹簧；4—端盖；5—调节螺杆；6—限位螺母；7—调节螺母；8—螺塞

图 2-53 直动式顺序阀的立体分解图

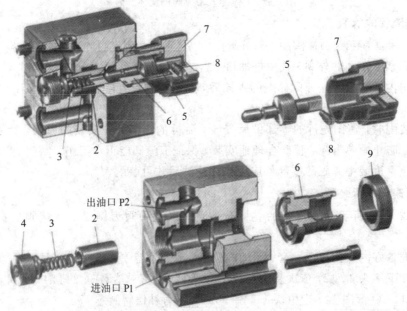

1—阀体；2—阀芯；3—复位弹簧；4—螺塞；5—推杆；6—套；7—旋转手柄；8—紧定螺钉；9—固定螺母

图 2-54 节流阀的立体分解图

零件弄脏，应该用煤油清洗干净后方可装配。装配阀芯时，可在其台肩上涂抹液压油，以防止阀芯卡住。装配时严禁遗漏零件。

（8）将调速阀外表面擦拭干净，整理工作台。

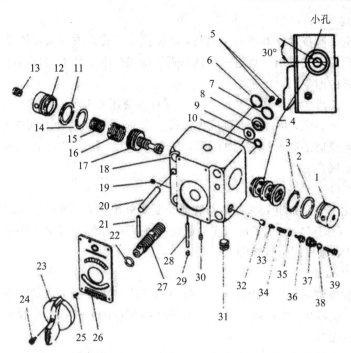

1、12—堵头；2、6、7、10、14—O形圈；3、11—密封挡圈；4—阀套；8、9—垫片；15—定位块；
16—弹簧；17—压力补偿阀阀芯；23—手柄；24、25、39—螺钉；26—铭牌；27—节流阀阀芯；
32、33、34、35、36、37、38—单向阀组件

图 2-55 调速阀的立体分解图

知识拓展

1. 数字阀

用计算机的数字信息直接控制的液压阀，称为电液数字阀，简称数字阀。数字阀可直接与计算机接口，不需要数/模转换器。与比例阀、伺服阀相比，这种阀结构简单，工艺性好，价廉，抗污染能力强，重复性好，工作稳定可靠，功率小，故在机床、飞行器、注塑机、压铸机等领域得到了应用。由于它将计算机和液压技术紧密结合起来，因而其应用前景十分广阔。

数字阀中使用步进电机驱动的阀虽然比较成熟，但这种结构和步进电动机直接组成的数控液压马达与液压缸(电液步进马达和电液步进缸都属于增量式数字控制的电液伺服机构，一般是通过步进电机和控制阀接受数字控制电路发出的脉冲序列信号，进行信号的转换与功率放大，驱动液压马达和液压缸，输出功率信号)之间还各有所长。

脉宽调制式数字阀控制的流量不宜太大，适合较小的流量或作为先导级使用。

关于增量式数字阀的研究、开发，国外以日本较为领先，美国、德国、英国、加拿大也进行了研究和应用。脉宽调制式数字阀则以日本和德国研究较多。

2. 电磁阀的未来发展方向

传统的流体动力传动技术与自动化、IT 技术的融合，也对电磁阀提出了更高的要求。目前，电磁阀正朝着长寿命、小型化、智能化、节能化、绿色环保、高集成化的方向发展。

1）小型化和寿命

"小型化"是电磁阀技术发展的一个趋势，电磁阀小型化的发展是以流量不变作为前提的——这就为电磁阀研究提出了更进一步的课题。现代微电子技术的发展已成为"电磁头"技术提升不可忽视的因素。

对电磁阀存在需求的行业从来都没有停止过对其使用寿命延长的追求。近年来，新材料和制造工艺的不断引入，可以最大程度地改良主阀内阀芯和阀套之间的摩擦。例如，当今世界上著名的电磁阀品牌——美国的 VTON 和 ASCO，就已研究出使用开关寿命可以达到千万次的电磁阀产品。

2）智能化方向发展

电磁阀智能化主要是指电磁阀如何与智能仪表更好配合，以提高系统的控制精度和可靠性。据悉，现在我国已经出现了可以完全改变传统模拟控制方式的电磁阀，能够完全通过现场总线或是 PC 来实现远程控制。

3）超洁净、低温升

如微加工业和血液透析、生物制剂、制药等与人体健康紧密关联的工业，"尘埃"一定是不允许出现的。很显然，电磁阀作为被应用于这些行业的元件，它在被设计生产时必须考虑洁净及温度的要素。

据悉，目前已经出现了超洁净电磁阀。它能成功避免对被控流体的污染，同时温升仅为 1℃ ，有效避免了对恒温环境和特殊流体性能的影响。

4）节能与环保

随着环境意识的不断深入，节能化和绿色环保也给电磁阀行业提出了新的挑战。在电磁阀行业有先行者已迈出了自己的步伐，如某些电磁阀生产商已经开始一切按照欧盟的 ROHS 规范制定管理目标，防止污染物的产生，并进行结构改良以及新的磁性材料的研制，大大降低电磁阀的功率，有效减少电磁线圈发热带来的热量。

有关资料表明，美国 VTON 正在研制开发带压电驱动的微型阀（或微型硅材料阀）。当其公称通径为 0.25 mm，工作压力为 1～11bar(1bar＝10⁵Pa)时，它的功耗仅为 400 μW，响应时间为 20 μs。

任务 2.4   液压辅助元件

任务目标与分析

在液压与气压传动系统中，辅助元件用来保证系统正常工作。液压与气压传动系统的辅助元件和其他元件一样，都是系统中不可缺少的组成部分。对系统的性能、温升、噪声和寿命等的影响很大。因此，对它们的设计（主要是油箱）和选用应予以足够的重视。

液压系统的辅助元件包括密封件、油管及管接头、滤油器、储能器、油箱及附件、热交换器等。从液压系统工作原理来看，辅助元件只起辅助作用，但从保证系统完成任务方面看，却非常重要，选用不当会影响系统寿命、甚至无法工作。其中油箱需根据系统要求自行设计,其他辅助装置则做成标准件,供设计时选用。

通过学习,要求掌握液压辅助元件的结构原理,熟知其选用方法及适用场合。

知识链接

2.4.1 蓄能器

蓄能器的功用主要是储存油液多余的压力能,并在需要时释放出来。在液压系统中蓄能器常用来在短时间内供应大量压力油液、维持系统压力和减小液压冲击或压力脉动等。

1. 蓄能器的分类

蓄能器有重力式、弹簧式和充气式三类,常用的是充气式,它又可分为活塞式、气囊式和隔膜式三种。在此主要介绍活塞式及气囊式两种蓄能器。

1)活塞式蓄能器

图 2-56 为活塞式蓄能器,它利用在缸筒中浮动的空气活塞把缸中液压油和气体隔开。这种蓄能器的活塞上装有密封圈,活塞的凹部面向气体,以增加气体室的容积。这种蓄能器结构简单,易安装,维修方便;但活塞的密封问题不能完全解决,有压气体容易漏入液压系统中,而且由于活塞的惯性和密封件的摩擦力,使活塞动作不够灵敏。最高工作压力为 17 MPa,总容量为 1～39 L,温度适用范围为 -4～80℃。

2)气囊式蓄能器

图 2-57 为气囊式蓄能器,它由充气阀、壳体、气囊等组成,工作压力为 3.5～35 MPa,容量范围为 0.6～200 L,温度适用范围为 -10～65℃。工作前,从充气阀向气囊内充进一定压力的气体,然后将充气阀关闭,使气体封闭在气囊内。要储存的油液,从壳体底部菌形阀处引到气囊外腔,使气囊受压缩而储存液压能。其优点是惯性小,反应灵敏,且结构小、重量轻,一次充气后能长时间地保存气体,充气也较方便,故在液压系统中得到广泛的应用。

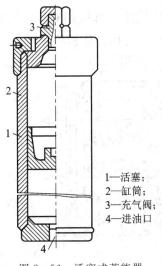

1—活塞;
2—缸筒;
3—充气阀;
4—进油口

图 2-56 活塞式蓄能器

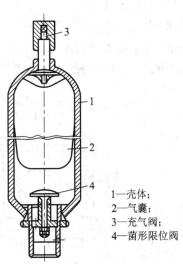

1—壳体;
2—气囊;
3—充气阀;
4—菌形限位阀

图 2-57 气囊式蓄能器

2. 蓄能器的安装

蓄能器在液压系统中的安装位置随其功用而定，主要应注意以下几点：

（1）气囊式蓄能器应垂直安装，油口向下。

（2）用于吸收液压冲击和压力脉动的蓄能器应尽可能安装在振源附近。

（3）装在管路上的蓄能器须用支板或支架固定。

（4）蓄能器与液压泵之间应安装单向阀，防止液压泵停止时，蓄能器贮存的压力油倒流而使泵反转。蓄能器与管路之间也应安装截止阀，供充气和检修之用。

2.4.2 滤油器（过滤器）

滤油器的功用是过滤混在液压油液中的杂质，降低进入系统中油液的污染度，保证系统正常地工作。

1. 滤油器的分类

滤油器按其滤芯材料的过滤机制来分，有表面型、深度型和中间型三种。

1）表面型过滤器（滤芯表面与液压介质接触）

图 2-58 为网式过滤器，它的过滤材料像筛网一样把杂质颗粒阻留在其表面上，通常用金属网制成，这是一种粗过滤器，过滤精度低，约为 0.08～0.18 mm，但是阻力小，其压力损失不超过 0.01 MPa，可以放在液压泵的进口，保护液压泵不受大粒度机械杂质的损坏，又不影响泵的吸入。

2）深度型过滤器

在深度型过滤器中，油液要流经有复杂缝隙的路程达到过滤的目的。这种过滤器的滤芯材料可以是毛毡、人造丝纤维、不锈钢纤维等。图 2-59 为一烧结式过滤器，这种过滤器油液从左侧孔进入，经滤芯过滤后，从下部的油孔流出，其优点是过滤精度高，可达 0.01～0.06 mm，但阻力损失较大，一般为 0.03～0.2 MPa，因此不能直接安放在泵的进油口，多安装在排油或回油路上。

3）中间型过滤器

中间型过滤器的过滤方式介于表面型和深度型两者之间，如采用有一定厚度（0.35～0.75 mm）微孔滤纸制成的滤芯的纸质过滤器（图 2-60），它的过滤精度比较高。这种过滤器的过滤精度适用于一般的高压液压系统。由于这种过滤器阻力损失较大，一般在 0.08～

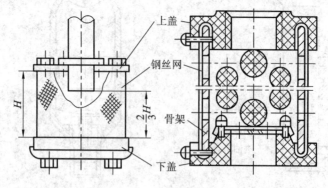

图 2-58 网式过滤器

0.35 MPa 之间，故只能安排在排油管路和回油管路上，不能放在液压泵的进油口。

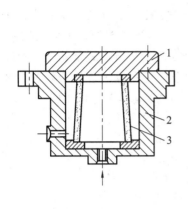

1—顶盖；2—外壳；3—滤芯

图 2-59 深度型过滤器

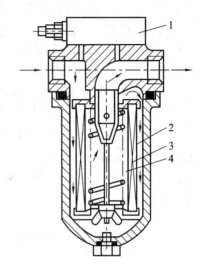

1—压差报警器；2—粗眼钢板网；3—滤纸；4—金属丝网

图 2-60 中间型纸质过滤器

2. 滤油器的选用和安装

1）滤油器的选用

滤油器按其过滤精度（滤去杂质的颗粒大小）的不同，有粗过滤器、普通过滤器、精密过滤器和特精过滤器四种，它们分别能滤去大于 $100~\mu m$、$10\sim100~\mu m$、$5\sim10~\mu m$ 和 $1\sim5~\mu m$ 大小的杂质。

滤油器应根据液压系统的技术要求，按过滤精度、通流能力、工作压力、油液黏度、工作温度等条件选定其型号。

2）滤油器的安装

滤油器在液压系统中的安装位置通常有以下几种：

（1）安装在泵的吸油口处。泵的吸油路上一般都安装有表面型滤油器，目的是滤去较大的杂质微粒以保护液压泵，此外滤油器的过滤能力应为泵流量的两倍以上，压力损失小于 0.02 MPa。

（2）安装在泵的出口油路上。此处安装滤油器的目的是用来滤除可能侵入阀类等元件的污染物。其过滤精度应为 $10\sim15~\mu m$，且能承受油路上的工作压力和冲击压力，压力降应小于 0.35 MPa。同时应安装安全阀以防滤油器堵塞。

（3）安装在系统的回油路上。这种安装起间接过滤作用。一般与过滤器并联安装一背压阀，当过滤器堵塞达到一定压力值时，背压阀打开。

（4）安装在系统分支油路上。

（5）单独过滤系统。大型液压系统可专设一液压泵和滤油器组成独立过滤回路。

液压系统中除了整个系统所需的滤油器外，还常常在一些重要元件（如伺服阀、精密节流阀等）的前面单独安装一个专用的精滤油器来确保正常工作。

2.4.3 油箱

1. 油箱的功用和结构

油箱在液压系统中的主要功用是：储放系统工作用油；散发系统工作时产生的热量；沉淀污物并逸出油中气体。此外，油箱还具有支承液压元件的作用。

液压系统中的油箱有整体式和分离式两种。① 整体式油箱与机械设备的机体做在一起，利用床身的内腔作油箱。其特点是结构紧凑，易于回收各种漏油，但散热条件差，易使邻近构件发生热变形，影响机械设备的精度，维修不方便。② 分离式油箱是一个独立的装置。其特点是布置灵活，维修保养方便，可以减小油温变化和液压泵传动装置的振动对机械设备工作性能的影响，便于设计成通用化、系列化的产品，是普遍使用的一种油箱。

2. 设计时的注意事项

如图 2-61 所示为小型分离式油箱，这种油箱通常用 2.5～5 mm 的钢板焊接而成。其设计要点如下。

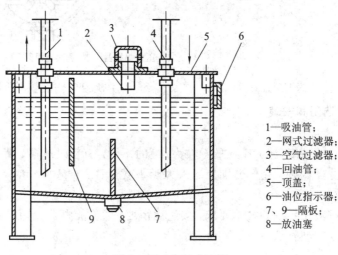

1—吸油管；
2—网式过滤器；
3—空气过滤器；
4—回油管；
5—顶盖；
6—油位指示器；
7、9—隔板；
8—放油塞

图 2-61　分离式油箱

1）油箱容量的确定

油箱容量的确定是油箱设计的关键。在一般情况下，可根据系统压力由经验公式确定：

$$V = mq_p$$

式中，V 为油箱的有效容量(L) ；q_p 为液压泵的流量(L/ min)；m 为系数(min)。m 值的选取：低压系统为 2～4 min，中压系统为 5～7 min，高压系统为 6～12 min。对功率大且连续工作的液压系统，必要时应进行热平衡计算，再确定油箱的容量。

2）基本结构

为了在相同的容量下得到最大的散热面积，油箱外形以立方体或长六面体为宜。若油箱的顶盖上要安放液压泵、电机以及阀的集成装置等，则油箱顶盖的尺寸将由所需安放的装置决定；为防止油箱内油液溢出，油面高度一般不超过油箱高度的 80%。

3）吸油过滤器的设置

设置的过滤器应有足够的通流能力，其安装位置应保证在油面最低时仍浸在油中，防止吸油时卷吸空气。为便于经常清洗过滤器，油箱结构的设计要考虑过滤器的装拆方便。

4）吸油管、回油管、泄油管的设置

液压泵的吸油管 1 与系统回油管 4 之间的距离应尽可能远，以利于油液散热及杂质的沉淀。管口都应插入最低油面以下，但离箱底的距离要大于管径的 2～3 倍，以免吸空和飞溅起泡。回油管口应切成 45°斜角以增大通流截面，并面向箱壁。吸油管的位置应保证过滤器四面进油。阀的泄油管应设在液面上，防止产生背压；液压泵和液压马达的泄油管应引入液面以下，以防吸入空气。

5）隔板的设置

为增加油液循环距离，利于油液散热和杂质沉淀，设置隔板 7、9 将吸、回油区隔开。其高度一般取油面高度的 3/4。

6）空气过滤器与油位指示器的设置

空气过滤器 3 的作用是使油箱与大气相通，保证液压泵的自吸能力，滤除空气中的灰尘杂物，并兼作加油口，一般将它布置在油箱顶盖上靠近边缘处。油位指示器用来监测油位的高低，置于便于观察的侧面。

7）放油口的设置

油箱底部做成双斜面或向回油侧倾斜的单斜面，在最低处设置油塞。

8）防污密封

油箱盖板和窗口连接处均需要加密封垫，各进、出油管通过的孔均需加装密封圈，以防污染。

9）油温控制

油箱正常工作的温度应在 20～50℃，必要时要设置温度计和热交换器。

10）油箱内壁加工

为防锈、防凝水，新油箱内壁经喷丸、酸洗和表面清洗后，四壁可涂一层与工作液相容的塑料薄膜或耐油清漆。

大、中小型油箱应设置相应的吊装结构。具体结构及参数参阅有关资料及设计手册。

2.4.4　热交换器

在液压回路与液压装置中，液压泵、液压马达的内部摩擦、黏性阻力、其他损失以及溢流阀的溢流作用等都要产生能量损失，这些损失大部分转化为热能，除少部分热量散发到周围的空间外，大部分热量使油温升高。

系统内液压油的温度过高，会使油液的黏度下降，密封材料过早老化，破坏润滑部位的油膜，油液饱和蒸汽压升高引起气蚀等。相反，液压油的温度过低，会造成油液黏度上升，装置或部件启动困难，压力损失加大并引起振动，甚至酿成事故。

系统内液压油的正常工作温度在 30～50℃ 之间，过高或过低都会使液压装置的性能下降。因此，控制油温也是保证液压系统可靠工作的重要环节。

油温的控制是靠热交换器实现的。热交换器是冷却器和加热器的统称。

1. 冷却器

在一些液压系统中，对油液的温升范围有较严格的要求，单靠油箱的自然散热难以满足系统的要求时，应使用冷却器。

液压系统所使用的冷却器形式很多，但常用的形式有如下几种。

（1）多管式冷却器。这种冷却器有许多小直径传热管，两端插在板上再固定在壳体内部，如图 2-62 所示。油液从壳体左端进油口流入，由于挡板 2 的作用，使热油循环路线加长，通过传热管 3 之间的间隙，最后从右端出油口排出。水从右端盖的进水口流入，经上部水管流到左端后，再经下部水管从右端出水口流出，由水将油中的热量带出。这种冷却器的冷却效果较好。

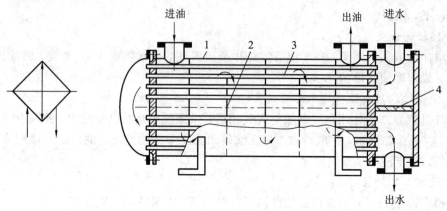

1—外壳；2—挡板；3—铜管；4—隔板

图 2-62 多管式冷却器

（2）带散热片的管式冷却器。这是由许多散热片和横穿过这些散热片的管子群组成的一种冷却器，如图 2-63 所示。压力油液从管子左端进入，流过管子的同时，通过散热片将热量散出，最后从右端管子流出。这是一种空气冷却式冷却器。

（3）波纹板式冷却器。这种冷却器是在两块平板之间夹入波纹状散热片，然后将它们多层交错叠合起来，如图 2-64 所示。压力油液从左侧进入，通过波纹通道后从右侧流出；冷却液从前端进入，通过与油液通道相垂直的通道从后端流出。由于压力油液和冷却液是相间流动的，所以冷却效果很好。

（4）整体散热片式冷却器。如图 2-65 所示，它由各种断面形状的铝合金管及在管的外面用特殊加工方法制成的散热片组成。其工作原理与带散热片的管式冷却器一样，但散热效果更好，适合用作空冷式冷却器。

所有的冷却器都应安装在液压系统的低压侧。一般冷却器安装在回油过滤器的下游，以防止过分堆积污染物而影响散热效果，并防止冷却器承受过滤器堵塞后造成的背压。

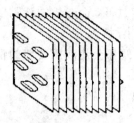 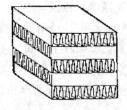 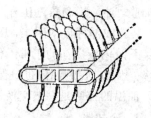

图 2-63 带散热片的管式冷却器　　图 2-64 波纹板式冷却器　　图 2-65 整体散热片式冷却器

2. 加热器

油液加热的方法有热水（或蒸汽）加热和电加热两种方式。由于电加热器使用方便，易于自动控制，故应用很广。如图 2-66 所示，电加热器 2 用法兰固定在油箱 1 的箱壁上。发热部分全浸在油液的流动处，便于热量交换。为防止油液局部温度过高而变质，电加热器表面功率密度不得超过 3 W/cm^2。为此，应设置连锁保护装置，在没有足够的油液经过加热器循环时，或者在加热元件没有被系统油液完全包围时，阻止加热器工作。

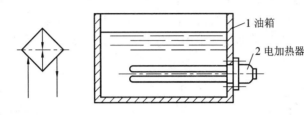

图 2-66　电加热器安装图

2.4.5　管件

1. 油管及管接头

管件包括管子和各种管接头。其作用是：连接各液压、气动元件，以输送液压油或压缩空气。有了管件连接，才能将液压、气动的控制元件，液压、气动的执行元件以及其他各种液压、气动的元件连接成完整的液压、气动系统。因此，管件是液压、气动系统中不可少的元件。为保证液压、气动系统的正常工作，管件应保证有足够的强度，没有泄漏，密封性好，压力损失小，拆装方便。

1）油管的种类

液压系统常用的油管有钢管、紫铜管、塑料管、尼龙管和橡胶软管等。油管的材料不同性能差别也很大。各种油管的特点及适用场合如表 2-10 所示。在使用时，应根据液压装置的工作条件和压力大小进行选择。

表 2-10　各种油管的特点及适用场合

种　类		特点和适用场合
硬管	钢管	耐油、耐高压、强度高、工作可靠，但装配时不便弯曲，常在装拆方便处用作压力管道。中压以上用无缝钢管，低压用焊接钢管
	紫铜管	价高，承压能力低(6.5～10 MPa)，抗冲击和振动能力差，易使油液氧化，易弯曲成各种形状，常用在仪表和液压系统装配不便处
软管	塑料管	耐油，价低，装配方便，长期使用易老化，只适用于压力低于 0.5 MPa 的回油管或泄油管
	尼龙管	乳白色透明，可观察流动情况，价低，加热后可随意弯曲、扩口、冷却后定形安装方便，承压能力因材料而异(2.5～8 MPa)，今后有扩大使用的可能
	橡胶软管	用于相对运动间的连接。分高压和低压两种。高压软管由耐油橡胶夹有几层编织钢丝编织网(层数越多耐压越高)制成，价高，用于压力管路。低压软管由耐油橡胶夹帆布制成，用于回油管路

2）油管尺寸的确定

油管尺寸主要指内径 d 和壁厚 δ。由于管子的内径影响液体的流动阻力，因此内径 d 的选取以降低流速、减少压力损失为前提。管子内径过小,管内油液流速过高,压力损失大,易产生振动和噪声;内径过大,会使液压装置不紧凑。管子的壁厚 δ 不仅与工作压力有关,而且还与管子的材料及工作环境有关。一般根据有关标准,查阅手册确定管径 d 和壁厚 δ。

3) 管接头

管接头的主要功能是连接管子(或软管)与元件、管子与管子,以及在隔壁处提供连接与固定,如图 2-67 所示,它是一种可拆连接件。管接头必须具有足够的强度,在压力冲击和振动的同时作用下要保持管路的密封性、连接牢固、外形尺寸小、加工工艺性好、压力损失小等要求。

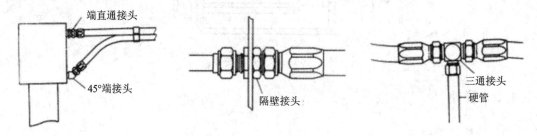

图 2-67　管接头的功能

管接头的种类繁多,液压系统中常用的管接头如下。

(1) 扩口式管接头。扩口式管接头如图 2-68 所示。先将接管 2 的端部用扩口工具扩成 $74°\sim90°$ 的喇叭口,拧紧螺母 3,通过导套 4 压紧接管 2 扩口和接头体 1 的相应锥面,实现连接和密封。此种管接头结构简单,重复使用性好,适用于薄壁管件连接,用于压力低于 8 MPa 的中低压系统。

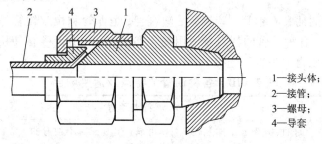

1—接头体;
2—接管;
3—螺母;
4—导套

图 2-68　扩口式管接头

(2) 焊接式管接头。如图 2-69 所示,焊接式管接头由接头体 1、螺母 3 和接管 2 组成。接管 2 与系统管路中的钢管焊接连接,螺母 3 将接管 2 与接头体 1 连接在一起,接头体 1 与机体的连接用螺纹连接实现。根据螺纹的种类不同,接头体与机体之间要采用不同的密封方式。若接头体与机体间采用圆柱螺纹连接,则要采用加装组合密封圈 5 的方式密封;若采用锥螺纹密封,则要在螺纹表面包一层聚四氟乙烯材料旋入后形成密封。此种管接头装拆方便,工作可靠,工作压力高,但装配工作量大,要求焊接质量高。

(3) 卡套式管接头。卡套式管接头既不用焊接也不用扩口,使用很方便,如图 2-70 所示。它由接头体 1、螺母 3 和卡套 4 组成。卡套是一个内圈带有锋利刃口的金属环。当螺母 3 旋紧时,卡套 4 变形,一方面螺母 3 的锥面与卡套 4 的尾部锥面相接触形成密封,另一方面使卡套 4 的外表面与接头体 1 的内锥面配合形成球面接触密封。这种管接头连接方便,密封性好,但对钢管外径尺寸和卡套制造工艺要求高,须按规定进行预装配,一般要

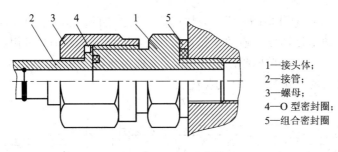

1—接头体；
2—接管；
3—螺母；
4—O型密封圈；
5—组合密封圈

图 2-69 焊接式管接头

用冷拔无缝钢管。

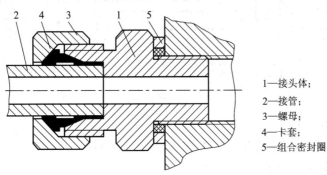

1—接头体；
2—接管；
3—螺母；
4—卡套；
5—组合密封圈

图 2-70 卡套式管接头

（4）橡胶软管接头。橡胶软管接头分可拆式和扣压式两种。如图 2-71 所示为可拆式橡胶软管接头。在胶管 4 上剥去一段外层胶，将六角形接头外套 3 套在胶管上，之后将锥形接头体 2 拧入，由锥形接头体 2 和外套 3 上带锯齿形的倒内锥面把胶管 4 夹紧，实现连接和密封。如图 2-72 所示为扣压式橡胶软管接头。其装配工序与可拆式橡胶管接头相同，区别是外套 3 是圆柱形。这种接头最后要用专门模具在压力机上将外套 3 进行挤压收缩，使外套变形后紧紧地与橡胶管和接头连成一体。随管径不同，它可用于不同工作压力的系统。

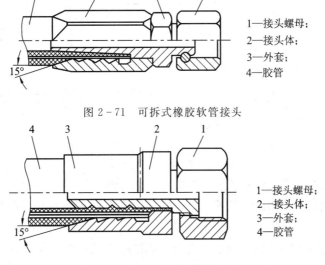

1—接头螺母；
2—接头体；
3—外套；
4—胶管

图 2-71 可拆式橡胶软管接头

1—接头螺母；
2—接头体；
3—外套；
4—胶管

图 2-72 扣压式橡胶软管接头

（5）快速管接头。如图 2-73 所示为快速管接头。它的装拆无需工具，适用于经常接通和断开的地方。图示是油路接通的工作位置。当需要断开油路时，可用力将外套 6 向左推，再拉出接头体 10，同时单向阀阀芯 4 和 11 分别在弹簧 3 和 12 的作用下封闭阀口，断开油路。这种管接头的结构复杂，压力损失大。

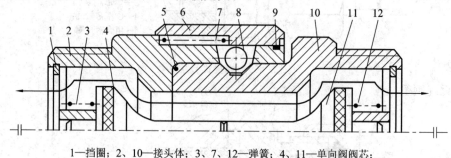

1—挡圈；2、10—接头体；3、7、12—弹簧；4、11—单向阀阀芯；
5—O 型密封圈；6—外套；8—钢球；9—弹簧圈

图 2-73　快速管接头

2. 液压管道安装要求

液压系统用的管道有硬管和软管两种。由于管子不同，对它们的安装要求也不同。

1）硬管管道的安装要求

对于具有不同管路长度的刚性连接，一般使用硬管。在安装时要求：

（1）管道布置要横平竖直，整齐美观；管子的交叉要尽量少。要求平行或交叉的管子之间、管子和设备主体之间必须相距 12 mm 以上，以防止互相干扰和避免振动时引起敲击。

（2）为了减少油液流动时的沿程摩擦损失，管子长度应尽可能短。

（3）固定点之间的直管段至少要有一段松弯部分以适应热胀冷缩，一定要避免紧死的直管。这种紧死的直管在管路中会造成严重的拉压应力，并需使用管子从接头体后退才能装拆的管接头，连接困难，如图 2-74 所示。

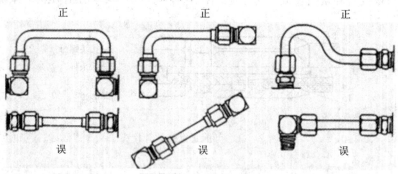

图 2-74　管子必须有松弯

（4）应尽量减少弯曲部位的数量，在必须弯曲的部位尽可能采用大的弯管半径，以防管内油液流动损失过大。然而，管子总应该有一段直管接近管接头（图 2-74），否则管端难以与管接头找正。

（5）对所有管路均应适当设置管夹支承，尤其在高压系统中的弯管前后及与软管连接之前必须有管夹支承，以防系统内压力和流量突然扰动而导致管路"甩动"。但安装时，管夹不应把管子卡死，应为热胀冷缩留出足够的窜动自由度，同时，在管夹与管子之间要设置橡胶隔振层，以利用阻尼减小管子振荡引起的振动。

（6）多管道沿壁面布置时，粗管在下，细管在上。粗管多用托架支撑，用管箍固定，如图 2-75 所示。

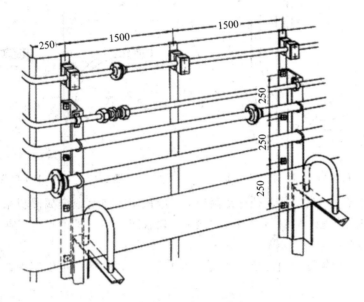

图 2-75　多根管道沿墙布置

2）软管管道的安装要求

软管用于相互运动的液压元件之间的挠性连接，或者是必须用软管连接的场合。软管还具有吸振和消声的作用。

液压系统中软管的寿命影响系统的工作可靠性，而软管的工作寿命在很大程度上取决于它安装的正确性。因此，安装软管时要求：

（1）软管安装后要有足够的长度以使其在运动到极限位置时仍保持正确的形状。在极限位置时，连接端部接头的软管应有一段长度 A 保持不弯，其长度 A 要大于软管外径的 6 倍；当软管为弯管时，最小弯曲半径 R 应为软管外径的 9 倍。这里 A 值和 R 值都要根据最大运动距离 T 来确定，如图 2-76 所示。

（2）安装后检查软管外皮上的纵向彩色线，不允许软管扭曲，否则会旋松接头螺母，甚至在应变点使软管爆裂，如图 2-77 所示。

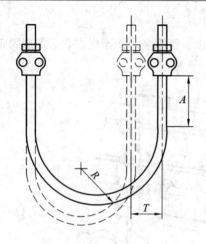
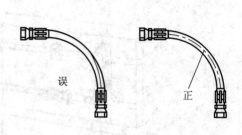

图 2-76　软管的 A、R 与 T 的关系　　　　图 2-77　软管不能扭曲安装

（3）当软管经过排气管或其他热源附近时，应该用隔热套或金属隔板来隔离热源；在有软管与运动机件接触、软管与尖锐棱边接触、软管间十字交叉的场合，应该用支架和管夹把软管固定以减小摩擦，如图 2-78 所示。

（4）应尽量减少软管弯曲部位的数量，用角接头代替直接头可以实现这种要求，如图 2-79 所示。

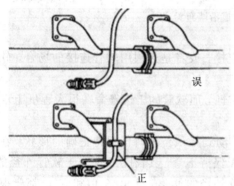
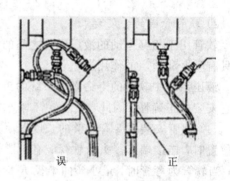

图 2-78　软管隔离热源和减少摩擦　　　　图 2-79　用软管角接头减少弯数

2.4.6　密封装置

密封是解决液压系统泄漏问题最重要、最有效的手段。液压系统如果密封不良，可能出现不允许的外泄漏，外漏的油液将会污染环境；还可能使空气进入吸油腔，影响液压泵的工作性能和液压执行元件运动的平稳性（爬行）；泄漏严重时，系统容积效率过低，甚至工作压力达不到要求值。若密封过度，虽可防止泄漏，但会造成密封部分的剧烈磨损，缩短密封件的使用寿命，增大液压元件内的运动摩擦阻力，降低系统的机械效率。因此，合理地选用和设计密封装置在液压系统的设计中十分重要。

1. 对密封装置的分类与要求

1）对密封装置的要求

（1）在工作压力和一定的温度范围内，应具有良好的密封性能，并随着压力的增加能自动提高密封性能。

（2）密封装置和运动件之间的摩擦力要小，摩擦系数要稳定。

（3）抗腐蚀能力强，不易老化，工作寿命长，耐磨性好，磨损后在一定程度上能自动补偿。

（4）结构简单，使用、维护方便，价格低廉。

2）密封装置的类型和特点

系统的密封由密封装置来完成。密封装置的种类很多，根据被密封部位配合面间有无相对运动，密封装置可分为动密封装置和静密封装置两大类。根据密封件的制造材料、安装方式、结构型式的不同，密封装置可分为类如表 2－11 所示。

表 2－11　密封装置分类

分　类			主要密封件
静密封	非金属静密封		O 型密封圈
			橡胶垫片
			聚四氟乙烯带
	半金属静密封		组合密封垫
	液态静密封		密封胶
动密封	非接触式密封		间隙密封
	接触式密封	预压紧力密封	O 型密封圈
			橡塑组合密封圈（格来圈、斯特圈）
		唇型密封	Y 型密封圈
			Yx 型密封圈
			Y 型密封圈
			其他（ V、L、J 型密封圈）
		油封	油封件

2. 常见密封件的使用和安装要求

1）O 型密封圈

O 型密封圈（简称 O 型圈）的截面为圆形，如图 2－80(a)所示，其主要材料为合成橡胶，是应用最普遍的一种密封件。

O 型密封圈的密封原理是：依靠 O 型圈的预压缩，消除间隙实现密封，如图 2－80(b)所示。从图中可以看出，这种密封随压力增加能自动提高密封件与密封表面的接触应力，从而提高密封作用，且在密封件磨损后具有自动补偿的能力。

为保证 O 型密封圈的密封效果，选用 O 型圈时要按有关规定留出要求的预压缩量。

一般情况下，对于动密封，当工作压力超过 10 MPa 时；对于静密封，当工作压力超过 32 MPa 时，为防止密封圈被挤入间隙，应考虑使用挡圈。如图 2－81 所示，当单向承受压力时，单侧加挡圈；当双向承受压力时，两侧都要加挡圈。

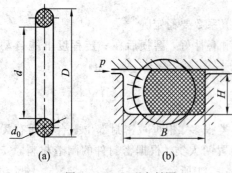

图 2-80　O 型密封圈

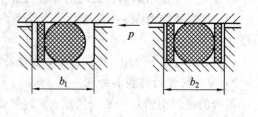

图 2-81　O 型密封圈的挡圈安装

当压力脉动较大时，也要使用挡圈，以防止 O 型圈的磨损加快。但是，当采用挡圈后，会增加密封装置的摩擦阻力，应用时应予以考虑。

O 型圈在安装时，应注意以下几点。

(1) 安装时所通过的轴端、轴肩必须倒角或修圆，如图 2-82(a) 所示。金属表面不能有毛刺、生锈或腐蚀等现象。当安装在缸中或内孔中时，O 型圈经过的孔口边应倒角 $10°\sim 20°$，如图 2-82(b) 所示。

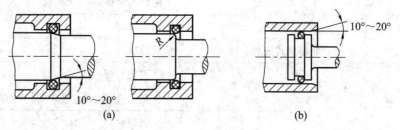

图 2-82　O 型圈通过部位的倒角和圆角

(2) 当 O 型圈要通过内部横孔时，应将孔口倒成如图 2-83 所示的形状，其中直径 D 不小于 O 型圈的实际外径，坡口斜度一般为 $\alpha = 120°\sim 140°$。

(3) 当 O 型圈需要通过外螺纹时，安装 O 型圈时应使用如图 2-84 所示的金属导套。

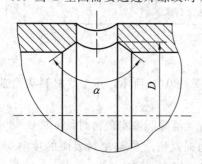

图 2-83　O 型圈通过的内部横孔

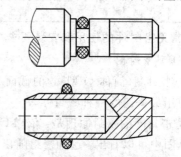

图 2-84　O 型圈通过外螺纹时的安装工具

(4) 当 O 型圈以拉伸状态安装，且要在轴上滑行较长距离才能置于密封圈槽内时，轴的表面粗糙度数值必须小，且应在轴上涂以润滑剂。对于小截面大直径的 O 型圈，安装在密封圈槽中后，应使伸长变形的截面恢复圆形后，才能组装到缸中。

(5) 要注意 O 型圈工作时的压力环境，有真空度的压力称为负压。正压和负压的密封完全不同，如图 2-85 所示。若误将图 2-85(a) 用于负压密封，就有可能将 O 型圈吸入系统，使 O 型圈丧失其功能，这时应采用图 2-85(b)的结构形式。

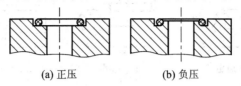

(a) 正压   (b) 负压

图 2-85　正压和负压静密封用 O 型圈

2) Y 型密封圈

Y 型密封圈(简称 Y 型圈)的截面呈 Y 形，用合成橡胶制成，属于唇形密封圈。它是依靠密封圈的唇口受液压力作用变形，使唇边贴紧密封面而进行密封的，压力越高，唇边贴得越紧，并且具有磨损后自动补偿的能力。按唇的高度结构，可分为孔、轴通用的等高唇 Y 型圈和孔用、轴用的不等高唇 Y 型圈，如图 2-86 所示。一般后者的密封性能较好。

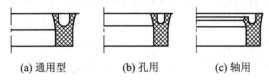

(a) 通用型   (b) 孔用   (c) 轴用

图 2-86　Y 型密封圈

安装 Y 型圈时，唇口一定要对着压力高的一侧。当工作压力大于 14 MPa 或压力波动较大、滑动速度较高时，为防止 Y 型圈翻转，应加支承环固定密封圈。为保证密封圈唇口张开，支承环上开有小孔，使压力流体能作用到密封圈的唇边上，以保持良好的密封，如图 2-87 所示。

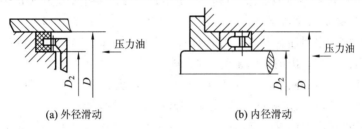

(a) 外径滑动   (b) 内径滑动

图 2-87　带支承环的 Y 型圈密封装置

3) Yx 型密封圈

Yx 型密封圈(简称 Yx 型圈)是由 Y 型密封圈改进设计而成，通常是用聚氨酯橡胶压制而成。如图 2-88 所示，根据结构不同亦可分为孔、轴通用的等高唇 Yx 圈和孔用、轴用的不等高唇 Yx 圈。其结构特点是截面小，结构简单；截面高度与宽度之比大于 2，因而不易翻转，稳定性好；不等高唇 Yx 圈，短唇与密封面接触，滑动摩擦阻力小，耐磨性好，长唇与非运动表面有较大的预压缩量，摩擦阻力大，工作时不易窜动；Yx 圈有很长的谷部，工作时不会产生谷部开裂现象。

Yx 型密封圈一般适宜在工作压力 $\leq$ 32 MPa，温度为 $-30\sim +100℃$ 的条件下工作。

4) V 型密封圈

V 型密封圈(简称 V 型圈)是由多层涂胶织物压制而成的，有支承环、密封环和压环三部分。

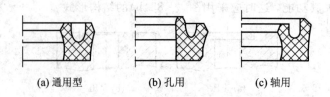

(a) 通用型　　　　(b) 孔用　　　　(c) 轴用

图 2 - 88　Yx 型密封圈

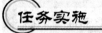

液压系统的安装

液压系统的安装包括液压管路、液压元件、辅助元件的安装等，其实质就是通过流体连接件（油管与接头的总称）或者液压集成块将系统的各单元或元件连接起来组成回路。

1. 管路连接件的安装

1）吸油管路的安装及要求

（1）吸油管路要尽量短，弯曲少，管径选择要适当，不能过细。

（2）吸油管应连接严密，不得漏气，以免使泵在工作时吸进空气，导致系统产生噪音，以致无法吸油，因此，建议在泵吸油口处采用密封胶与吸油管路连接。

（3）除柱塞泵以外，一般在液压泵吸油管路上应安装过滤器，滤油精度通常为 100～200 目，过滤器的通流能力至少相当于泵的额定流量的两倍，同时要考虑清洗时拆装方便，一般在油箱的设计过程中将液压泵的吸油过滤器附近开设手孔就是基于这种考虑。

2）回油管的安装及要求

（1）执行机构的主回油管及溢流阀的回油管应伸到油箱液面以下，以防止油飞溅而产生气泡，同时回油管应切出朝向油箱壁的 45°斜口。

（2）具有外部泄漏的减压阀、顺序阀、电磁阀等的泄油口与回油管连通时不允许有背压，否则应将泄油口单独接回油箱，以免影响阀的正常工作。

（3）安装成水平面的油管，应有 3/1000～5/1000 的坡度。管路过长时，每 500 mm 应固定一个夹持油管的管夹。

3）压力油管的安装及要求

压力油管的安装位置应尽量靠近设备和基础，同时又要便于支管的连接和检修，为了防止压力油管振动，应将管路安装在牢固的地方，在振动的地方要加阻尼来消除振动，或将木块、硬橡胶的衬垫装在管夹上，使金属件不直接接触管路。

4）橡胶软管的安装及要求

橡胶软管用于两个有相对运动部件之间的连接。安装橡胶软管时应满足：

（1）要避免急转弯，其弯曲半径 R 应大于 9～10 倍外径，至少应在离接头 6 倍直径处弯曲。软管弯曲时同软管接头的安装应在同一运动平面上，以防扭转。在连接处应自由悬挂，避免受其自重而产生弯曲。

（2）软管不能工作在受拉状态下，应有一定余量（长度变化约为 4%）。软管过长或承受急剧振动的情况下宜用管夹夹牢，但在高压下使用的软管应尽量少用夹子，因软管受压变形，在夹子处会产生摩擦能量损失。

（3）尽可能使软管安装在远离热源的地方，不得已时要装隔热板或隔热套。必须保证软管、接头与所处的环境条件相容。

2. 液压元件的安装

在安装液压元件时，应用煤油对其进行清洗，所有液压元件都要进行压力和密封性能试验，合格后方可开始安装。安装前应将各种自动控制仪表进行校验，以避免不准确而造成事故。

液压元件的安装主要指液压阀、液压缸、液压泵和辅助元件的安装。

知识拓展

油管及管接头常见故障和排除方法见表 2－12。

表 2－12 油管及管接头常见故障和排除方法

故障现象	故障原因	排除方法
漏油	① 油管破裂漏油； ② 油管与接头连接处密封不良； ③ 卡套式结合面差； ④ 螺纹连接处未拧紧或拧得太紧； ⑤ 螺纹牙型不一致	① 更换油管、采用正确的连接方式； ② 连接部位用力均匀，注意表面质量； ③ 更换卡套； ④ 螺纹连接处用力均匀拧紧； ⑤ 螺纹牙型要一致
振动和噪声	① 液压系统共振； ② 双泵双溢流阀调定压力太接近	① 合理控制振源； ② 控制压力差大于 1 MPa

过滤器常见故障和排除方法见表 2－13。

表 2－13 过滤器常见故障和排除方法

故障现象	故障原因	排除方法
滤芯变形	滤油器强度低并严重堵塞	更换滤芯或更换油液
烧结式滤油器滤芯颗粒脱落	滤芯质量不符合要求	更换滤芯

✦✦✦✦✦ 思考练习题 ✦✦✦✦✦

1. 液压泵的安装、调整要注意些什么？

2. 常见的液压泵故障有哪些？分析其原因。

3. 叙述轴向柱塞液压马达的工作原理。与轴向柱塞泵相比，轴向柱塞液压马达有哪些特点？

4. 低速液压马达有哪些特点？适用于什么场合？

5. 使用液压马达时要注意哪些事项？如何进行维护？

6. 活塞式、柱塞式、摆动式液压缸各有什么特点？适用于什么场合？

7. 液压缸有哪些安装形式？在安装时要注意哪些事项？

8. 举例说明单向阀的用途。

9. 液控单向阀为什么有内泄式和外泄式之分？什么情况下采用外泄式？

10. 如图 2-89 所示，判断换向阀的位数、通路数，分析它是怎样工作的，并绘出中位机能符号。

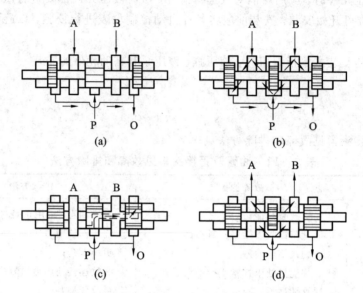

图 2-89 题 10 图

11. 试从结构原理或符号来说明溢流阀、减压阀及顺序阀的异同和特点。

12. 流量阀的节流口为什么常采用薄壁小孔而不采用细长小孔形式？液压用流量阀的最小稳定流量表示什么意思？

13. 调速阀与节流阀有何本质不同？各用于什么场合？

14. 能否将调速阀的进出油口反接？为什么？

15. 调速阀与溢流节流阀在结构原理和使用性能方面有何异同。

16. 对 O、P、M、H、X、Y 型三位四通换向阀，哪些可将执行元件锁紧在任意位置上？哪些可使泵卸荷？

17. 蓄能器有哪些功用？

18. 过滤器有哪些功用？

19. 液压泵的吸油口为什么选用粗过滤器？

20. 过滤器在液压系统中有哪些安装位置？

21. 油箱有什么作用？

22. 分离式油箱中设置隔板的目的是什么？

23. 简述分水过滤器和油雾器的工作原理。

液压基本回路

随着工业现代化技术的发展，机械设备的液压传动系统为完成各种不同的控制功能从而有不同的组成形式，有些液压传动系统很复杂。但无论何种机械设备的液压传动系统，都是由一些液压基本回路组成的。所谓基本回路，就是能够完成某种特定控制功能的液压元件和管道的组合。如用来调节液压泵供油压力的调压回路，改变液压执行元件工作速度的调速回路等都是常见的液压基本回路。

液压基本回路是液压系统的核心，熟悉和掌握液压基本回路的功能，有助于更好地分析使用和设计各种液压传动系统。

基本回路一般可分为方向控制回路、压力控制回路和速度控制回路等。

任务 3.1　方向控制回路

任务目标与分析

熟悉和掌握方向控制回路的组成、工作原理及应用，是分析、设计和使用液压系统的基础。

要求熟练掌握各种方向控制回路所具有的功能、功能的实现方法和回路的元件组成。

知识链接

方向控制回路的作用是利用各种方向阀来控制流体的通断和变向，以便使执行元件启动、停止和换向。常用的方向控制回路有换向回路、锁紧回路、缓冲回路等。

3.1.1　换向回路

执行元件的换向，一般可采用各种换向阀来实现。在容积调速的闭式回路中，可采用双向变量泵控制供油方向来实现液压缸（或液压马达）换向。由此可见，几乎在每一个液压系统中都包含有换向回路。

换向过程一般可分为三个阶段：执行元件减速制动、短暂停留和反向启动。

换向过程通过换向阀的阀芯与阀体之间位置变化来实现，因此选用不同换向阀组成的换向回路，其换向性能也不相同。

根据换向过程的制动原理，可分为时间制动换向回路和行程制动换向回路两种。

1. 时间制动换向回路

所谓时间制动换向，即从发出换向信号到实现减速制动，这一过程的时间基本上是一定的。

在图 3-1 所示位置，活塞带动工作台向左运动到行程终点，工作台上挡铁使先导阀 A 切换到左位。控制压力油经阀 A、单向阀进入换向阀的左端；换向阀右端的油首先经快跳孔 7、先导阀回油箱；换向阀芯迅速右移至中间位置，将快跳孔 7 盖住，实现换向前的快跳；在此过程中，制动锥 c 和 a 逐渐将进油路 2→3 和回油路 4→5 关小，实现工作台的缓冲制动。

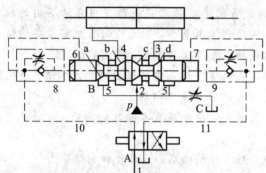

1、2、3、4、5、8、9、10、11—油路；
6、7—快跳孔；
A—先导阀；
B—换向阀；
C—节流阀；
a、b、c、d—制动锥

图 3-1 时间制动换向回路

当换向阀芯到达中位时，由于中位采用 H 型过渡机能，缸左、右腔同时与进、回油相通，工作台靠惯性浮动。当阀芯盖住孔 7 后，阀芯右端回油只能经节流阀回油箱，阀芯慢速向右移动，直到制动锥 c 和 a 将油路 2→3 和回油路 4→5 都关闭时，工作台停止运动。

当工作台停止后，换向阀芯继续慢速右移，制动锥 b 和 d 逐渐将进油路 2→4 和回油路 3→5 打开，工作台开始反向运动。

工作台向左、右运动速度均由节流阀 L 调节。

从先导阀换向，到工作台减速制动停止，换向阀芯总是移动一定的距离（制动锥的长度）。当换向阀两端的节流阀调整好后，工作台每次换向制动所需的时间是一定的，故称为时间制动换向回路。

这种回路适用于换向精度要求不高，但换向频率高且要求换向平稳的场合。

2. 行程制动换向回路

所谓行程制动换向，即从发出换向信号到实现减速制动，这一过程工作部件所走过的行程基本上是一定的。

在图 3-2 所示位置，活塞带动工作台向左运动；当工作台到达左端预定位置时，挡铁碰到换向杠杆带动先导阀芯右移，制动锥 e 逐渐关闭 a 至节流阀 E 的回油路，工作台减速制动；在先导阀芯上的制动锥完全关闭缸的回油路之前，先导阀左边到换向阀 B 左端的控制油路和换向阀右端到先导阀右边的控制回油路已开始打开（一般为 0.1～0.45 mm），使换向阀以三种速度向右移动，以实现工作台的换向。

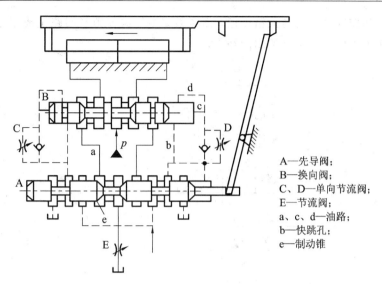

A—先导阀；
B—换向阀；
C、D—单向节流阀；
E—节流阀；
a、c、d—油路；
b—快跳孔；
e—制动锥

图 3-2　行程制动换向回路

　　首先，换向阀右端的回油可经快跳孔 b 和先导阀回油箱，因此换向阀向右快跳到中间位置；由于换向阀的中位机能为 P 型，缸左、右腔同时通压力油，同时制动锥 e 将缸的回油关闭，缸停止工作；当换向阀快跳到中位时，其阀芯将快跳孔 b 关闭，此时阀 B 右端的回油只能经节流阀 D、先导阀回油箱，换向阀芯就慢速右移（缸两腔仍通压力油），实现液压缸换向前的暂停。

　　当阀 B 慢速右移至阀芯上的凹槽与快跳孔 b 相通时，换向阀芯第二次快跳至右端，工作台的进回油路也迅速换向，工作台便快速右行，实现一次换向。

　　由上述换向过程可知，从挡铁碰到换向杠杆到工作台停止，先导阀芯移动距离（制动锥 e 的长度）是一定的；而先导阀芯的移动是由工作台通过换向杠杆带动的；故换向过程中工作台运动行程基本一定，与运动速度无关，因此称为行程制动换向。

　　该类回路主要用于工作部件运动速度不大但换向精度要求较高的场合。

3.1.2　锁紧回路

　　锁紧回路的功能是通过切断执行元件的进油、回油通道来使它停留在任意位置的，并在停止后防止因外力作用而发生移动。锁紧回路有以下几种：

　　(1) 采用 O 型或 M 型中位机能的三位换向阀实现锁紧的回路。在这种回路中的换向阀处于中位时，液压缸的进、出油口均被封闭，故可使执行元件在行程任意位置停止。但这种回路中滑阀泄漏的影响不可避免，不能长时间保持停止位置不动，锁紧精度不高。

　　(2) 图 3-3 是采用液控单向阀的锁紧回路。换向阀左位时，压力油经液控单向阀Ⅰ进入液压缸左腔，同时压力油也进入液控单向阀Ⅱ的控制口 K_2，将单向阀Ⅱ打开，使缸右腔压力油经液控单向阀Ⅱ及换向阀流回油箱；反之，当换向阀右位时，压力油进入缸右腔并将液控单向阀Ⅰ打开，使缸左腔回油。而当换向阀处于中位或液压泵停止供油时，两个液控单向阀立即关闭，使活塞双向锁紧。由于液控单向阀的密封性能很好，从而能使活塞长时间被锁紧在停止时的位置。该回路采用 H 型或 Y 型中位机能的三位换向阀时，液控单向阀的进油口和控制油口均与油箱连通，锁紧效果好，这种锁紧回路主要用于汽车、起重运输机械和矿山机械中液压支架的油路中。

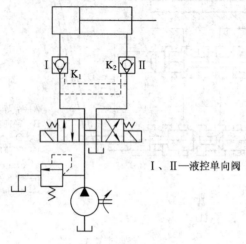

I、II—液控单向阀

图 3-3　锁紧回路

3.1.3　缓冲回路

当运动部件在快速运动时突然停止或换向，就会引起液压冲击和振动，这不仅会影响其定位精度，还会妨碍机器的正常工作。

为了消除运动部件突然停止或换向时的液压冲击，除了在液压元件本身设计缓冲装置外，还可在系统中设置缓冲回路，有时则需要综合采用几种制动缓冲措施。

1. 溢流缓冲回路

图 3-4 所示为溢流缓冲回路。缓冲溢流阀 1 的调节压力比主溢流阀 2 的调节压力高 5%～10%。

当出现液压冲击时，产生的冲击压力使溢流阀 1 打开，实现缓冲；缸的另一腔（低压腔）通过单向阀从油箱补油，以防止产生气穴现象。

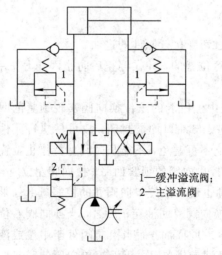

1—缓冲溢流阀；
2—主溢流阀

图 3-4　溢流缓冲回路

2. 节流缓冲回路

图 3-5 为采用单向行程节流阀的节流缓冲回路。当活塞到达终点前的预定位置时，挡铁逐渐压下行程节流阀 2，运动部件便逐渐减速缓冲直到停止。改变挡铁的工作面形状，就可改变缓冲效果。

图 3-6 所示为采用二级节流缓冲的节流缓冲回路。阀 1、4 左位接入时，活塞快速右行，当活塞到达终点前的预定位置时，使阀 4 处于中位，回油经节流阀 2 和 3 回油箱，获得一级减速缓冲；当活塞右行接近终点位置时，再使阀 4 右位接入，缸的回油只经节流阀 2 回油箱，获得第二级减速缓冲。

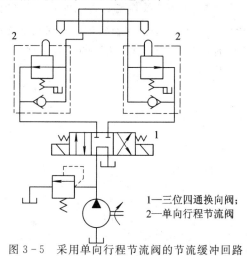

1—三位四通换向阀；
2—单向行程节流阀

图 3-5 采用单向行程节流阀的节流缓冲回路

1—三位四通换向阀；
2、3—节流阀；
4—三位四通阀

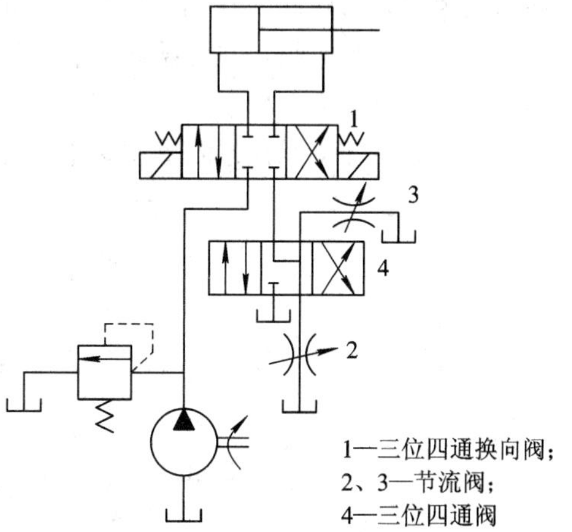

图 3-6 采用二级节流缓冲的节流缓冲回路

任务实施

换向阀控制液压缸往复运动的换向回路分析

图 3-7 为常见的用三位四通电磁换向阀控制液压缸往复运动的换向回路。结合所学知识和查阅资料，试分析：

（1）换向回路的工作原理。

（2）液压元件的名称。

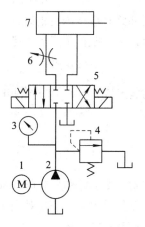

图 3-7 换向阀控制的换向回路

知识拓展

手动转阀(先导阀)控制液动换向阀的换向回路

在机床夹具、油压机和起重机等不需要自动换向的场合,常常采用手动换向阀来进行换向。

图 3-8 所示为手动转阀(先导阀)控制液动换向阀的换向回路。回路中用辅助泵 2 提供低压控制油,通过手动先导阀 3(三位四通转阀)来控制液动换向阀 4 的阀芯移动,实现主油路的换向,当转阀 3 在右位时,控制油进入液动换向阀 4 的左端,右端的油液经转阀回油箱,使液动换向阀 4 左位接入工件,活塞下移。当转阀 3 切换至左位时,即控制油使液动换向阀 4 换向,活塞向上退回。当转阀 3 在中位时,液动换向阀 4 两端的控制油通油箱,在弹簧力的作用下,其阀芯回复到中位,主泵 1 卸荷。

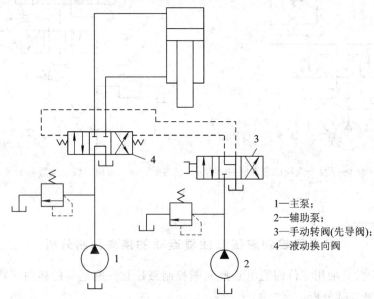

1—主泵;
2—辅助泵;
3—手动转阀(先导阀);
4—液动换向阀

图 3-8　先导阀控制的换向回路

在液动换向阀的换向回路或电液动换向阀的换向回路中,控制油液除了用辅助泵供给外,在一般的系统中也可以把控制油路直接接入主油路。但是,当主阀采用 M 型或 H 型中位机能时,必须在回路中设置背压阀,保证控制油液有一定的压力,以控制换向阀阀芯的移动。

任务 3.2　压力控制回路

任务目标与分析

压力控制回路是利用压力控制阀来控制整个液压系统或局部油路的压力,用来实现调压、保压、减压、增压、卸荷和平衡等控制,以满足执行元件对力或力矩的要求。这里主要介绍常用压力控制回路的组成及油路连接情况。

要求熟练掌握常用压力控制回路所具有的功能、功能的实现方法和回路的元件组成。

知识链接

3.2.1　调压回路

调压回路的功用是调定或限制液压系统的最高压力，或者使执行元件在工作过程不同阶段实现多级压力转换。对整个系统或某一局部的压力进行控制，使之既满足使用要求，又能降低压力的变化，减少发热。

在定量泵系统中，液压泵的供油压力可以通过溢流阀来调节。在变量泵系统中，用安全阀来限定系统的最高压力，防止系统过载。若系统中需要两种以上的压力，则可采用多级调压回路。

1. 单级调压回路

单级调压回路如图 3-9 所示，在液压泵出口处设置并联的溢流阀，即可组成单级调压回路，从而控制了液压系统的最高压力值。必须指出，为了使系统压力近于恒定，液压泵输出油液的流量除满足系统工作用油量和补偿系统泄漏外，还必须保证有油液经溢流阀流回油箱。因此，这种回路效率较低，一般用于流量不大的场合。

2. 二级调压回路

二级调压回路如图 3-10 所示，由先导式溢流阀 2 和远程调压阀 4 各调一级；当二位二通电磁阀 3 处于图示位置时，系统压力由阀 2 调定；当阀 3 得电后处于下位时，系统压力由阀 4 调定；当系统压力由阀 4 调定时，先导式溢流阀 2 的先导阀口关闭，但主阀开启，液压泵的溢流流量经主阀回油箱，这时阀 4 亦处于工作状态，并有油液通过。

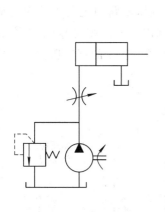

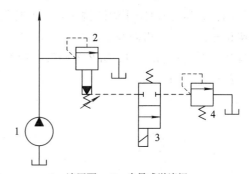

1—液压泵；　2—先导式溢流阀；
3—二位二通电磁阀；4—远程调压阀

图 3-9　单级调压回路　　　　　　　图 3-10　二级调压回路

需注意的是阀 4 的调定压力一定要小于阀 2 的调定压力，否则不能实现。

3. 三级调压回路

如图 3-11 所示，由溢流阀 1、2、3 分别控制系统的压力，从而组成了三级调压回路。

当系统由三级压力控制时，可将主溢流阀 1 的遥控口通过三位四通换向阀分别接具有不同调定压力的阀 2 和 3，使系统获得三种压力调定值。换向阀左位工作时，系统压力由阀 2 调定；换向阀右位工作时，系统压力由阀 3 调定；换向阀中位工作时为系统的最高压力，由主溢流阀 1 来调定。

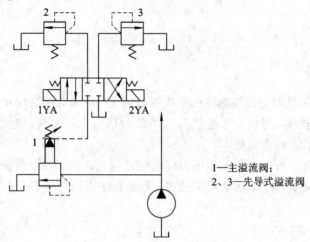

1—主溢流阀；
2、3—先导式溢流阀

图 3 - 11 三级调压回路

在这种调压回路中，阀 2 和阀 3 的调定压力要小于阀 1 的调定压力，但阀 2 和阀 3 的调定压力之间没有什么一定的关系。

3.2.2 减压回路

在定量液压泵供油的液压系统中，溢流阀按主系统的工作压力进行调定。若系统中某个执行元件或某个支路所需要的工作压力低于溢流阀所调定的主系统压力（如控制系统、润滑系统等），这时就要采用减压回路。减压回路主要由减压阀组成。

图 3 - 12(a) 为采用减压阀组成的减压回路。回路中的单向阀供主油路压力降低（低于减压阀调整压力）时防止油液倒流，起短时保压之用。减压回路中也可以采用类似两级或多级调压的方法获得两级或多级减压，图 3 - 12(b) 为利用先导式减压阀 1 的远控口接一远控溢流阀 2，则可由阀 1、阀 2 各调得一种低压，但要注意，阀 2 的调定压力值一定要低于阀 1 的调定压力值。

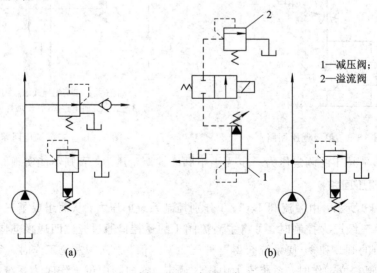

1—减压阀；
2—溢流阀

(a)   (b)

图 3 - 12 减压回路

为使减压回路工作可靠，减压阀的最低调整压力不应小于 0.5 MPa，最高调整压力至少应比系统压力小 0.5 MPa；当减压回路中的执行元件需要调速时，调速元件应放在减压阀的后面，以免因减压阀的泄漏影响调速。

3.2.3　增压回路

如果系统或系统的某一支油路需要压力较高但流量又不大的压力油，而采用高压泵又不经济，或者根本就没有必要增设高压力的液压泵时，就常采用增压回路。

增压回路不仅易于选择液压泵，而且系统工作较可靠，噪声小。增压回路中提高压力的主要元件是增压缸或增压器。

1. 单作用缸增压回路

当系统在图 3-13 所示位置工作时，系统的供油压力 p_1 进入增压缸的大活塞腔，此时在小活塞腔即可得到所需的较高压力 p_2；当二位四通电磁换向阀右位接入系统时，增压缸返回，辅助油箱中的油液经单向阀补入小活塞。因该回路只能间歇增压，所以称之为单作用缸增压回路。

这种回路不能获得连续的高压油，如工作缸行程长，需要连续的高压油时，可采用双作用增压器。

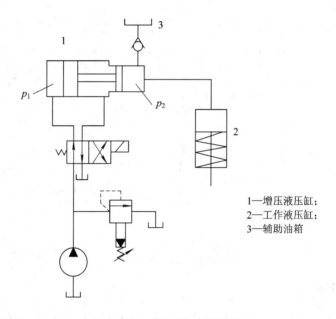

1—增压液压缸；
2—工作液压缸；
3—辅助油箱

图 3-13　单作用缸增压回路

2. 双作用增压缸增压回路

图 3-14 所示回路采用双作用增压缸，能连续输出高压油。在图示位置，液压泵输出的压力油经换向阀 5 和单向阀 1 进入增压缸左端大、小活塞腔，右端大活塞腔的回油通油箱，右端小活塞腔增压后的高压油经单向阀 4 输出，此时单向阀 2、3 被关闭。当增压缸活塞移到右端时，换向阀得电换向，增压缸活塞向左移动。同理，左端小活塞腔输出的高压油经单向阀 3 输出。

增压缸的活塞不断往复运动，两端便交替输出高压油，从而实现了连续增压。

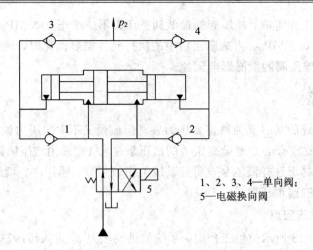

1、2、3、4—单向阀；
5—电磁换向阀

图 3-14　双作用增压缸增压回路

3. 液压泵增压回路

液压泵增压回路如图 3-15 所示。液压泵 2 和 3 由液压马达 4 驱动，泵 1 与泵 2 或泵 3 串联，从而实现增压。液压泵增压回路多用于起重机的液压系统。

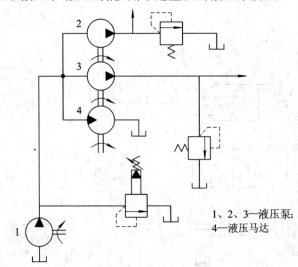

1、2、3—液压泵；
4—液压马达

图 3-15　液压泵增压回路

3.2.4　卸荷回路

当液压系统中的执行元件停止运动或需要长时间保持压力时，卸荷回路可以使液压泵输出的油液以最小的压力直接流回油箱，以减小液压泵的输出功率，降低驱动液压泵电动机的动力消耗，减小液压系统的发热，从而延长液压泵的使用寿命。下面介绍几种常用的卸荷回路。

1. 采用二位二通换向阀的卸荷回路

如图 3-16 所示为采用二位二通换向阀的卸荷回路。当系统执行元件停止运动时，使二位二通换向阀 2 电磁铁通电，左位接入工作，液压泵输出的油液经该阀流回油箱，使泵卸荷。应用这种卸荷回路时，二位二通换向阀的流量规格必须与泵的流量相适应。

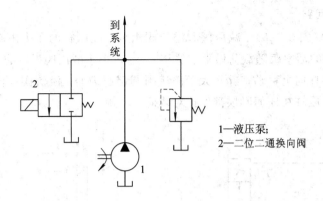

图 3-16 用二位二通阀的卸荷回路

2. 采用换向阀中位机能的卸荷回路

图 3-17 是采用 M 型中位机能换向阀的卸荷回路，当阀位处于中位置时，泵排出的液压油直接经换向阀的 PT(进油口 P、回油口 T)通路流回油箱，泵的工作压力接近于零。使用此种方式卸荷，方法比较简单，但压力损失较多，且切换时压力冲击比较大，因此只适用于低压小流量系统。

3. 采用先导式溢流阀的卸荷回路

图 3-18 是采用先导式溢流阀的卸荷回路。二位二通阀只需采用小流量规格。在实际产品中，常将电磁换向阀与先导式溢流阀组合在一起，这种组合称电磁溢流阀。实际上采用电磁溢流阀时，管路连接更方便。

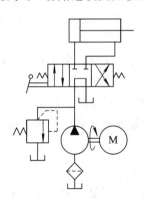

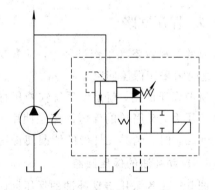

图 3-17 采用 M 型中位机能换向阀的卸荷回路　　　图 3-18 采用先导式溢流阀的卸荷回路

3.2.5 平衡回路

平衡回路的作用在于防止立式缸或垂直部件因自重而下滑或在下行运动中速度超过液压泵供油所能达到的速度，而使工作腔中出现真空。

1. 单向顺序阀的平衡回路

如图 3-19 所示为采用单向顺序阀的平衡回路。左位，缸下行，因回路有单向顺序阀作阻力，不会产生超速。右位，缸上行，油经单向阀进入缸下腔。

单向顺序阀的平衡回路适用于工作部件重量不大、活塞锁住时定位要求不高的场合。

2. 减压平衡回路

减压平衡回路(图 3 - 20)由减压阀和溢流阀组成。液压缸的压力由减压阀调节,以平衡载荷 F,液压缸的活塞跟随载荷做随动位移 s。当 F 小于减压阀提供的力时,由减压阀向液压缸供油,活塞杆向上移动;当 F 大于溢流阀调定压力时,溢流阀溢流,活塞杆向下移动。该回路保证液压缸在任何时候都保持对载荷的平衡。

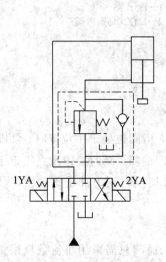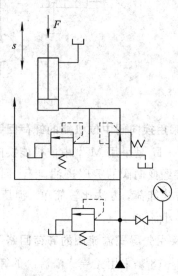

图 3 - 19　采用单向顺序阀的平衡回路　　　　　图 3 - 20　减压平衡回路

溢流阀的调定压力要大于减压阀的调定压力。

3.2.6　保压回路

有的机械设备在工作过程中,常常要求液压执行机构在其行程终止时保持压力一段时间,这时需采用保压回路。

所谓保压回路,就是使系统在液压缸不动或仅有工件变形所产生的微小位移下稳定地维持住压力,最简单的保压回路是使用三位换向阀的中位机能,或密封性能较好的液控单向阀回路,但是阀类元件处的泄漏使得这种回路的保压时间不能维持太久。

1. 自动补油的保压回路

图 3 - 21 为采用自动补油的保压回路。1YA 通电时,液压缸上腔为压油腔,当压力达到限定上限值时,电接触式压力表发出信号,1YA 断电时,换向阀切换到中位,液压泵卸荷,液压缸由液控单向阀保压;当液压缸上腔压力下降到预定下限值时,电接触式压力表又发出信号,使 1YA 通电,液压泵给液压缸上腔供油,使其压力回升。

2. 利用蓄能器的保压回路

利用蓄能器的保压回路借助蓄能器来保持系统压力,补偿系统泄漏,见图 3 - 22。利用虎钳作工件的夹紧。将换向阀移到阀左位时,活塞前进将虎钳夹紧,这时泵继续输出的压力油将蓄能器充压,直到卸荷阀被打开卸载,此时作用在活塞上的压力由蓄能器来维持并补充液压缸的漏油作用在活塞上;当工作压力降低到比卸荷阀所调定的压力还低时,卸荷阀又关闭,泵的液压油再继续送往蓄能器。该系统可节约能源并降低油温。

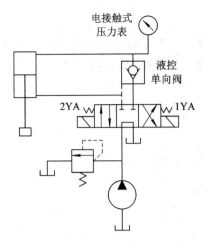

图 3-21　自动补油的保压回路

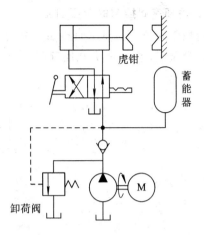

图 3-22　利用蓄能器的保压回路

任务实施

卸荷回路分析

如图 3-23 所示系统可实现"快进→工进→快退→停止(卸荷)"的工作循环。结合所学知识和查阅资料：

（1）指出液压元件 1～4 的名称。

（2）试列出电磁铁动作表(通电"＋"，失电"－")。

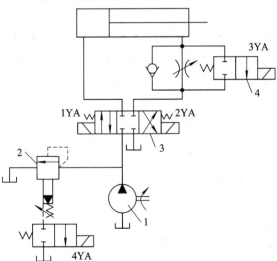

图 3-23　卸荷回路

表 3-1　电磁铁动作表

动作 ＼ YA	1YA	2YA	3YA	4YA
快进				
工进				
快退				
停止				

知识拓展

泄 压 回 路

泄压回路的作用是使执行元件高压腔中的压力缓慢地释放，以免泄压过快引起剧烈的冲击和振动。

1. 用顺序阀控制的泄压回路

用顺序阀控制的泄压回路如图 3-24 所示，回路采用带卸载小阀芯的液控单向阀 3 实现保压和泄压，泄压压力和回程压力均由顺序阀控制。泄压时，换向阀左位工作。

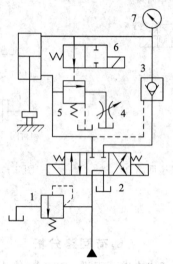

1—溢流阀；2—三位四通电磁换向阀；
3—液控单向阀；4—节流阀；5—顺序阀；
6—二位二通换向阀；7—电接点压力表；

图 3-24　用顺序阀控制的泄压回路

2. 延缓换向阀切换时间的泄压回路

延缓换向阀切换时间的泄压回路如图 3-25 所示，换向阀处于中位时，主泵和辅助泵卸载，液压缸上腔压力油通过节流阀 6 和溢流阀 7 泄压，节流阀 6 在卸载时起缓冲作用。泄压时间由时间继电器控制。

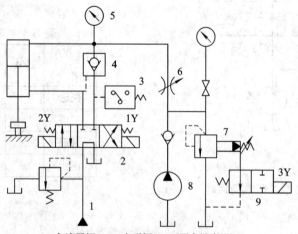

1—主液压阀；2—电磁阀；3—压力继电器；
4—液控单向阀；5—压力表；6—节流阀；
7—溢流阀；8—辅助液压泵；9—二位二通电磁阀

图 3-25　延缓换向阀切换时间的泄压回路

任务 3.3 速度控制回路

任务目标与分析

速度控制回路研究液压系统的速度调节和变换问题，常用的速度控制回路有调速回路、快速运动回路、速度换接回路等。

通过学习常用速度控制回路的组成及油路连接情况，熟练掌握常用速度控制回路所具有的功能、功能的实现方法和回路的元件组成。

知识链接

液压传动系统中速度控制回路包括调节液压执行元件速度的调速回路、使之获得快速运动的快速运动回路、快速运动和工作进给速度以及工作进给速度之间的速度换接回路。

3.3.1 调速回路

调速回路是指用来调节执行元件工作行程速度的回路。液压系统调速的方法主要有节流调速、容积调速和容积节流调速三种方法。

1. 节流调速回路

节流调速回路的工作原理是：通过调节流量控制元件(节流阀或调速阀)的通流截面积大小来控制流入或流出执行元件的流量，从而实现运动速度的调节。

节流调速回路由定量泵供油，采用流量阀调速。根据流量阀的安装位置不同，节流调速回路可分为进油路节流调速回路、回油路节流调速回路和旁油路节流调速回路。用调速阀代替节流阀可提高执行元件的运动平稳性。由于系统存在压力损失和流量损失，故主要用于小功率液压系统。

1）进油路节流调速回路

进油路节流调速回路如图 3-26 所示。流量阀安装在进油路上，其结构简单，使用方便，但是速度的稳定性较差，系统效率低，运动的平稳性能差，通常在回油路上需串接一个背压阀。

2）回油路节流调速回路

回油路节流调速回路如图 3-27 所示。该回路将节流阀串联在回油路上，通过控制从液压缸回油腔流出的压力油的流量，达到控制进入液压缸无杆腔的流量的作用，实现速度调节。因回油路上有背压，其运动平稳性较好。

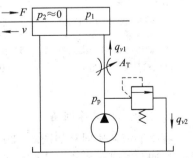

图 3-26 进油路节流调速回路

3）旁油路节流调速回路

旁油路节流调速回路如图 3-28 所示。流量阀安装在与执行元件并联的旁油路上，因回油路中只有节流损失，无溢流损失，所以功率损失小，系统效率较高。但由于速度负载特性差，启动亦不平稳等缺点，故而仅用于高速、重载、对速度平稳性要求不高的场合。

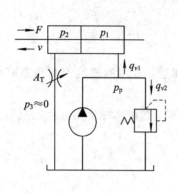
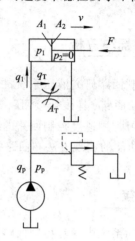

图 3-27　回油路节流调速回路　　　　　　　图 3-28　旁油路节流调速回路

2. 容积调速回路

容积调速回路如图 3-29 所示。容积调速回路采用变量泵（或变量马达）实现调速，具有效率高、回路发热量少的优点，适用于功率较大的液压系统中。缺点是变量泵结构较复杂，价格较高，运动速度不稳定。主要应用于大功率、对运动平稳性要求不高的液压系统。

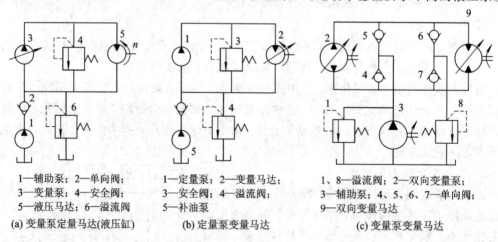

1—辅助泵；2—单向阀；　　　　1—定量泵；2—变量马达；　　　1、8—溢流阀；2—双向变量泵；
3—变量泵；4—安全阀；　　　　3—安全阀；4—溢流阀；　　　　3—辅助泵；4、5、6、7—单向阀；
5—液压马达；6—溢流阀　　　　5—补油泵　　　　　　　　　　　9—双向变量马达

(a) 变量泵定量马达(液压缸)　　　(b) 定量泵变量马达　　　　　(c) 变量泵变量马达

图 3-29　容积调速回路

3. 容积节流调速回路

容积节流调速回路如图 3-30 所示。容积节流调速回路采用压力补偿型变量泵供油，用流量调节阀进入或流出液压缸的流量来实现调速，同时使泵的输油量自动地与液压缸的需油量相适应。这种调速回路无溢流损失，效率较高，速度稳定性也较好，常用在速度范围大、中小功率的场合，如组合机床的进给系统等。

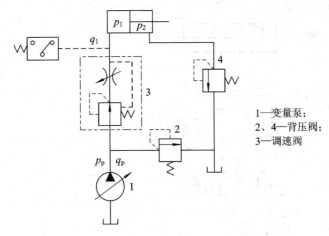

1—变量泵；
2、4—背压阀；
3—调速阀

图 3 - 30　容积节流调速回路

3.3.2　快速运动回路

快速运动回路又称增速回路，执行机构在一个工作循环的不同阶段要求有不同的运动速度和承受不同的负载。在空行程阶段其速度较高负载较小。采用快速运动回路，可以在尽量减少液压泵流量的情况下使执行元件获得快速，可以提高系统的工作效率或充分利用功率。实现快速运动视方法不同有多种结构方案，下面介绍几种常用的快速运动回路。

1. 双泵供油快速运动回路

如图 3 - 31 所示为双泵供油快速运动回路，图中 1 为大流量泵，用以实现快速运动；2 为小流量泵，用以实现工作进给。这种双泵供油回路的优点是功率损耗小，系统效率高，应用较为普遍，但系统也稍复杂一些。

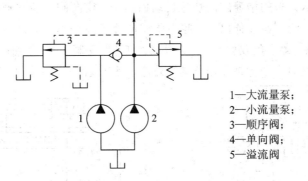

1—大流量泵；
2—小流量泵；
3—顺序阀；
4—单向阀；
5—溢流阀

图 3 - 31　双泵供油快速运动回路

2. 液压缸差动连接快速运动回路

如图 3 - 32 所示的回路是利用二位三通换向阀实现的液压缸差动连接快速运动回路，这种连接方式，可在不增加液压泵流量的情况下提高液压执行元件的运动速度，其中，F 为差动快进时的负载。但是，泵的流量和有杆腔排出的流量合在一起流过的阀和管路应按合成流量来选择，否则会使压力损失过大，泵的供油压力过大，致使泵的部分压力油从溢流阀溢回油箱而达不到差动快进的目的。

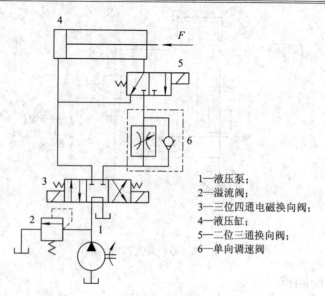

1—液压泵;
2—溢流阀;
3—三位四通电磁换向阀;
4—液压缸;
5—二位三通换向阀;
6—单向调速阀

图 3-32　液压缸差动连接快速运动回路

3. 采用蓄能器的快速运动回路

如图 3-33 所示为采用蓄能器的快速运动回路。当换向阀 5 处于中位时,缸 6 不动,泵 1 经单向阀 3 向蓄能器 4 充油,使蓄能器储存能量;当蓄能器压力升高到它的调定值时,卸荷阀 2 打开,泵卸荷,由单向阀保持住蓄能器压力。当换向阀在左位或右位接入回路时,泵和蓄能器同时向液压缸供油,使其快速运动。该回路适用于短时间内需要大流量的场合,并可用小流量的液压泵使液压缸获得较大的运动速度。

4. 采用增速缸的快速运动回路

如图 3-34 所示为采用增速缸的快速运动回路。当换向阀左位接通时,压力油经柱塞的通孔进入 B 腔,使活塞快速伸出,A 腔中所需油液经液控单向阀 3 从辅助油箱吸入。活塞伸出到工作位置时,由于负载加大,压力升高,打开顺序阀 4,高压油进入 A 腔,同时关闭单向阀 3。此时,活塞杆在压力油作用下继续外伸,因有效面积加大,速度变慢而推力加大。

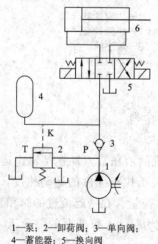

1—泵;2—卸荷阀;3—单向阀;
4—蓄能器;5—换向阀

图 3-33　蓄能器快速运动回路

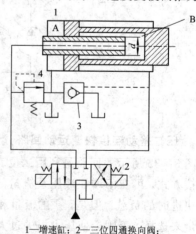

1—增速缸;2—三位四通换向阀;
3—液控单向阀;4—顺序阀

图 3-34　增速缸快速运动回路

3.3.3　速度换接回路

速度换接回路的功能是使液压执行机构在一个工作循环中从一种运动速度变换到另一种运动速度，因而这个转换不仅包括液压执行元件快速到慢速的换接，而且也包括两个慢速之间的换接。实现这些功能的回路应该具有较高的速度换接平稳性，即不允许在速度变换的过程中有前冲(速度突然增加)现象。

1. 快慢速转换回路

1）电磁阀控制的快慢速转换回路

图 3-35 为液压系统电磁阀控制的快慢速转换回路。采用电磁阀的快慢速转换，安装连接方便，但速度换接的平稳性和可靠性较差。

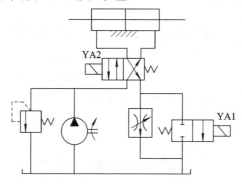

图 3-35　电磁阀控制的快慢速转换回路

2）行程阀控制的快慢速转换回路

如果液压系统采用行程阀控制快慢速转换，则快慢速转换比较平稳，如图 3-36 所示。该控制回路换接点位置较准确，但安装位置不可随意，管路连接复杂。

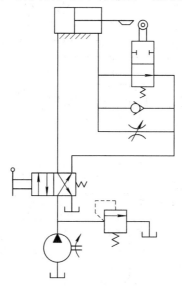

图 3-36　行程阀控制的快慢速转换回路

2. 两种慢速转换回路

图 3-37 为液压系统的两种慢速转换回路，有调速阀串联和调速阀并联两种方法。

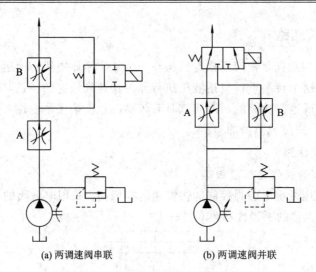

(a) 两调速阀串联   (b) 两调速阀并联

图 3 - 37   调速阀慢速转换回路

调速阀串联工作时，阀 B 开口应比阀 A 开口小，即第二次工进速度必须比第一次工进速度低。调速阀并联工作时，两调速阀可单独调节，两速度互无影响。

 任务实施

液压基本回路分析

图 3 - 38 所示液压系统可实现"快进—工进—快退—原位停止"工作循环，结合所学知

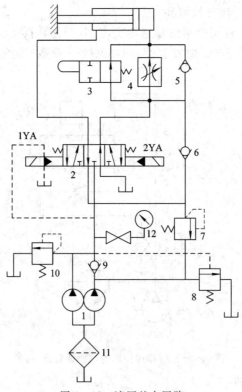

图 3 - 38   液压基本回路

识和查阅资料：

(1) 写出元件 2、3、4、7、8 的名称及在系统中的作用。

(2) 列出电磁铁动作顺序表(通电"＋"，断电"－")。

(3) 分析系统由哪些液压基本回路组成。

(4) 写出快进时的油流路线。

知识拓展

进油、回油节流调速回路分析

如图 3-39(a)所示，节流阀安装在定量泵与液压缸之间，叫进油节流调速回路；如图 3-39(b)所示，节流阀安装在液压缸的回油路上，叫回油节流调速回路。当回路负载使溢流阀进口压力为其调定值，溢流阀总处于溢流时，两回路能实现节流调速。调大或调小节流阀的通流面积，进入液压缸的流量就能变大或变小，溢流量随之变小或变大，从而使液压缸的速度得到调整。当回路负载小到使溢流阀进口压力小于其调定值，溢流阀关闭时，两回路处于非调速状态。

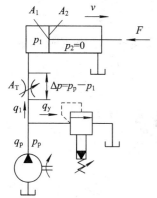 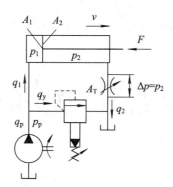 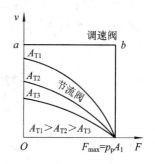

(a) 进油节流调速回路　　　　　(b) 回油节流调速回路　　　　(c) 进油节流调速回路的速度负载特性

图 3-39　进油、回油节流调速回路

设 p_1、p_2 分别为液压缸进油腔和回油腔的压力(进油节流调速回路中，$p_1 = \dfrac{F}{A_1}$，$p_2 = 0$；回油节流调速回路中，$p_1 = p_p$)；F 为液压缸负载；p_p 为溢流阀调定压力；A_T 为节流阀通流截面积；A_1、A_2 分别为液压缸两腔有效作用面积。

进油节流调速回路处于调速工作状态时，经节流阀进入液压缸的流量为

$$q_1 = KA_T \Delta p_m = KA_T p_p - \frac{F_m}{A_1}$$

液压缸活塞的运动速度为

$$v = \frac{q_1}{A_1} = \frac{KA_T}{A_1} p_p - \frac{F_m}{A_1} \tag{3-1}$$

回油节流调速回路处于调速工作状态时，液压缸活塞的力平衡方程为

$$p_p A_1 = p_2 A_2 + F$$

液压缸有杆腔油液经节流阀排回油箱的流量为

$$q_2 = KA_T p_{2m} = KA_T p_p \cdot \frac{A_1}{A_2} - \frac{F_m}{A_2}$$

$$v = \frac{q_2}{A_2} = \frac{KA_T}{A_2} p_p \cdot \frac{A_1}{A_2} - \frac{F_m}{A_2} \qquad (3-2)$$

式(3-2)和式(3-1)所表示的 v 与 F 的函数关系是相似的。若以 F 为横坐标，v 为纵坐标，不同的节流阀通流面积 A_T 作图，则可得到一组速度-负载特性曲线，如图 3-39(c)所示。

从式(3-1)、式(3-2)和图 3-39(c)可以看出，当其他条件不变时，调节节流阀通流面积，液压缸活塞运动速度 v 会连续变化，从而实现无级调速，调速范围达到 100。活塞运动速度 v 随负载 F 增加而下降。液压缸在高速或大负载时，曲线陡，说明速度受负载变化的影响大，即回路的速度刚性差。不管节流阀通流面积怎样变化，当负载增大到节流阀前后压差为零时，液压缸速度为零，液压缸无杆腔压力将推不动负载。因此，液压缸最大承载能力始终为 $F_{max} = p_p$，F_{max} 在速度为零的点上。

进油、回油节流调速回路既有溢流功率损失，又有节流功率损失，回路效率较低。当实际负载偏离最佳设计负载 $\left(p_1 = \frac{2}{3} p_p \right)$ 时，效率更低。

可见，进油、回油节流调速回路均适用于低速、小负载、负载变化不大和对速度稳定性要求不高的小功率场合。

任务 3.4　多缸工作控制回路

任务目标与分析

在液压系统中，如果由一个油源给多个液压缸输送压力油，这些液压缸会因压力和流量的彼此影响而在动作上相互牵制，必须使用一些特殊的回路才能实现预定的动作要求。

这里主要介绍多缸工作控制回路的组成及工作原理。要求熟练掌握多缸工作控制回路所具有的功能、功能的实现方法和回路的元件组成。

知识链接

在液压与气压传动系统中，用一个能源驱动两个或多个缸（或马达）运动，并按各缸之间运动关系要求进行控制，完成预定功能的回路，称为多缸运动回路。多缸运动回路分为顺序运动回路、同步运动回路和互不干扰回路等。

3.4.1　顺序运动回路

顺序运动回路在机械制造等行业的液压系统中得到了普遍应用，如组合机床回转工作台的抬起和转位、夹紧机构的定位和夹紧等，都必须按固定的顺序运动。

1. 行程控制的顺序运动回路

行程控制的顺序运动回路利用工作部件到达一定位置时，发出信号来控制液压缸的先后动作顺序。

1）行程开关和电磁换向阀控制的顺序运动回路

用行程开关和电磁换向阀控制的顺序运动回路原理如图 3-40 所示，其工作过程如下。

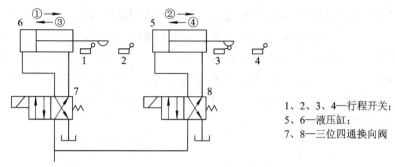

1、2、3、4—行程开关；
5、6—液压缸；
7、8—三位四通换向阀

图 3-40　行程开关和电磁换向阀控制的顺序运动回路原理图

在用行程开关和电磁换向阀控制的顺序运动回路中，左电磁换向阀的电磁铁通电后，左液压缸按箭头①的方向右行。当左液压缸右行到预定位置时，挡块压下行程开关 2，发出信号使右电磁换向阀的电磁铁通电，则右液压缸按箭头②的方向右行。当右液压缸运行到预定位置时，挡块压下行程开关 4，发出信号使左电磁换向阀的电磁铁断电，则左液压缸按箭头③的方向左行。当左液压缸左行到原位时，挡块压下行程开关 1，使右电磁换向阀的电磁铁断电，则右液压缸按箭头④的方向左行，当右液压缸左行到原位时，挡块压下行程开关 3，发出信号，表明工作循环结束。

这种用电信号控制转换的顺序运动回路，使用调整方便，便于更改动作顺序，因此应用较广泛。回路工作的可靠性取决于电器元件的质量。

2）行程换向阀控制的顺序运动回路

行程换向阀控制的顺序运动回路原理如图 3-41 所示，其工作过程如下。

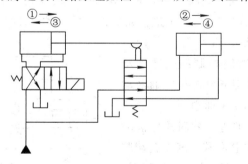

图 3-41　行程换向阀控制的顺序运动回路原理图

在用行程换向阀（又称机动换向阀）控制的顺序运动回路中，电磁换向阀和行程换向阀处于图 3-41 所示状态时，左液压缸和右液压缸的活塞都处于左端位置（即原位）。当电磁换向阀的电磁铁通电后，左液压缸的活塞按箭头①的方向右行。当液压缸运行到预定的位置时，挡块压下行程换向阀，使其接入系统，则右液压缸的活塞按箭头②的方向右行。当电磁换向阀的电磁铁断电后，左液压缸的活塞按箭头③的方向左行。当挡块离开行程换向阀后，右液压缸按箭头④的方向左行退回原位。

该回路中的运动顺序①与②和③与④之间的转换，是依靠机械挡块、推压行程换向阀的阀芯使其位置变换实现的，因此动作可靠。但是，行程换向阀必须安装在液压缸附近，而且改变运动顺序较困难。

2. 顺序阀控制的顺序运动回路

图3-42所示为顺序阀控制的顺序运动回路。在使用顺序阀来实现两个液压缸顺序动作的回路中，当三位四通换向阀左位接入回路且顺序阀D的调定压力大于液压缸A的最大前进工作压力时，压力油先进入液压缸A左腔，实现动作①；液压缸运动至终点后压力上升，压力油打开顺序阀D进入液压缸B的左腔，实现动作②；同样的，当三位四通换向阀右位接入回路且顺序阀C的调定压力大于液压缸B的最大返回工作压力时，两液压缸按③和④的顺序返回。

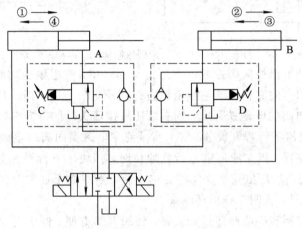

图3-42 顺序阀控制的顺序运动回路原理图

3. 时间控制的顺序运动回路

在采用延时阀进行时间控制的顺序运动回路（图3-43）中，当一个执行元件开始运动后，经过预先设定的一段时间，另一个执行元件再开始运动。时间控制可利用时间继电器、延时继电器或延时阀等实现。

在采用延时阀进行时间控制的顺序运动回路中，延时阀由单向节流阀和二位三通液动换向阀组成。当电磁铁1YA通电时，右液压缸向右运行。同时，液压油进入延时阀中液动换向阀的左端腔，推动阀芯右移，该阀右端腔的液压油经节流阀回油箱，经过一定时间后，延时阀中的二位三通换向阀左位接入系统，压力油经该阀左位进入左液压缸的左腔，使其向右运行。右液压缸与左液压缸向右运行开始的时间间隔可用延时阀中的节流阀调节。当电磁

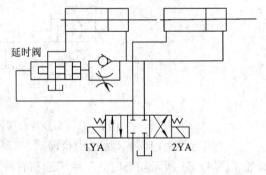

图3-43 时间控制的顺序运动回路原理图

铁 2YA 通电后，右液压缸与左液压缸一起快速左行返回原位。同时，压力油进入延时阀的右端腔，使延时阀中的二位三通阀阀芯左移复位。由于延时阀所设定的时间易受油温的影响，常在一定范围内波动，因此很少单独使用，往往采用行程—时间复合控制方式。

3.4.2 同步运动回路

1. 容积式同步运动回路——同步泵同步回路

容积式同步运动回路(图 3-44)是用相同的液压泵、执行元件(缸或马达)或用机械联结的方法来实现的。

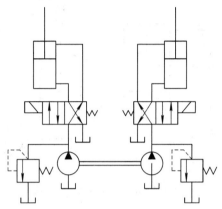

图 3-44 同步泵同步回路

用两个同轴等排量的液压泵分别向两液压缸供油，实现两液压缸同步运动。正常工作时，两换向阀应同时动作；在需要消除端点误差时，两阀也可以单独动作。

2. 容积式同步运动回路——同步缸同步回路

在用两个尺寸相同的双杆液压缸连接的同步液压缸 3 来实现液压缸 1 和液压缸 2 同步运动的回路(图 3-45)中，当同步液压缸的活塞左移时，油腔 a 与 b 中的油液使液压缸 1 和

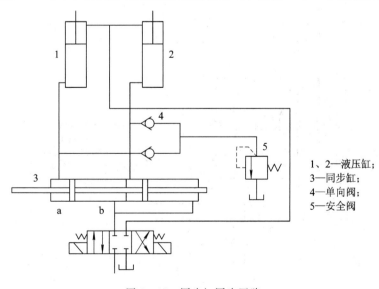

1、2—液压缸；
3—同步缸；
4—单向阀；
5—安全阀

图 3-45 同步缸同步回路

液压缸 2 同步上升。若液压缸 1 的活塞先到终点，则油腔 a 的剩余油液经单向阀 4 和安全阀 5 排回油箱，油腔 b 的油继续进入液压缸 2 的下腔，使之到达终点。同理，若液压缸 2 的活塞先到达终点，也可使液压缸 1 的活塞相继到终点。

3. 机械同步回路

在用机械联结来实现的同步运动的回路(图 3 - 46)中，用刚性梁或齿轮齿条等机械零件使两液压缸的活塞杆间建立刚性的运动联结，实现位移同步。

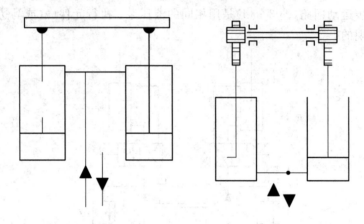

图 3 - 46　机械同步回路

4. 节流式同步运动回路

两个尺寸相同的液压缸的进油路上串接分流阀，该分流阀能保证进入两液压缸的流量相等，从而实现速度同步运动。其工作原理如下。

节流式同步运动回路如图 3 - 47 所示，分流阀中左右两个固定节流口的尺寸和特点相同。分流阀阀芯可依据液压缸负载变化自由地轴向移动，来调节 a、b 两处节流口的开度，保

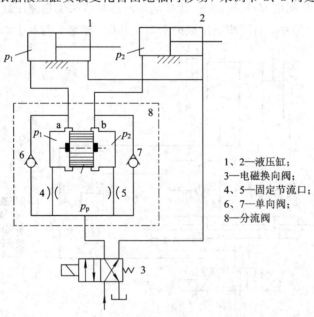

1、2—液压缸；
3—电磁换向阀；
4、5—固定节流口；
6、7—单向阀；
8—分流阀

图 3 - 47　节流式同步运动回路

证阀芯左端压力 p_1 与右端压力 p_2 相等。这样，可保持左固定节流口 4 两端压力差（p_p-p_1）与右固定节流口 5 两端压力差（p_p-p_2）相等，从而使进入两液压缸的流量相同，来实现两缸速度同步。例如：当阀芯处于某一平衡位置（$p_1=p_2$）时，若左液压缸的负载增大，p_1 也会随之增大。假设此时的阀芯不动，由于左固定节流口 4 的工作压差（p_p-p_1）减小，会使进入液压缸 1 的流量减少，造成两缸不同步。但是，p_1 在增大时，由于 $p_1>p_2$，使阀芯 3 右移，节流口 a 变大，b 变小，结果使 p_1 减小，p_2 增大，直到 $p_1=p_2$ 时阀芯停留在新的平衡位置。只要 $p_1=p_2$，左右两固定节流口上的工作压差相等，流过节流阀的流量相等，则保证了两缸的速度同步。两缸反向时，两缸分别通过各自的单向阀回油，不受分流阀控制。

　　该回路采用分流阀自动调节进入两液压缸的流量，使其同步。与调速阀控制的同步回路相比，使用方便，而且精度较高，可达 2%～5%。但是，分流阀的制造精度及造价均较高。

3.4.3　互不干扰回路

　　多缸互不干扰回路的作用是防止液压系统中的几个液压执行元件因速度快慢的不同而在动作上的相互干扰。

　　双泵供油的快慢速互不干扰回路如图 3-48 所示。

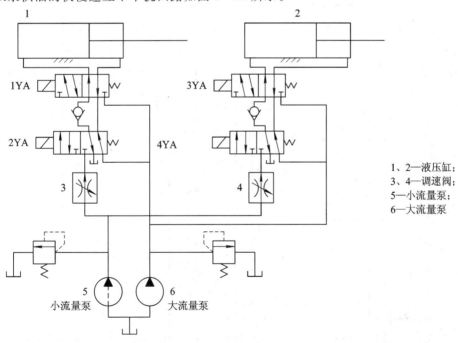

图 3-48　双泵供油的快慢速互不干扰回路

　　各液压缸（1 和 2）工进时（工作压力大），由左侧的小流量液压泵 5 供油，用左调速阀 3 调节左液压缸 1 的工进速度，用右调速阀 4 调节右液压缸 2 的工进速度。快进时（工作压力小），由右侧大流量液压泵 6 供油。两个液压泵的输出油路，由二位五通换向阀隔离，互不相混。这样，避免了因工作压力不同所引起的运动干扰，使各液压缸均可单独实现"快进→工进→快退"的工作循环。通过电磁铁动作表（表 3-2），可以看出自动工作循环各个阶段油路走向及换向的状态。

表 3-2 电磁铁动作表

	1YA、3YA	2YA、4YA
快进	+	−
工进	−	+
快退	−	−

 任务实施

叠加阀的互不干扰回路分析

采用叠加阀的互不干扰回路如图 3-49 所示。结合所学知识和查阅资料，分析该回路工作过程。该回路采用双联泵供油；泵 1 为高压小流量泵，工作压力由溢流阀 5 调定；泵 2 为低压大流量泵，工作压力由溢流阀 1 调定；泵 2 和泵 1 分别接叠加阀的 P 口和 P_1 口。

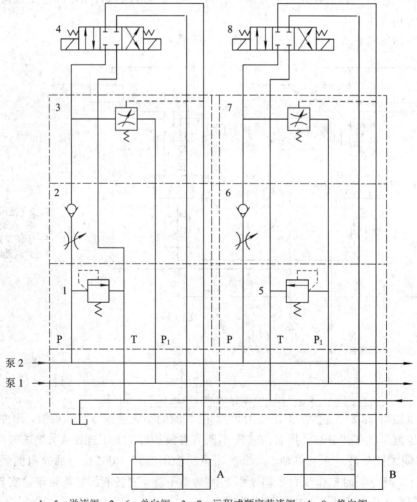

1、5—溢流阀；2、6—单向阀；3、7—远程式顺序节流阀；4、8—换向阀

图 3-49 叠加阀的互不干扰回路

知识拓展

液压马达的串、并联回路

在液压驱动的行走机械中，根据路况往往需要两挡速度：平地行驶时为高速，上坡时需要增加转矩，降低转速。为此采用主轴刚性连成一体的两液压马达串联或并联，以达到上述目的。

图 3-50(a)为液压马达并联回路。液压马达 1、2 一般为同轴双排柱塞的径向柱塞马达，手动换向阀 3 在左位时，压力油只驱动马达 1，马达 2 空转；阀 3 在右位时，马达 1 和 2 并联。若两马达的排量相等，则并联时进入每个马达的流量减少 1/2，转速相应降低 50%，而转矩增加一倍。不管手动换向阀处于何位，回路的输出功率相同。图 3-50(b)所示为液压马达串、并联回路。二位四通阀 1 的上位接入回路，两马达并联；阀 1 的下位接入回路，两马达串联。串联时为高速；并联时为低速，输出转矩相应增加。同样，串、并联两种情况下，回路输出功率相同。

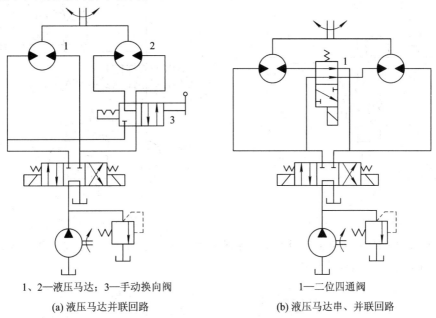

1、2—液压马达；3—手动换向阀　　　　　　　　1—二位四通阀

(a) 液压马达并联回路　　　　　　　　　　　(b) 液压马达串、并联回路

图 3-50　液压马达串、并联回路

❖❖❖❖❖ **思考练习题** ❖❖❖❖

1. 液压基本回路的分类有哪些？
2. 常用压力控制回路有哪些？
3. 常用卸载回路有哪几种方式？
4. 泄压与保压回路有哪些区别与联系？
5. 常用方向控制回路有哪些？
6. 常用调速控制回路有哪几种？
7. 常用速度切换有哪些方式？

8. 常用快速运动有哪几种形式？

9. 试比较进油节流调速与回油节流调速的异同点。

10. 采用节流阀的出口节流调速回路，若负载恒定，当节流阀的通流面积改变时，液压缸速度如何变化？

11. 液压系统中为什么要设置背压回路？背压回路与平衡回路有何区别？

12. 写出如图 3-51 所示回路有序号元件的名称。

13. 设计一个双缸（夹紧缸、工作缸）系统，其工作循环为：①夹紧缸伸出；②工作缸伸出；③工作缸退回；④夹紧缸退回，且要求完成工作循环后油泵自动卸荷。

14. 如图 3-52 所示液压系统，完成如下动作循环：快进→工进→快退→停止、卸荷。试写出动作循环表，并评述系统的特点。

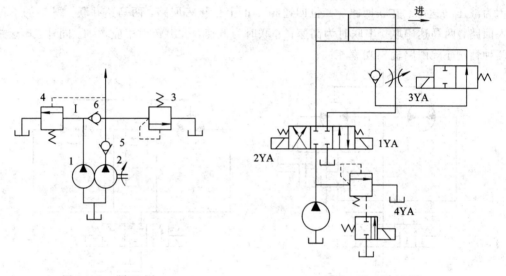

图 3-51　题 12 图　　　　　　　　　　图 3-52　题 14 图

15. 如图 3-53 所示双泵供油回路，液压缸快进时双泵供油，工进时小泵供油、大泵卸载，请标明回路中各元件的名称。

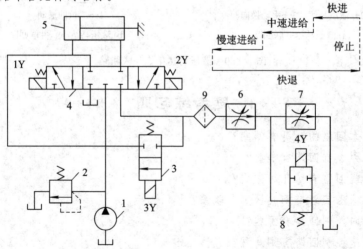

图 3-53　题 15 图

16. 绘出三种不同的卸荷回路,说明卸荷的方法。

17. 试用一个先导型溢流阀、两个远程调压阀组成一个三级调压且能卸载的多级调压回路,绘出回路图并简述工作原理。

18. 分析如图 3-54 所示液压系统,完成如下任务:

(1) 写出元件 2、3、4、6、9 的名称及在系统中的作用。

(2) 填写电磁铁动作顺序表(通电"+",断电"-")。

(3) 分析系统由哪些液压基本回路组成。

(4) 写出快进时的油流路线。

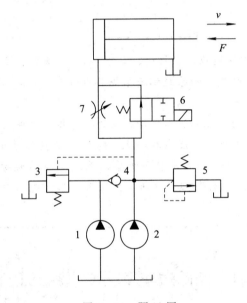

图 3-54 题 18 图

项目四

典型液压传动系统

液压与气压传动广泛地应用在机械、冶金、轻工、建筑、航空、农业等各个领域。各类机械设备的液压系统或气动系统都是根据其工作要求，选用合适的基本回路组成的，其性能特点不尽相同。

通过学习几种典型的液压系统与气动系统，熟悉各种元件的作用和各种基本回路的构成；掌握各典型系统的工作性能和特点，为设备中液压系统与气动系统的调整、使用、维修及设计打下基础。学习典型系统要以系统原理图为对象，从了解设备对系统的要求入手，先按执行元件"划块"分析，再联系各"块"综合分析，总结出系统的性能和特点。

任务 4.1 自卸汽车液压传动系统工作原理

任务目标与分析

自卸汽车是利用汽车本身的发动机动力驱动液压举升机构，将其倾斜一定角度进行卸货，并依靠车厢自重自动落下，使其复位的专用汽车。这里主要介绍自卸汽车液压传动系统的工作原理、基本组成元件、基本回路及工作过程。

通过对典型液压系统(自卸汽车液压传动系统)的学习，了解设备的功用和液压系统工作循环、动作要求。了解系统由哪几种基本回路组成，各液压元件的功用和相互的关系，液压系统的特点。

知识链接

4.1.1 自卸汽车分类及液压传动系统

自卸汽车是一种具有运输、卸载等功能的常用运载工具，自卸汽车液压传动系统主要完成货厢的举升和下落动作，其特点是举升货物较重，系统压力较高。目前，自卸汽车的种类很多。图 4-1 为普通自卸汽车结构组成与实物图。

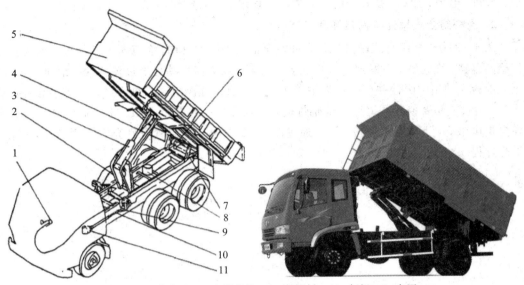

1—液压倾斜操作装置；2—倾斜机构；3—液压油缸；4—杠杆；5—车厢；
6—后铰链支座；7—安全撑杆；8—油箱；9—油泵；10—传动轴；11—取力器

图 4-1　普通自卸汽车结构组成与实物图

1. 自卸汽车的分类

目前，自卸汽车应用相当广泛，随着我国建设速度加快，对自卸汽车的需求量越来越大，自卸汽车的种类也越来越多。

自卸汽车按其用途可分为两大类。一类属于非公路运输用的重型和超重型自卸车，装载重量一般在 20 t 以上，主要承担大型矿山、水利工地等运输任务，通常与挖掘机配套使用，这类自卸汽车称为矿用自卸车。矿用自卸车的长度、宽度、高度及载荷等不受公路法规的限制，但只能在矿山、工地或指定的地方使用。另一类自卸汽车属于公路运输车辆，分为轻、中、重型自卸汽车，装载重量一般在 2～20 t，主要承担砂石、泥土、煤炭等松散物质的运输，通常与装载机配套使用，这类自卸汽车称为普通自卸车。

自卸汽车按货厢倾卸方式可分为：后倾式自卸车、侧倾式自卸车、三面倾卸式自卸车三种。后倾式自卸车为车厢向后倾翻卸货；侧倾式自卸车为车厢向左或向右倾翻卸货；三面倾卸式自卸车为车厢可以向左右两侧和向后三个方向倾翻卸货。其中后倾式自卸车应用较普遍。

各种形式的汽车底盘都可以制造成自卸车，因此自卸车可根据底盘类型来分类，如斯泰尔王自卸车、HOWO 自卸车、解放自卸车、东风自卸车、五十铃自卸车、日野自卸车、日产柴自卸车、奔驰自卸车等。

有些自卸车针对专门用途而设计，故又称为专用自卸汽车，如摆臂自卸车、自装卸垃圾车、底漏自卸汽车、三开门自卸汽车、五开门自卸汽车等。

自卸汽车根据载重量可分为轻型自卸车、中型自卸车和重型自卸车。一般轻型自卸车装卸重量小于 3.5 t；中型自卸车装载重量大于 3.5 t，小于 8 t；装载重量大于 8 t 的都属于重型自卸车。近几年在公路运输中重型汽车占主导地位，重型汽车载重量为 8～40 t，驱动形式有 4×2、4×4、6×2、6×4、6×6、8×4、10×10、12×12 等多种，广泛应用于公路运输、水利、电力、油田、矿山、港门等大型工程建设的货物运输中。

2. 连杆组合式举升机构自卸汽车液压系统

图4-2为连杆组合式举升机构自卸汽车液压系统原理图。汽车发动机运转后，其动力传给离合器、变速器，在变速器接口安装取力器，取力器将动力通过传动轴传给油泵6，油泵6旋转入油箱中吸油并产生压力油输出，压力油经过换向阀3进入油缸下腔，推动活塞上升，通过三角臂使车厢绕后铰链轴旋转，车厢倾斜一定角度完成卸料，卸完料后，车厢在自重作用下，下降至复原位。下面通过图4-2中的3个位置分别介绍车厢举升、中停、下降过程。

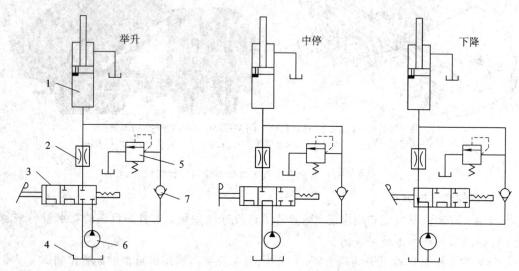

1—举升缸；2—节流阀；3—换向阀；4—油箱；5—溢流阀；6—油泵；7—单向阀

图4-2　连杆组合式举升机构自卸汽车液压系统原理

1）举升

换向阀3处于举升位置，油泵6将高压油通过单向阀7进入油缸下腔，活塞杆上升通过三角连杆机构使车厢后翻，直到活塞上的换向阀打开，油泵6输出的压力油流回油箱，停止举升，溢流阀用来调节系统最大压力。

2）中停

换向阀处于中停位置，油泵输出的油液在换向阀内部卸荷，无压力，油缸内油液无压力，不能举升油缸，同时油缸内油液已封闭，因此自卸车处于中停，车厢为静止状态。

3）下降

换向阀处于下降位置，油缸下腔油路与油箱相通，车厢在自重作用下，活塞下移，油缸下腔油液经节流阀2流回油箱，下降速度可用节流阀调节，这个过程中可以让油泵停止转动。

3. 自卸汽车多级缸液压系统

图4-3为前顶式多级缸液压系统组成。该系统通过驾驶室内工作人员控制取力器，取力器取力后通过传动轴带动油泵转动，再操纵气控阀控制换向阀换向，使油缸进油或回油，实现自卸车上升、中停和下降。图4-4为前顶式多级缸举升机构自卸车液压原理图。

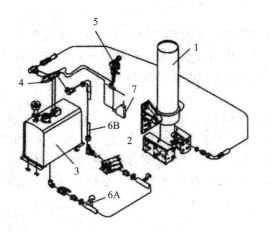

图 4-3　前顶式多级缸液压系统组成

1—液压油缸及支架；
2—液压油泵；
3—液压油箱；
4—液压举升阀；
5—安装在驾驶室内的气控阀；
6A—低压油管；
6B—高压油管；
7—气控限位阀

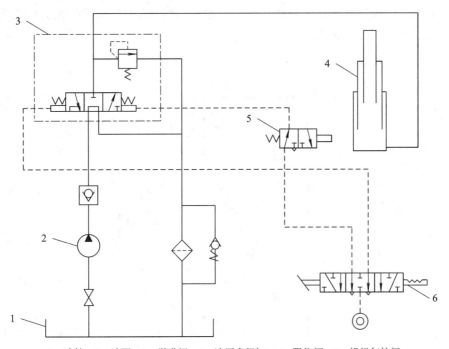

1—油箱；2—油泵；3—举升阀；4—液压多级缸；5—限位阀；6—操纵气控阀

图 4-4　前顶式多级缸举升机构自卸车液压原理

1）举升

将操纵气控阀 6 扳至"举升"位置，即气控阀 6 手柄左推按左方框位置进气，这时压缩空气通过限位阀 5 进入举升阀 3 中的换向阀右端，推动阀芯左移，阀 3 通路由右方框显示，这时油泵 2 输出压力油，经过单向阀、换向阀进入多级缸 4 的下腔，推动多级缸活塞上移，上移到一定位置，碰限位阀，使限位阀阀芯左移，切断控制气路，多级缸活塞上升停止，举升阀中的溢流阀调节系统最高压力。气控限位阀与液压举升阀 3 中的溢流阀一起对液压缸进行双重保护。

2）中停

将气控阀6扳至"中停"位置，即气控阀6中间方框显示的位置，这时压缩空气进不到举升阀3中的换向阀两端，举升阀3处于中间方框位置，这时油泵输出的油液经举升阀3的中间位置直接流出油箱，多级缸下腔油液密封。油缸保持原位置不动，处于中停状态。

3）下降

将气控阀6扳到"下降"位置，即气控阀6右边方框显示的位置，压缩空气进到举升阀3中的换向阀左腔，举升阀3中的换向阀左方框显示该状态，这时油泵2输出的油液及多级缸里的油液经散热器排回油箱，多级缸活塞在货厢自重作用下下降。当然这个过程最好通过操纵取力器使油泵不转，油缸油直接排回油箱。摆臂式自装卸汽车货厢的吊装、吊卸和倾卸功能均依靠液压传动实现。

4. 自卸汽车液压传动系统简图

如图4-5所示为自卸汽车液压传动系统简图。图中手动控制阀由二位二通手动换向阀和溢流阀组成，控制液压缸举升和下落，实现汽车货厢的举升和下降。溢流阀起安全保护作用；限位阀又叫机动阀或行程阀。

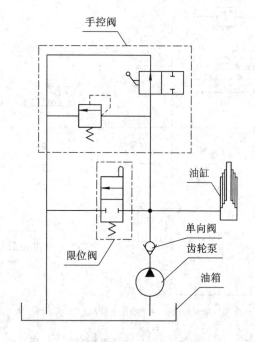

图4-5　自卸汽车液压传动系统简图

自卸汽车简化液压传动系统由液压泵、单向阀、手控举升控制阀（手动换向阀和溢流阀）、液压缸、限位阀（又叫行程阀或机动阀）和油箱等组成。其工作原理是：当手控阀处于图4-5所示左位工作时，压力油经单向阀、手控阀直接回油箱；当手动换向阀换至右位工作时，手控阀油路断开，压力油进入多级伸缩油缸，油缸动作顶起货厢，其组合阀中的溢流阀起安全保护作用；当液压系统的压力超过该阀调定压力时，溢流阀打开，压力油经溢流阀流回油箱，起到过载保护作用；当货厢举到最高点时，撞击限位阀（行程阀）顶杆，限位阀换向，压力油经限位阀流回油箱，泵卸货，货厢在重力作用下下降。

4.1.2 自卸汽车液压系统

1. XN - 443 型摆臂式自卸汽车

图 4 - 6 为 XN - 443 型摆臂式自卸汽车的液压传动原理图。

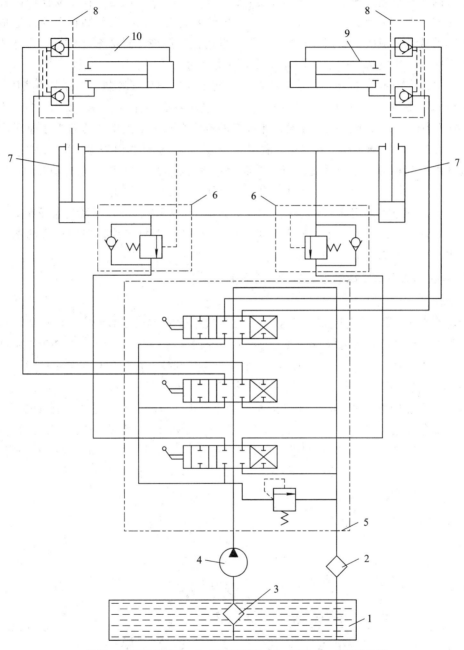

1—油箱；2—回油过滤器；3—吸油过滤器；4—油泵；5—多路换向阀；
6—单向平衡阀；7—摆臂液压缸；8—液压锁；9、10—支腿液压缸

图 4 - 6 XN - 443 型摆臂式自卸汽车的液压传动原理图

汽车发动机动力经变速器取力器驱动油泵 4 工作。油泵 4 将油箱 1 的油液通过吸油过滤器 3 吸入油泵 4 加压输送到多路换向阀 5。多路换向阀 5 由三个六通手动换向阀、一个单向阀和一个溢流阀组成。三个手动换向阀分别控制摆臂液压缸 7(共两个)、左右支腿液压缸 9 与 10。在手动换向阀和摆臂液压缸之间的油路上串联了单向平衡阀 6，用以防止摆臂工作时因货厢自重加速下落造成的冲击，以保证工作平稳、安全。在手动换向阀和支腿液压缸之间的油路上串联了双向液压锁 8。液压锁 8 能防止因换向阀磨损等原因造成的内泄漏或其他故障造成的外泄漏；可防止汽车行驶时因支腿液压缸活塞杆自行下滑造成的事故或在支腿液压缸支撑时因活塞杆自行回缩而发生的"软腿"事故。

XN - 443 型摆臂式自卸汽车液压系统采用两个换向阀分别控制左、右支腿液压缸，是考虑因地面不平需要分别调整支腿液压缸，来满足车身必须保持水平的要求。多路换向阀 5 油路中的溢流阀是用来控制摆臂式自卸汽车的额定载荷的。当货厢的总重量超过设计值时，液压系统内压增加到超过额定值，溢流阀开通，起到了过载保护的作用。此外，当液压系统内部由于某种原因造成系统内压上升而超过额定值时，溢流阀也能自动开启，实现减压和限压作用。因此，溢流阀还起到保护液压元件正常工作的作用。

摆臂自卸汽车多采用高压、高速齿轮泵，如 CBN、CBX、CBZ 等系列齿轮泵。支腿液压缸配用的双向液压锁的常用型号为 DDFY - L8H - O。摆臂工作回路中设置的单向平衡阀的常用型号为 BQ223。

2. 具有动力下降功能的重载自卸车液压系统

1) 概述

随着汽车工业设计、制造水平的提高，自卸汽车的载重量逐步增大，且装载物料品种亦愈加繁杂。有些特殊物料(如黏土、湿沙、矿粉、淤泥等)安息角较大，自卸汽车货厢的倾卸举升角度需要达 55°±5°，最大时达 70°才能把物料卸掉。尤其是某些矿用自卸汽车货厢采用翘尾式或铲斗形的，装载特殊物料倾卸举升状况更为明显。按照一般的自卸汽车液压系统情况，货厢的倾卸举升角在 50°左右，需要下降时，货厢靠自重落下，能够实现。但是货厢的倾卸角度达 70°时，货厢靠自重却不能落下，如图 4 - 7 所示。这就要求自卸汽车液压系统当将货厢举升至 70°物料卸毕后，还应再施一附加动力，强制将货箱拉回一定角度，然后再靠货厢自重下降至复位，故系统及元件需要特殊设置才能实现。

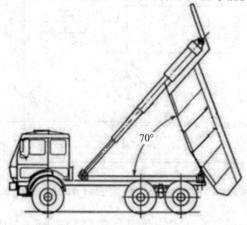

图 4 - 7　货厢靠自重却不能落下

2）具有动力下降功能的液压系统

具有动力下降功能的液压系统原理如图 4-8 所示。该系统需要的液压缸为末级双作用的多级套筒式，A、B 两进油口通过末级缸里端的活塞分开。系统的换向阀为四位四通式阀，该系统操纵方式为气控式（亦可为机械式），气源接至自卸汽车储气筒的压缩空气。

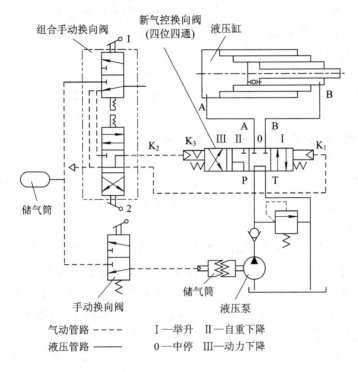

图 4-8　具有动力下降功能的液压系统原理

图 4-8 中下部的手动换向阀控制取力器结合与分离，使其驱动液压泵的工作与停止。上部的组合手动换向阀控制新气控换向阀，进行举升、下降、中停等工作。

（1）举升。当自卸车需要举升货厢倾卸货物时，首先启动液压泵，因为还没有操纵组合手动换向阀，没有压缩空气进入新气控换向阀，该阀在弹簧复位位置。液压泵输出的液压油经此换向阀的 M 型功能通道回路流回油箱。液压泵为空载启动。此时液压泵继续运转，然后操纵组合手动换向阀的手柄 2，使 K_1 进气，新气控换向阀的 I 位置进入工作。液压泵输出的液压油通过新气控换向阀进入液压缸的 A 腔，压力油推动液压缸的各级缸筒依次伸出，举升货厢。

（2）动力下降。当自卸车需要落下货箱下降时，操纵组合手动换向阀的手柄 2 使 K_2 进气，新气控换向阀的 III 位置进入工作。液压油通过新气控换向阀进入液压缸的 B 腔（A 腔的液压油通过新气控换向阀回油箱），具有一定压力的液压油进入 B 腔，产生作用力把液压缸伸出的末级强制拉回，带动货厢返回，实现货厢的动力下降。

（3）自重下降。货箱动力下降完后，液压缸的各级已经缩回约 1/3。货箱重心角度位置发生变化，靠自重能使货箱返回。同时操纵组合手动换向阀的手柄 1 和手柄 2，使 K_2、K_3 同时进气，新气控换向阀的 II 位置进入工作。液压缸内的油经该阀流回油箱，货箱返回至初始位置（复位）。

（4）中停。图示 0 位置为中停位置，操纵组合手动换向阀的手柄 1 和手柄 2，使 K_1、K_2、K_3 都没有压缩空气进入，新气控换向阀通过弹簧对中作用，进入 0 位置工作，液压缸的 A 腔 B 腔同时关闭，液压缸伸、缩动作停止。这样使汽车货厢无论在举升或下降进行中，均能在任意位置暂停。暂停时取力器不用脱挡。

（5）限位。自卸车货厢的举升限位靠液压缸内部的限位阀杆实现，当液压缸举升至最大位置时，限位阀杆碰到末级缸外一级的缸筒内的端面，将限位阀打开，液压缸停止举升。起到限位保护系统的功能。

（6）过载保护。当举升中系统压力超过安全压力值时，压力油打开新气控换向阀的溢流装置，溢流进入工作，使系统压力控制在安全压力以下，起到溢流、安全保护系统的功能。

3. 220 t 电传动矿用自卸车全液压制动系统

220 t 电传动矿用自卸车作业效率高，运营成本低，具有中小型设备无法比拟的优势，广泛应用于大型露天矿山。220 t 电传动矿用自卸车自重达 170 t，满载后的总质量达 390 t，而且其行走速度也达到 48 km/h，这就要求自卸车必须具有非常可靠的制动。

1）制动工况分析

矿用自卸车有机械传动和电传动两种方式，电传动通过驱动电动机经行星减速器减速后驱动后轮，电动机直接安装在后桥内。因此，国内外大型电传动矿用自卸车普遍采用前轮为轮速制动，后轮为枢速制动（制动器装在电动机的轴上），制动器一般采用全液压钳盘式制动器或者湿式制动器。湿式制动器需要专门的冷却油路，而钳盘式制动器可以风冷，后制动器由于安装在后桥内，不利于散热，因而需要强制冷却，以防止制动器因温度过高而失效。由于电动机也需要冷却，前后制动器都采用钳盘式制动器，前制动为单盘（盘径 160 mm）4 钳，为防止后制动器过热而失效，后制动器采用双盘（盘径 635 mm）制动器，1 钳/盘，停车制动器采用弹簧制动钳，安装在后制动器上。

由于后制动的输出力矩经过减速器（传动比为 31.8）放大，后制动所需要的力矩较小，因而后制动最大压力为 8 MPa，流量只有 30 L/min，而前制动流量达到 200 L/min，压力高达 13 MPa。

2）全液压制动系统方案

大型电传动自卸车一般具有工作制动、停车制动、紧急制动和制动锁定等功能。工作制动为车辆行驶时的制动；停车制动用于车辆停止后固定住车辆，特别是当自卸车停在坡上时；制动锁定用于车辆装载或卸载时固定住车辆。为提高系统的可靠性，大型电传动自卸车一般都具有次级工作制动，保证系统在某制动部分故障时，仍可以安全停车。

（1）工作制动。工作制动采用双路制动系统，如图 4 - 9 所示，前后制动器各由一个蓄能器供油，以双路踏板阀 15 作为先导阀，控制继动阀 18、21，实现工作制动。继动阀不但可以实现流量的放大，而且可实现多种压力转换（输出压力与控制压力的比例有多种可以选择），便于系统的设计和制动器的选择。另外，设置制动锁定压力开关 17 来实现制动与推进互锁，同时控制刹车指示灯。

双路踏板阀 15 是一个压力随动阀，根据驾驶员踩下踏板行程的大小来控制阀口的开度，由于采用了压力反馈，脚踩的力决定了其输出压力的大小，而继动阀 18、21 可以实现

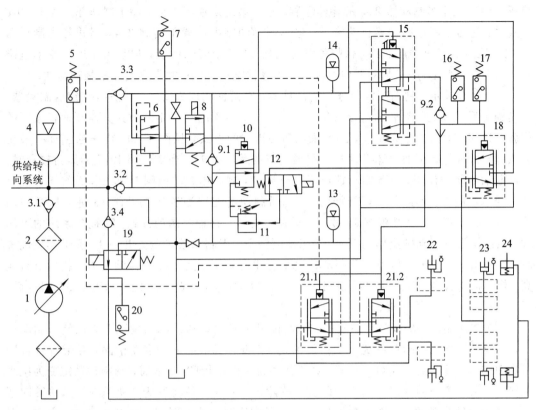

1—变量泵；2—高压滤油器；3—单向阀；4—转向蓄能器；5—系统压力开关；6、9—梭阀；7—制动压力开关；
8—电磁阀；10—三通顺序阀；11—三通减压阀；12—制动锁定电磁阀；13、14—制动蓄能器；15—双路踏板阀；
16—刹车灯开关；17—制动锁定压力开关；18、21—继动阀；19—停车制动电磁阀；20—停车制动压力开关；
22—前轮制动器；23—后制动器；24—停车制动器

图 4-9　大型矿用自卸车全液压制动系统原理

制动器的压力与踏板阀 15 的开度，即输出压力成比例，这样通过操纵踏板就可以决定制动压力，实现了操作人员的精确控制。制动蓄能器 13、14 有两个功能，一是存储用于转向蓄能器失灵时备用制动的能量；二是提高制动系统的响应速度。

（2）停车制动。停车制动采用弹簧制动器，制动力由弹簧施加液压解除，一般采用电磁阀或者手动换向阀控制，为便于布置元件，采用电磁阀控制。为实现制动与推进的互锁，设置停车制动压力开关 20，只有当停车制动压力开关 20 断开后，行驶才可以进行，当停车制动时，停车制动电磁阀 19 的线圈断电，停车制动器内油压降低，压力开关 20 闭合，行驶中断。停车制动电磁阀 19 由车辆钥匙开关和停车制动开关控制，而且只有钥匙开关置于 ON 位置，发动机运转后，停车制动压力开关 20 才可起控制作用。当钥匙开关置于 OFF 位置时，停车制动电磁阀 19 断电。当停车制动压力开关 20 置于 ON 位置时，停车制动电磁阀 19 断电，停车制动器 24 接通油箱，在弹簧的作用下实现停车制动。为防止车辆未停止时停车制动器施加，设置车轮电动机速度传感器，来检测自卸车的行驶速度，如果车速高于 0.5 km/h，停车制动器将不会施加。这样可以免除意外施加对停车制动器的损坏，并延长了制动器的调整间隔。当停车制动开关置于 OFF 位置时，停车制动电磁阀 19 通电，系统压力油进入停车制动器 24，解除停车制动。当系统供油压力低，停车制动开关置于 OFF 位置时，为防止停车制动器自动施加，停车制动油路内设置单向阀 3.4，阻止停车制动器 24 内的压力油流回供油油路，保持停车制动器 24 处于解除位置，但是由于停车制动电磁阀 19 存在内泄漏，停车制动器内的油液会慢慢泄漏回油箱，并最终使停车制动施加。

（3）制动锁定。制动锁定只施加后制动器，有两种实现方式：一是直接锁定后制动器；二是锁定后继动阀，然后通过该阀锁定后制动器。由于间接锁定的方式只需要通径很小的阀就可以实现，而且容易布置，因此采用间接锁定的方式，见图 4-9。由于后制动一般压力较低，为避免高压油损坏继动阀 18，增设三通减压阀 11，当继动阀 18 反馈压力较高时，该阀起溢流阀的作用。按下制动锁定压力开关 17，制动锁定电磁阀 12 通电，系统压力油经过三通减压阀 11 减压后，压下继动阀 18，后制动蓄能器油压经继动阀 18 进入后桥制动器，实现制动锁定。当踏板阀 15 故障时，它还提供一种辅助制动方式。为提高系统的可靠性，该系统设置制动锁定压力开关 17 来检测锁定。当制动锁定压力开关 17 置于 ON 位置时，如果制动锁定施加压力低于制动锁定压力开关 17 设定压力，则制动压力低指示灯将点亮，蜂鸣器将打开。为避免系统误报警，设置延时继电器，制动锁定压力开关 17 闭合后，延时 1～2 s 后，系统才报警。

（4）次级制动。次级制动系统的主要功能是在发生单独故障的情况下提供储备制动功能，次级系统就是故障后系统可工作的油路。因此，将系统分为多条油路，并带有各自的隔离单向阀、蓄能器和油路调节器。如果故障是双路踏板阀 15 卡滞，则制动锁定变为次级系统。如果两条制动油路中的任一条发生故障，则另外一条将变为次级系统。如果转向蓄能器 4 的油路出现故障，则单向阀 3.2、3.3 可防止制动蓄能器 13、14 内的压力油倒流，保证制动系统有足够的能量进行制动。在变量泵 1 和转向蓄能器 4 之间的油路上设置单向阀 3.1，如果供油中断，可防止系统压力损失。

（5）自动紧急制动与制动压力低报警。可通过梭阀 6、制动压力开关 7 和三通顺序阀 10 实现，梭阀 6 获取前后两制动蓄能器 13、14 的较低压力，压力开关 7 设定系统报警压力，三通顺序阀 10 设定自动紧急制动压力。当梭阀 6 获取的压力低于制动压力开关 7 设定压力时，系统报警；如果这个压力继续降低，低于三通顺序阀 10 的设定压力时，顺序阀 10 复位，制动蓄能器的压力油进入梭阀 9.1，压力较高的油液进入踏板阀 15 的控制腔，压下踏板阀，所有制动器加载，实现全面制动。

（6）紧急制动。紧急制动是车辆行驶时，遇到紧急情况下所进行的制动。在梭阀 6 和三通顺序阀 10 之间增设电磁阀 8，该阀由紧急制动按钮控制。当按下紧急制动按钮时，电磁阀 8 动作，三通顺序阀 10 复位，压下踏板阀，实现所有制动器制动。

（7）系统压力低报警。当转向蓄能器 4 压力低于系统压力开关 5 设定值时，点亮转向压力低指示灯和制动压力低指示灯，制动压力低报警器报警。

任务实施

如图 4-10 所示为拉门的自动开闭回路，这种形式的自动门是在门的前后装有略微浮起的踏板，行人踏上踏板后，踏板下沉至检测阀，门就自动打开；行人走过后，检测阀自动复位换向，门自动关闭。试分析其工作原理。

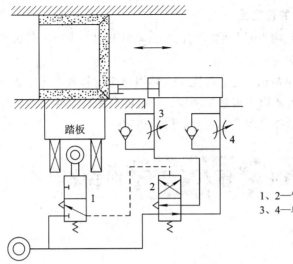

1、2—气动换向阀(检测阀);
3、4—单向节流阀

图 4 - 10　拉门的自动开闭回路

知识拓展

1. 自卸汽车的整车型式

自卸汽车的整车型式是指其轴数、驱动型式、布置型式及车身(包括驾驶室)型式。它对自卸汽车的使用性能、外形尺寸、质量、轴荷分配和制造等方面影响很大。

普通自卸汽车,一般是在同吨位的载货汽车二类底盘的基础上改装而成的。利用载货汽车除车厢以外的各总成(底盘的个别部分稍加改动),附以专门制造的车厢、副车架、倾卸机构和动力输出装置等。因此,自卸汽车的整车质量有所增加,装载质量稍有减少,而其总质量和轴荷分配等基本与原载货汽车相同。

矿用器械汽车的装载质量大,使用条件恶劣,一般无法采用普通载货汽车改装,汽车的底盘需要专门制造。

2. 自卸汽车的主要性能参数

普通自卸汽车和专用自卸汽车均要满足汽车的一般性能要求,下面介绍自卸汽车的部分参数。

(1) 容积利用系数。容积利用系数即单位容积的装载质量,是用来确定自卸汽车车厢容积的参数。它主要是由车辆的使用情况和所运送货物的种类来决定的。

(2) 质量利用系数。质量利用系数是指自卸汽车装载质量与整备质量(带有全部装备、加满油和水的空车质量)之比。随着自卸汽车技术的发展、道路条件的改善和轻质材料应用的增加,自卸汽车的质量利用系数在不断提高。德国汉诺莫克·亨谢尔 F86 型汽车的质量利用系数已高达 2.3。

(3) 车厢最大举升角、举升时间和降落时间。车厢最大举升角即车厢最大倾斜角,是指车厢举升至极限位置时,车厢底部平面与地平面之间的夹角。车厢举升时间是指车厢满载时,从举升车厢开始至车厢举升到最大举升角的时间,一般为 15～25 s。车厢降落时间是指车厢卸完货物后,开始下降至完全降落到车架上时的时间,一般为 8～15 s。

3. 自卸汽车侧向卸货时的稳定性

自卸汽车侧向卸货时的稳定性是指侧倾式自卸汽车卸货时，货物和车厢的质心均向卸货一侧转移，自卸汽车保持横向稳定性的能力。

自卸汽车为了避免翻车事故的发生，必要时应采用相应的补救措施，增强自卸汽车横向卸货的稳定性。在结构上可采取提高悬架刚度，安装横向平衡装置，或在侧面车架上装置可伸缩的支腿等措施，来增强自卸汽车自身的横向稳定性。

任务 4.2　压力机液压传动系统

任务目标与分析

压力机是锻压、冲压、冷挤、校直、弯曲、粉末冶金、成形、打包等工艺中广泛应用的压力加工机械，是最早应用液压传动的机械之一。本任务主要介绍压力机液压传动系统的工作原理、组成元件、系统常见故障以及排除故障的方法。

通过对压力机液压系统的学习和分析，进一步加深对各个液压元件和基本回路综合应用的认识，并学会进行液压系统分析的方法，为液压系统的设计、调整、使用、维护打下基础。

知识链接

4.2.1　压力机的结构与分类

液压压力机又称液压成形压力机，是一种利用液体静压力来加工金属、塑料、橡胶、木材、粉末等制品的机械。它常用于压制工艺和压制成形工艺，如锻压、冲压、冷挤、校直、弯曲、翻边、薄板拉伸、粉末冶金、压装等。压力机液压系统是一种以压力变换为主的中、高压系统，其特点是压力高、流量大。

液压机有多种型号规格，其压制力从几十吨到上万吨。用乳化液作介质的液压机被称做水压机，其产生的压制力很大，多用于重型机械厂和造船厂等。用石油型液压油作介质的液压机被称做油压机，其产生的压制力较水压机小，在许多工业部门得到广泛应用。

液压机多为立式，其中以四柱式液压机的结构布局最为典型，应用也最广泛。图 4-11 为液压机外形图。液压压力机主要由机架、液压系统、冷却系统、加压油缸、上模及下模等组成。加压油缸装在机架上端，并与上模连接，冷却系统与上模、下模连接。其特征在于机架下端装有移动工作台及与移动工作台连接的移动油缸，下模安放在移动工作台的上面。

为了满足大多数压制工艺的要求，上滑块 4 应能实现"快速下行→慢速加压→保压延时→快速返回→原位停止"的自动工作循环。下滑块 6 应能实现"向上顶出→停留→向下退回→原位停止"的工作循环。上下滑块的运动依次进行，不能同时动作。压力机液压系统以压力控制为主，系统压力高，流量大，功率大，尤其要注意如何提高系统效率和防止产生液压冲击。

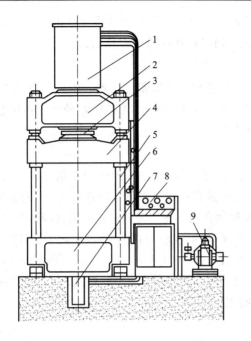

1—充液筒；
2—上横梁；
3—上液压缸；
4—上滑块；
5—立柱；
6—下滑块；
7—下液压缸；
8—电气操纵箱；
9—动力机构

图 4-11　液压机外形图

4.2.2　压力机液压传动系统的工作原理

压力机液压传动系统的工作原理如图 4-12 所示。该液压系统由液压泵 1、溢流阀 2、三位四通电磁换向阀 3、液控单向阀 4、二位二通电磁换向阀 5、顺序阀 6、调速阀 7、压力继电器 8、压力表 9、液压缸 10 及油箱等组成。

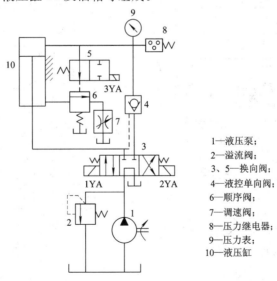

1—液压泵；
2—溢流阀；
3、5—换向阀；
4—液控单向阀；
6—顺序阀；
7—调速阀；
8—压力继电器；
9—压力表；
10—液压缸

图 4-12　压力机液压传动系统工作原理

该系统主要实现液压缸的快速下行、保压和卸压并快速回程等动作，其工作原理如下。

1. 快速下行

当 2YA、3YA 通电时，液压泵 1 提供的压力油经三位四通电磁换向阀 3（右位工作）、液控单向阀 4 进入液压缸 10 的上腔，液压缸 10 下腔的液压油经换向阀 3 流回油箱，液压缸 10 完成下降的动作。此时，二位二通电磁换向阀 5 右位断开。

2. 保压

当液压缸 10 上腔的压力达到压力继电器 8 的调定值时，压力继电器 8 发出信号，使 2YA 断电，电磁换向阀 3 回复中位，使液压缸 10 上、下两腔均处于封闭状态，从而实现保压。同时液压泵 1 经换向阀 3 中位卸荷。

3. 卸压并快速回程

保压结束后，1YA 通电，电磁换向阀 3 左位工作，此时由于液压缸 10 上腔没有泄压，而 3YA 断电，液压缸 10 上腔高压油通过换向阀 5 作用在顺序阀 6 上，打开顺序阀 6，使液压泵 1 输出的液压油通过顺序阀 6 和调速阀 7 流回油箱。通过调整调速阀 7 可以使泵的压力不足以使活塞回程，又可以使液控单向阀 4 反向打开，使液压缸 10 上腔泄压。泄压过程中，液压泵 1 处于低压循环状态，当液压缸 10 上腔压力降至低于顺序阀 6 的设定压力时，顺序阀 6 断开，液压泵 1 输出的油液压力上升，通过控制油路打开液控单向阀 4 的主阀芯，使液压缸 10 上腔回油畅通，活塞回程。

任务实施

试写出如图 4-13 所示液压系统的动作循环表，并评述这个液压系统的特点。

解： 该液压系统的动作循环表如表 4-1 所示。

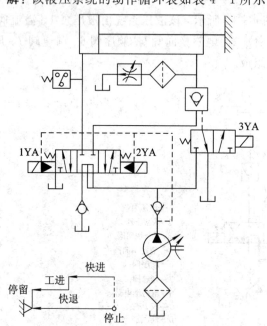

图 4-13 压力机液压系统

表 4-1 液压系统的动作循环表

电磁铁 动作	1YA	2YA	3YA
快进	+	−	+
工进	+	−	−
停留	+	−	−
快退	−	+	−
停止	−	−	−

这是单向变量泵供油的系统，油泵本身在可变速、工进过程中，可以通过调速阀配合调速。执行机构为活塞杆固定的工作缸，通过三位五通电液换向阀换向。实现快进、工进、停留、快退、停止的工作过程如下。

快进时：1YA 通电，液压油进入工作缸的左腔，推动缸筒向左运动，由于 3YA 也通电，液控单向阀有控制油，工作缸右腔的油经过三位换向阀也进入工作缸左腔，油缸实现差动快进。

工进时：3YA 断电，油缸右腔的回油经调速阀流回油箱，缸筒以给定的速度工进，可实现稳定调速。

工进到终点，缸筒停留短时，压力升高，当压力继电器发出动作后，1YA 断电，2YA 通电，由液压泵输出的压力油经液控单向阀进入缸筒右腔，推动缸筒快速退回。退回至终点停止。

知识拓展

1. 读懂 YB32‑200 压力机液压系统原理图

图 4‑14 所示为 YB32‑200 压力机液压系统图。系统由高压、大流量恒功率泵（主泵 1）供油，最大工作压力为 32 MPa，由远程调压阀 5 调定，阀 4 防过载；辅助泵 2 是低压、小流量定量泵，主要控制系统油液，其压力由溢流阀 3 调整。

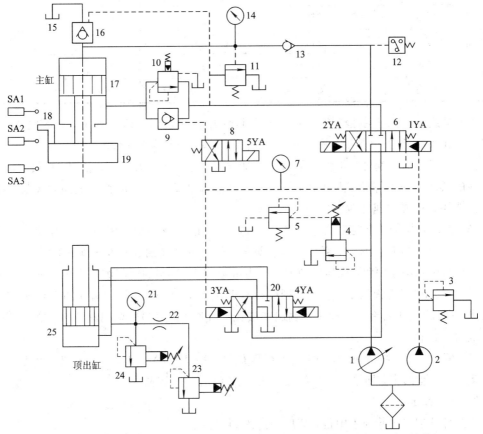

1—主泵；2—辅助泵；3、4、24—溢流阀；5—远程调压阀；6、20—电液换向阀；7、14、21—压力表；
8—电磁换向阀；9—液控单向阀；10、23—背压阀；11—顺序阀；12—压力继电器；13—单向阀；15—补油箱；
16—充液阀；17—主缸；18—主缸滑块挡铁；19—主缸滑块；22—节流器；25—顶出缸

图 4‑14　YB32‑200 压力机液压系统图

现以一般的定压成型压制工艺为例，说明该系统工作原理。

1) 主缸运动

(1) 快速下行：按照表4-2的动作，按下启动按钮，1YA、5YA通电，打开换向阀6(右位)→阀8→液控单向阀9。液压油经泵1→换向阀6(右位)→单向阀13向主缸17供油，主缸17下腔的油液经液控单向阀9→阀6(右位)→阀20(中位)→油箱。主缸滑块19在自重作用下快速下降，上腔形成的局部真空由补油箱15向单向阀(充液阀)16补油。

表4-2 动作顺序表

动作名称		信号来源	电 磁 铁				
			1YA	2YA	3YA	4YA	5YA
主缸	快速下行	按钮	+	−	−	−	+
	慢速加压	SA2	+	−	−	−	−
	保压	压力继电器	−	−	−	−	−
	泄压回程	时间继电器(按钮)	−	+	−	−	−
	停止	SA1	−	−	−	−	−
顶出缸	顶出	按钮	−	−	+	−	−
	退回	按钮	−	−	−	+	−
	停止	按钮	−	−	−	−	−
	压边	按钮	+	−	+/−	−	−

(2) 慢速加压：当主缸滑块挡铁18压下行程开关SA2时，5YA断电，阀8复位，阀9关闭，主缸回油经背压(平衡)阀10→阀6(右位)→阀20(中位)→油箱。

由于回油路上有背压，滑块单靠自重不能下降，主缸压力升高，充液阀16关闭。当主缸活塞的滑块抵住工件后，主缸上主缸腔压力进一步提高，泵1的输出流量自动减小，此时主缸滑块以极慢的速度对工件加压。

(3) 保压：当主缸上腔压力达到压力继电器12的调整值时，压力继电器发出信号使1YA断电，阀6复位(中位)，系统保压。即泵1输出的液压油经阀6→阀20(中位)卸荷。

(4) 卸压并快速回程：保压结束时，压力继电器12控制的时间继电器发出信号，使电磁铁2YA通电(当定程压制成型时，则由行程开关SA3发出信号)，阀6的左位工作经阀16液控口回油至补油箱15。即泵1输出的液压油经阀6(左位)→单向阀9→主缸17下腔，使主缸快速回程。

(5) 停止：当主缸滑块挡铁18压下行程开关SA1时，2YA断电，阀6处于中位，主缸停止运动，回程结束。即泵1输出的液压油经阀6→阀20卸荷。

2) 顶出缸运动

主缸停止时，阀6处于中位，液压油流入阀20。

(1) 顶出：按下启动按钮，阀20左位工作，顶出。

(2) 退回：按下退回按钮，阀20右位工作，退回。

(3) 停止：按下停止按钮，停止。

2. 压力机液压技术的发展

当前液压技术向高压、高速、大功率、高效率、低噪声、高可靠性、高集成化方向发展并取得重大进展，同时在完善比例控制、伺服控制、数字控制和机电一体化方向也取得了许多重大成果。新材料和新介质方向的研究也为压力机液压技术的发展和完善提供了新的动力，当前压力机液压技术的发展主要集中在以下几个方面。

（1）发展集成、交合、小型化和轻量化。随着四柱压力机液压系统复杂化程度的提高，要求压力机具有高可靠性、减少配管、节省安装空间及易维修等特点，必须发展上述类型的压力机。继集成块式、叠加阀式、插装阀式之后，近几年又出现了将控制元件附加在动力元件上的一体化复合液压装置。

（2）发展高性能的液压控制元件，适应机电一体化主机发展的需要。如开发小型和低控功率的阀门、研制适应野外条件的电液比例阀、高响应频率的电液伺服阀、低成本的比例阀及不需要 A/D 和 D/A 转换可直接与计算机接口的数字阀。

（3）以环境保护、安全和满足可持续发展为目标的绿色开发研究。如无污染的纯水压力机液压技术及相关新材料、新工艺的开发和应用研究，降低元件和系统的噪声、减少泄漏和提高密封性能的应用研究。

（4）提高元件和系统的可靠性。提高可靠性是一项系统工程，除科学设计、先进的材料及完善的工艺外，还应注意应用和维护的可靠性，系统的状况监测、故障诊断及降低元件对污染的敏感性。加强污染控制与新型工程材料的应用研究，对提高元件和系统的可靠性有重要意义。

（5）以提高效率、降低能耗为目标的系统匹配设计理论、方法和计算机对压力机液压系统进行自适应控制手段研究。

（6）技术标准化研究。设计的标准化、产品的规范化不但方便用户，也是行业发展所必需的。技术标准化的水平是行业的标志，在该方向上还有艰巨的工作要做。

任务 4.3　组合机床动力滑台液压系统

任务目标与分析

组合机床是由通用部件和部分专用部件组成的高效、专用、自动化程度较高的机床。它能完成钻、扩、铰、镗、铣、攻丝等工序和工作台转位、定位、夹紧、输送等辅助动作，可用来组成自动线，广泛应用于大量成批的生产中。组合机床上的主要通用部件动力滑台是用来实现进给运动的。它要求液压传动系统完成的进给动作是：快进—第一次工作进给—第二次工作进给—止挡块停留—快退—原位停止，同时，还要求系统工作稳定，效率高。

那么液压动力滑台的液压系统是如何工作的呢？

根据动力滑台的工作循环和动作要求，参照电磁铁动作顺序表弄清液流路线，读懂动力滑台液压系统图。

4.3.1 组合机床动力滑台液压系统概述

1. 组合机床 YT4543 型动力滑台液压系统

组合机床是一种在制造领域中用途广泛的半自动专用机床，这种机床既可以单机使用，也可以多机配套组成加工自动线。组合机床由通用部件（如动力头、动力滑台、床身、立柱等）和专用部件（如专用动力箱、专用夹具等）两大类部件组成，有卧式、立式、倾斜式、多面组合式多种结构形式。组合机床具有加工精度较高、生产效率高、自动化程度高、设计制造周期短、制造成本低、通用部件能够被重复使用等诸多优点，因而被广泛应用于大批量生产的机械加工流水线或自动线中，如汽车零部件制造中的许多生产线。

液压动力滑台可以利用液压缸将泵站所提供的液压能转变成滑台运动所需的机械能。它对液压系统性能的主要要求是速度换接平稳，进给速度稳定，功率利用合理，效率高，发热少。图 4 - 15 和图 4 - 16 分别为 YT4543 型动力滑台外观及装有该滑台的组合机床示意图。

图 4 - 15 YT4543 型动力滑台外观

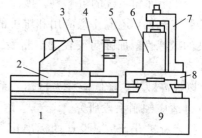

1—床身；2—动力滑台；3—动力头；4—主轴箱；
5—刀具；6—工件；7—夹具；8—工作台；9—底座

图 4 - 16 组合机床示意图

2. 组合机床滑台对液压系统的要求与特点

液压系统种类繁多，工况对液压系统的要求各不相同。以速度变换为主的液压系统（如组合机床系统）的工况要求与特点如下：

（1）能够实现部件的自动循环，生产效率高。

（2）快进与工进时，速度相差较大。

（3）要求速度进给平稳，刚性好，有较大的调速范围。

（4）进给行程终点的重复位置精度高，有严格的顺序动作。

4.3.2 YT4543 型动力滑台液压系统原理分析

1. YT4543 型动力滑台的液压系统原理图

图 4 - 17 为 YT4543 型动力滑台液压系统原理图，该系统采用限压式变量泵供油、电液动换向阀换向、快进由液压缸差动连接来实现。用行程阀实现快进与工进的转换、二位二通电磁换向阀用来进行两个工进速度之间的转换，为了保证进给的尺寸精度，采用了止挡块停留来限位。该动力滑台液压系统最高工作压力可达 6.3 MPa，属于中低压系统。

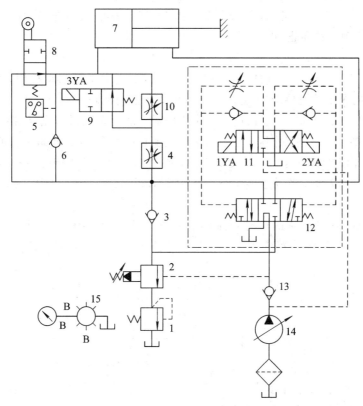

1—背压阀；2—顺序阀；3、6、13—单向阀；4——工进调速阀；5—压力继电器；7—液压缸；8—行程阀；
9—电磁阀；10—二工进调速阀；11—先导阀；12—换向阀；14—限压式变量叶片泵；15—压力表开关

图 4-17　YT4543 型动力滑台液压系统原理图

2. YT4543 型动力滑台液压系统工作过程

表 4-3 为 YT4543 型动力滑台液压系统动作循环表。

表 4-3　YT4543 型动力滑台液压系统动作循环表

动作名称	信号来源	电磁铁动作状态			液压元件工作状态						备注
		1YA	2YA	3YA	顺序阀2	先导阀11	换向阀12	电磁阀9	行程阀8	继电器5	
快进	人工按下启动按钮	+	−	−	关闭	左位	左位	右位	右位	−	差动快进
一工进	行程挡块压下阀8	+	−	−	关闭	左位	左位	右位	左位	−	容积节流
二工进	挡铁压下行程开关	+	−	−	打开	左位	左位	右位	左位	−	容积节流
停止	滑台靠上死挡块	+	−	+	打开	左位	左位	右位	左位	−→+	继电器发信
快退	压力继电器发信	−	+	−	关闭	右位	右位	右位	右位	+→−	缸7小腔工作
原位停	挡铁压下行程开关	−	−	−	关闭	中位	中位	右位	右位	−	系统卸荷

由图4-17和表4-3可知，该液压系统能够实现"快进—工进—停留—快退—停止"的自动工作循环。其工作情况如下。

1）快进

当进给系统需要开始自动加工循环时，人工按下自动循环启动按钮，使电磁铁1YA通电，电液换向阀中的先导阀11左位接入系统，在控制油路驱动下，液动换向阀12左位接入系统，系统开始快进。由于快进时滑台为空载，液压系统只需克服滑台上负载的惯性力和导轨的摩擦力，系统工作压力很低，限压式变量叶片泵14处于最大偏心距状态，输出最大流量，且外控式顺序阀2处于关闭状态，通过单向阀3的正向导通和行程阀8右位接入系统，使液压缸7处于差动连接状态，实现液压缸7快速运动。此时，系统中油液流动的情况如图4-18所示。

进油路：泵14→单向阀13→换向阀12（左位）→行程阀8（右位）→缸7（左腔）；

回油路：缸7（右腔）→换向阀12（左位）→单向阀3→行程阀8（右位）→缸7（左腔）。

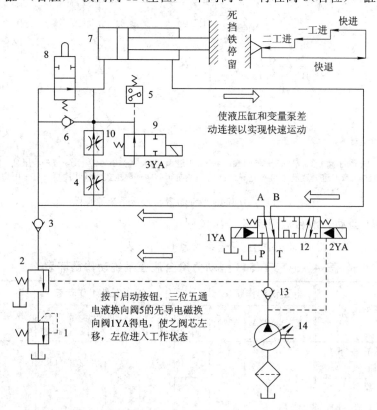

图4-18　快进回路工况

2）工进

当滑台快进到预定位置时（事先已经调好），装在滑台（工作台）前侧面的行程挡块压下行程阀8，使行程阀的左位接入系统，由于3—8之间油路被切断，单向阀6反向截止，压力油只有经调速阀4、电磁阀9的右位后进入液压缸7左腔，由于调速阀4接入系统，造成系统压力升高，系统进入容积节流调速工作方式，使系统第一次工作进给开始。这时，其余液压元件所处状态不变，但顺序阀2被打开；由于压力的反馈作用，使限压式变量叶片泵14输出流量与调速阀4的流量自动匹配。此时，系统中油液流动情况如图4-19所示。

进油路：泵 14→单向阀 13→换向阀 12(左位)→调速阀 4→电磁阀 9(右位)→缸 7(左腔)；

回油路：缸 7 右腔→换向阀 12(左位)→顺序阀 2→背压阀 1→油箱。

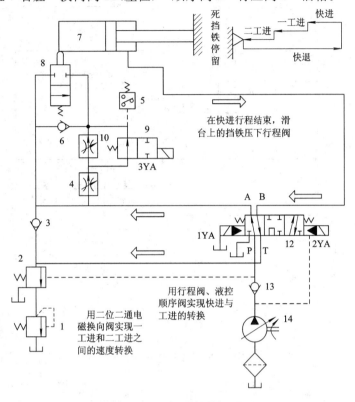

图 4-19　一工进回路工况

3）二工进

当滑台第一次工作进给结束时，装在滑台前侧面的另一个行程挡块压下一行程开关，使电磁铁 3YA 通电，电磁阀 9 左位接入系统，压力油经调速阀 4、调速阀 10 后进入液压缸 7 左腔，此时，系统仍然处于容积节流调速状态，第二次工作进给开始。由于调速阀 10 的开口比调速阀 4 小，使系统工作压力进一步升高，限压式变量叶片泵 14 的输出流量进一步减少，滑台的进给速度降低。此时，系统中油液流动情况如图 4-20 所示。

进油路：泵 14→单向阀 13→换向阀 12(左位)→调速阀 4→调速阀 10→缸 7 左腔；

回油路：缸 7 右腔→换向阀 12(左位)→顺序阀 2→背压阀 1→油箱。

4）进给终点停留

当滑台以第二工进速度行进到终点时，碰上事先调整好的死挡块，使滑台不能继续前进，被迫停留。此时，油路状态保持不变，泵 14 仍在继续运转，使系统压力将不断升高，泵的输出流量不断减少直至与系统(含液压泵)的泄漏量相适应；与此同时，由于流过调速阀 4 和 10 的流量为零，阀前后的压力差为零，从泵 14 出口到缸 7 左腔之间的压力油路段变为静压状态，使整个压力油路上的油压力相等，即缸 7 左腔的压力升高到泵出口的压力，由于缸 7 左腔压力的升高，引起压力继电器 5 动作并发信号给时间继电器(图 4-21 中未画出)，经过时间继电器的延时处理，使滑台停留一小段时间后再返回。进给终点停留工况如图 4-21 所示。滑台在死挡铁处的停留时间通过时间继电器灵活调节。

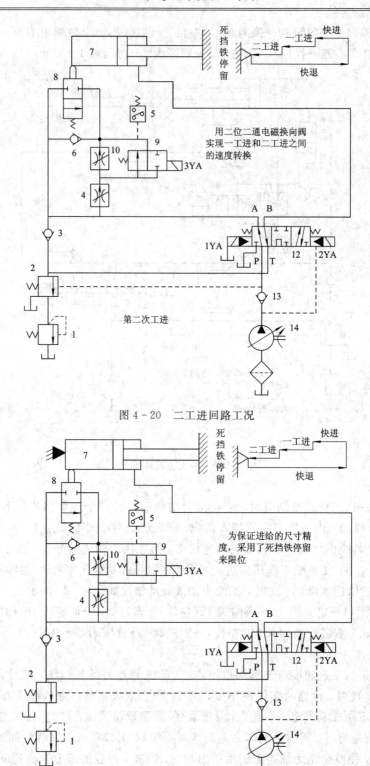

图 4 - 20 二工进回路工况

图 4 - 21 进给终点停留工况

5）快退

当滑台按调定时间在死挡块处停留后，时间继电器发出信号，使电磁铁 1YA 断电、2YA 通电，先导阀 11 右位接入系统，控制油路换向，使换向阀 12 右位接入系统，因而主油路换向。由于此时滑台没有外负载，系统压力下降，限压式变量叶片泵 14 的流量又自动增至最大，缸 7 小腔进油、大腔回油，使滑台实现快速退回。此时，系统中油液的流动情况如图 4-22 所示。

进油路：泵 14→单向阀 13→换向阀 12（右位）→缸 7 右腔；

回油路：缸 7 左腔→单向阀 6→换向阀 12（右位）→油箱。

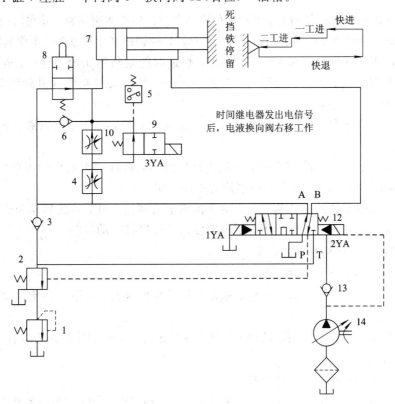

图 4-22　快退工况

6）停止

当滑台快速退回到原位时，另一个行程挡块压下终点行程开关，使电磁铁 2YA 和 3YA 都断电，先导阀 11 的阀芯在对中弹簧作用下处于中位，换向阀 12 左右两边的控制油路都通油箱，因而换向阀 12 的阀芯也在其对中弹簧作用下回到中位，液压缸 7 两腔封闭，滑台停止运动，泵 14 卸荷。此时，系统中油液的流动情况如下：

卸荷油路：泵 14→单向阀 13→换向阀 12（中位）→油箱。

4.3.3　YT4543 型动力滑台液压系统基本组成回路及特点

1. YT4543 型动力滑台液压系统基本组成回路

由上述分析可知，YT4543 型动力滑台的液压系统主要由下列基本回路组成。

（1）限压式变量泵、调速阀、背压阀组成的容积节流调速回路。

（2）差动连接的快速运动回路。

（3）电液换向阀（由先导电磁阀、液动阀组成）的换向回路。

（4）行程阀和电磁阀的速度换接回路。

（5）串联调速阀的二次进给回路。

（6）采用 M 形中位机能三位换向阀的卸荷回路。

2. YT4543 型动力滑台液压系统的特点

YT4543 型动力滑台液压系统这些基本回路决定了系统的主要性能，该系统具有以下特点。

（1）采用限压式变量泵和调速阀组成的容积节流进油路调速回路，并在回油路上设置了背压阀，使动力滑台能获得稳定的低速运动，有较好的调速刚性和较大的工作速度调节范围。

（2）采用限压式变量泵和差动连接回路，快进时能量利用比较合理；工进时只输出与液压缸相适应的流量；止挡块停留时，变量泵只输出补偿泵及系统内泄漏所需要的流量。系统无溢流损失，效率高。

（3）采用行程阀和顺序阀实现快进与工进的速度切换，动作平稳可靠、无冲击，转换位置精度高。

（4）在第二次工作进给结束时，采用止挡块停留，这样动力滑台的停留位置精度高，适用于镗端面、镗阶梯孔、锪孔和锪端面等工序使用。

（5）由于采用调速阀串联的二次进给进油路节流调速方式，可使启动和进给速度转换时的前冲量较小，并有利于利用压力继电器发出信号进行自动控制。

3. 各液压元件在系统中的作用

各液压元件在系统中的作用如下：

（1）限压式变量泵随负载的变化而输出不同流量的油液，以适应快速运动和工作进给（慢速）的要求。

（2）单向阀除防止系统的油液倒流，保护变量泵外，主要使控制油路具有一定的压力，用以控制先导阀的启动。

（3）溢流阀在此回路中作背压阀用。

（4）外控顺序阀在液压缸快进时，系统压力低，顺序阀关闭，使液压缸形成差动连接；在工进时，由于系统压力升高，顺序阀打开。

（5）单向阀在液压缸工进时，单向阀 3 将进油路与回油路隔开。

（6）电液换向阀用以控制液压缸的运动方向。

（7）调速阀是两个串联在进油路上的流量控制阀，与变量泵联合控制进入液压缸中的流量，实现二次工进。

（8）压力继电器用以向时间继电器发出信号。

（9）行程阀用以实现快进与工进的换接。

（10）二位二通电磁阀用以切换两种不同速度的工进。

任务实施

如图 4-23 所示的液压系统，可以实现"快进—工进—快退—停止"的工作循环要求。

（1）说出图中标有序号的液压元件的名称。

（2）填写电磁铁动作顺序表。

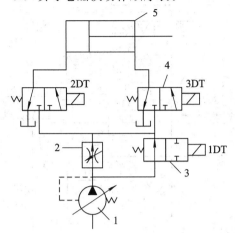

电磁铁　　　动作	1DT	2DT	3DT
快进			
工进			
快退			
停止			

图 4-23　液压系统及电磁铁动作顺序表

解：（1）1—变量泵；2—调速阀；3—二位二通电磁换向阀；4—二位三通电磁换向阀；5—单杆液压缸。

（2）表 4-4 为电磁铁动作顺序表。

表 4-4　电磁铁动作顺序表

电磁铁　　　动作	1DT	2DT	3DT
快进	−	+	+
工进	+	+	−
快退	−	−	+
停止	−	−	−

注：电气元件通电为"＋"，断电为"－"；压力继电器、顺序阀、节流阀和顺序阀工作为"＋"，

　　非工作为"－"。

知识拓展

QCS003B 型液压实验台

图 4-24 为 QCS003B 型液压实验台的液压系统原理图，该液压系统由两个回路组成。左半部分是调速回路，右半部分则是加载回路。

在加载回路中，当压力油进入加载液压缸 18 右腔时，由于加载液压缸活塞杆与调速回路液压缸 17（以下简称工作液压缸）的活塞杆将处于同心位置直接对顶，而且它们的缸筒都固定在工作台上，因此工作液压缸的活塞杆受到一个向左的作用力（负载 F_L），调节溢流阀 9 可以改变 F_L 的大小。

在调速回路中，工作液压缸 17 的活塞杆的工作速度 v 与节流阀的通流面积 a、溢流阀调定压力 p_1（泵 1 的供油压力）及负载 F_L 有关。而在一次工作过程中，a 和 p_1 都预先调定

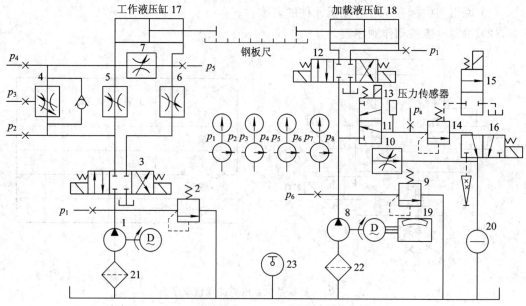

工作液压缸 17　　　　　　　　加载液压缸 18

1、8—叶片泵；2、9、14—溢流阀；3、12—三位四通电磁换向阀；
4—单向调速阀；5、6、7、10—节流阀；11、16—二位三通电磁换向阀；
13—压力传感器；15—二位二通电磁换向阀；17—工作液压缸；
18—加载液压缸；19—功率表；20—流量计；21、22—滤油器；23—温度计

图 4 - 24　QCS003B 型液压实验台的液压系统原理图

不再变化，此时活塞杆运动速度 v 只与负载 F_L 有关。v 与 F_L 之间的关系，称为节流调速回路的速度负载特性。a 和 p_1 确定之后，改变负载 F_L 的大小，同时测出相应的工作液压缸活塞杆速度 v，就可测得一条速度负载特性曲线。

图 4 - 25 为 QCS003B 型液压实验台的外形，图 4 - 26 为电器按钮箱的面板图。

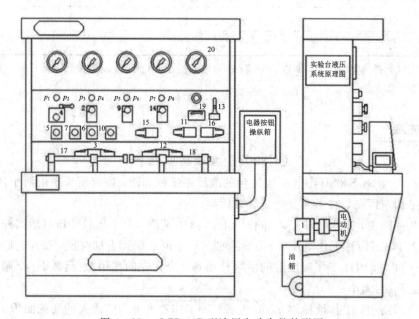

图 4 - 25　QCS003B 型液压实验台的外形图

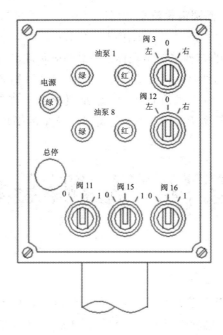

图 4 - 26　QCS003B 型液压实验台电器按钮箱面板图

QCS003B 型液压实验台共分五部分。

1. 动力部分

动力部分主要包括油箱、电动机、油泵和滤油器。电动机型号为 Y90L - 4，额定功率为 1.5 kW，满载转速为 1410 r/min。油泵为 YB - 6 定量叶片泵（件号 1 和 8），额定压力为 6.3 MPa，排量为 6 mL。电动机和叶片泵装在油箱盖板上，油箱底部装有轮子，可以移动，它安放在实验台左后部。

2. 控制部分

控制部分主要包括溢流阀、电磁换向阀、节流阀、调速阀等。这些阀的额定压力为 6.3 MPa，流量为 10 L/min，全部装在实验台的面板上。

3. 执行部分

执行部分包括工作缸（件号 17）和加载缸（件号 18），并排装在实验台的台面上。缸径 $\phi = 16$ mm，行程 $L = 250$ mm。

4. 电器部分

电器部分包括电器箱和电器按钮操作箱。电器箱中主要有接触器、热继电器、变压器、熔断器等，位于实验台后部的右下角。电器按钮操作箱主要包括各种控制按钮和旋钮以及红绿信号灯，位于实验台的右侧。

5. 测量部分

测量部分主要包括压力表、功率表、流量计、温度计，它们安装在实验台面板上。

该实验台功率表（件号 10）的型号为 44L1 - 5W，精度等级 2.5，用它来测量电动机的输出功率（即液压泵的输入功率）。将功率表接入电网与电动机定子线圈之间，功率表所指示的数值即为电动机的输入功率。通过换算可求出电动机的输出功率。

该实验台采用 LC-15 椭圆齿轮流量计(件号 20),它的进口直径为 15 mm,测量范围为 3～30 L/min,积累误差为±0.5%,工作压力为 1.6 MPa,压力损失≤0.02 MPa,工作温度为−10～+120℃。它的结构主要由壳体、一对椭圆齿轮和计数机构组成。当椭圆齿轮转动一周时排出一定容积的油液,只要测出轮子的转速就可得到积累油液容积值。该流量计的计数机构是机械式的,它通过齿轮传动、棘爪机构带动指针转动,表盘上标有刻度。若用秒表测量指针旋转若干周所需的时间,就可求得流量的平均值。

任务 4.4 汽车起重机液压系统

任务目标与分析

汽车起重机是一种使用广泛的工程机械,它是典型的多缸工作控制回路液压系统。这种机械能以较快速度行走,机动性好、适应性强、自备动力不需要配备电源、能在野外作业、操作简便灵活,因此在交通运输、城建、消防、大型物料场、基建、急救等领域得到了广泛的使用。

本任务以国产 QY-8 型汽车式起重机为例对汽车起重机液压系统作简要介绍。

液压传动式汽车起重机的液压系统经常采用开式系统。汽车起重机常用液压回路包括起升、伸缩、变幅、回转、支腿及转向等液压回路。

通过对汽车起重机常用液压回路的分析,进一步加深对各种液压元件和基本回路综合运用的认识。

知识链接

4.4.1 汽车起重机常用液压回路

汽车起重机是将起重机安装在汽车底盘上的一种起重运输设备。它主要由起升、回转、变幅、伸缩和支腿等工作机构组成,这些工作机构动作的完成由液压系统来实现。

1. 起升机构液压回路

起重机需要用起升机构,即卷筒-吊索机构实现垂直起升和下放重物。液压起升机构用液压马达通过减速器驱动卷筒,图 4-27 是一种最简单的起升机构液压回路。当换向阀 3 处于右位时,通过液压马达 2、减速器 6 和卷筒 7 提升重物 G,实现吊重上升。而换向阀 3 处于左位时下放重物 G,实现负重下降,这时平衡阀 4 起平稳作用。当换向阀 3 处于中位时,回路实现承重静止。由于液压马达内部泄漏比较大,即使平衡阀 4 的闭锁性能很好,但卷筒 7-吊索机构仍难以支撑重物 G。如果要实现承重静止,可以设置常闭式制动器,依靠制动液压缸 8 来实现。

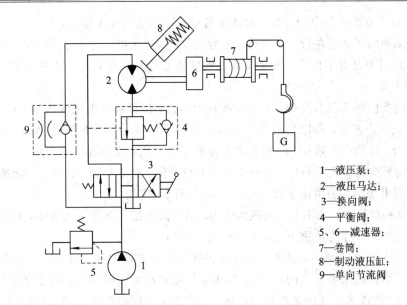

1—液压泵；

2—液压马达；

3—换向阀；

4—平衡阀；

5、6—减速器；

7—卷筒；

8—制动液压缸；

9—单向节流阀

图4-27　起升机构液压回路

2. 伸缩臂机构液压回路

伸缩臂机构是一种多级式伸缩起重臂伸出与缩回的机构。图4-28为伸缩臂机构液压回路，臂架有3节，Ⅰ是第1节臂，或称基臂；Ⅱ是第2节臂；Ⅲ是第3节臂；后一节臂可依靠液压缸相对前一节臂伸出或缩进。3节臂只要两只液压缸：液压缸6的活塞与基臂Ⅰ铰接，而其缸体铰接于第2节臂Ⅱ，缸体运动臂Ⅱ相对臂Ⅰ伸缩；液压缸7的缸体与第2节臂Ⅱ铰接，而其活塞铰接于第3节臂Ⅲ，活塞运动使臂Ⅲ相对于臂Ⅱ伸缩。

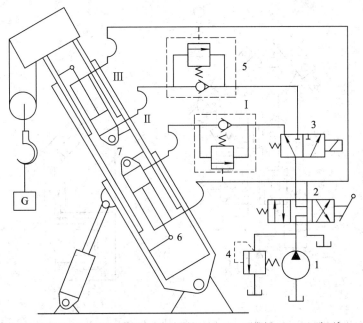

1—液压泵；2—手动换向阀；3—电磁阀；4、5—平衡阀；6、7—液压缸

图4-28　伸缩臂机构液压回路

第2和第3节臂是顺序动作的，对回路的控制可依次做如下操作：

（1）手动换向阀2为左位，电磁阀3也为左位，使液压缸6上腔压入液体，缸体运动将第2节臂Ⅱ相对于基臂Ⅰ伸出，第3节臂Ⅲ则顺势被臂Ⅱ托起，但对臂Ⅱ无相对运动，此时实现举重上升。

（2）手动换向阀2仍为左位，但电磁阀换为右位，液压缸6因无液体压入而停止运动，臂Ⅱ对臂Ⅰ也停止伸出，而液压缸7下腔压入液体，活塞运动将使臂Ⅲ相对于臂Ⅱ伸出，继续举重上升。连同上一步操作，可将臂Ⅲ总长增至最大，将重物举升至最高位。

（3）手动换向阀2换为右位，电磁阀仍为右位，液压缸7上腔压入液体，活塞运动将使臂Ⅲ相对于臂Ⅱ缩回，为负重下降，故此时需平衡阀5作用。

（4）手动换向阀2仍为右位，电磁阀换为左位，液压缸6下腔压入液体，缸体运动将臂Ⅱ相对于臂Ⅰ缩回，亦为负重下降，需平衡阀4作用。

如果不按上述次序操作，虽然可以实现多种不同的伸缩顺序，但不能出现两个液压缸同时动作。伸缩臂机构可以不同的方法（如不采用电磁阀而用顺序阀，液压缸面积差动，机械结构等办法）实现多个液压缸的顺序动作，还可以采用同步措施实现液压缸的同时动作。

3. 变幅机构液压回路

变幅机构在起重机、挖掘机等工程机械中，用于改变臂架的位置，增加主机的工作范围。最常见的液压变幅机构采用双作用液压缸作液动机，也有的采用液压马达和柱塞缸。图4-29为双作用液压缸变幅回路。

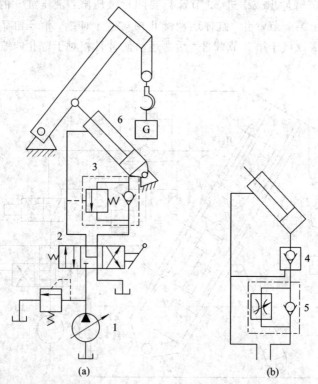

1—液压泵；2—手动换向阀；3—平衡阀；4—液控单向阀；5—单向节流阀；6—液压缸

图4-29 双作用液压缸变幅回路

液压缸 6 承受重物 G 及臂架质量之和的分力作用，因此，在一般情况下应采用平衡阀 3 来达到负重匀速下降的要求，如图 4-29(a)所示。但在一些对负重下降匀速要求不很严格的场合，可以采用液控单向阀 4 串联单向节流阀 5 来代替平衡阀，如图 4-29(b)所示。液控单向阀 4 的作用：一是在承重静止时锁紧液压缸 6；二是在负重下降时泵形成一定压力打开控制口，使液压缸下腔排出液体而下降。但液控单向阀 4 却没有平衡阀 3 使液压缸匀速下降的功能，这种功能可由单向节流阀 5 来实现。

4. 回转机构液压回路

回转机构液压回路如图 4-30 所示。液压马达 5 通过小齿轮与大齿轮的啮合，驱动作业架回转。整个作业架的转动惯量特别大，当手动换向阀 2 由上位或下位转换为中位时，A、B 口关闭，液压马达 5 停止转动。但液压马达 5 承受的巨大惯性力矩使转动部分继续前冲一定角度，压缩排出管道的液体，使管道压力迅速升高。同时，压入管道液源已断，但液压马达 5 前冲使管道中液体膨胀，引起压力迅速降低，甚至产生真空。这两种压力变化如果很激烈，将造成管道或液压马达 5 损坏，因此必须设置一对缓冲阀 3、4。当手动换向阀 2 的 B 口连接管道为排出管道时，缓冲阀 4 如同安全阀那样，在压力突升到一定值时放出管道中液体，又进入与 A 口连接的压入管道，补充被液压马达 5 吸入的液体，使压力停止下降，或减缓下降速度。因此，对回转机构液压回路来说，缓冲补油是非常重要的。

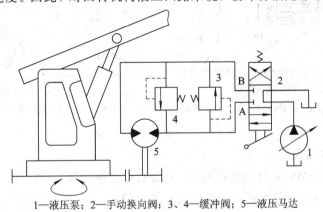

1—液压泵；2—手动换向阀；3、4—缓冲阀；5—液压马达

图 4-30 回转机构液压回路

5. 支腿机构液压回路

H 式支腿由四组液压缸组成，每组包括一个水平缸和一个垂直缸。图 4-31(a)为一组液压缸的作用示意图，水平液压缸 8 将支腿推出轮胎覆盖范围，而用垂直液压缸 9 将车架顶起，使轮胎从地面抬起不再支撑车架，这样整体就在支腿机构的支撑下进行作业。图 4-31(b)是这种机构的液压回路图。手动换向阀 2 控制 4 个水平液压缸 5 的伸缩。在水平缸动作时，支腿机构尚未起作用，轮胎未离开地面，负载阻力不大，而且只要伸到适当位置即可，故水平液压缸的控制很简单。手动换向阀 3 控制 4 个垂直液压缸 6 的升降。4 个垂直液压缸的升程应能使车架整体保持一定程度的高度水平，因此需要驾驶员操作车架调节转阀 4。转阀 4 在 I 位时，同时控制 4 个液压缸，在 II、III、IV、V 位时，分别控制液压缸 6a、6b、6c、6d，而在空位时，4 个液压缸 6 都无液体进出，这时支腿将车架支撑在理想的作业位置。若地面高低不平，调节转阀 4，调节 4 个垂直液压缸 6 的升程，使车架保持水

平。4个双向液压锁7分别控制一个垂直缸，当支腿支撑车架静止时，垂直液压缸上腔液体承受重力负载，为了避免车架沉降，需要用连通上腔的液控单向阀起锁紧作用，防止俗称的"软腿"现象。当轮胎支撑车架时，垂直液压缸下腔液体承受支腿本身的重量，为了避免支腿降到地面，防止俗称的"掉腿"现象，需要用连通下腔的液控单向阀起锁紧作用。

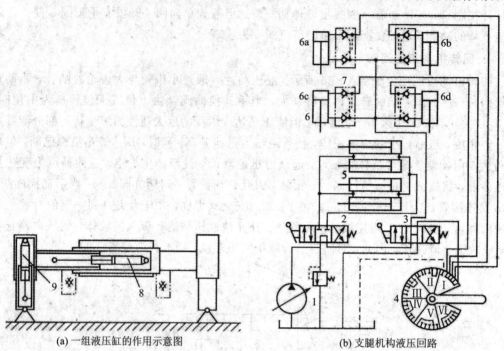

(a) 一组液压缸的作用示意图　　　　(b) 支腿机构液压回路

1—液压泵；2、3—手动换向阀；4—六位六通转阀；5、8—水平液压缸；6、9—垂直液压缸；7—双向液压锁

图 4-31　支腿机构液压回路

6. 转向机构液压回路

如图 4-32 所示为转向机构液压回路，驾驶员操作转向盘 1，假定顺时针转动 α 角，最终车轮转过相应的 β 角，整车就被准确转向到所希望的行驶方向。

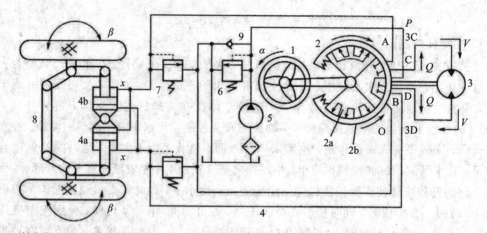

1—转向盘；2—控制阀；3—液压马达；4—液压缸；5—液压泵；6、7—缓冲阀；8—杠杆机构；9—单向阀

图 4-32　转向机构液压回路

4.4.2 Q2-8型汽车起重机吊臂液压系统工作原理

1. 汽车起重机概述

Q2-8型起重机采用液压传动，最大起重量为 80 kN（幅度 3 m 时），最大起重高度为 11.5 m，起重装置连续回转。该起重机具有较高的行走速度，可与装运工具的车编队行驶，机动性好。当装上附加吊臂后（图中未标示），可用于建筑工地吊装预制件，吊装的最大高度为 6 m。液压起重机承载能力大，可在有冲击、振动、温度变化大和环境较差的条件下工作。其执行元件要求完成的动作比较简单，位置精度较低。因此液压起重机一般采用中、高压手动控制系统，系统对安全性要求较高。图 4-33 为汽车起重机的结构示意图。

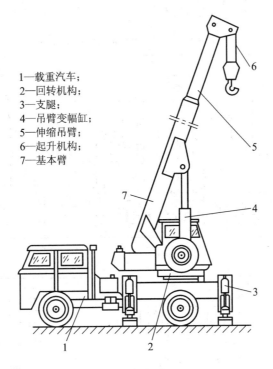

1—载重汽车；
2—回转机构；
3—支腿；
4—吊臂变幅缸；
5—伸缩吊臂；
6—起升机构；
7—基本臂

图 4-33 汽车起重机的结构示意图

Q2-8型起重机系统的液压泵由汽车发动机通过装在汽车底盘变速箱上的取力箱传动。液压泵工作压力为 21 MPa，排量为 40 mL/r，转速为 1500 r/min。液压泵通过中心回转接头从油箱吸油，输出的压力油经手动阀组输送到各个执行元件。它是一个单泵、开式、串联液压系统。

2. 汽车起重机对液压系统的要求

汽车起重机采用配套的载重汽车为基本部分，在其上添加相应的起重功能部件，组成完整汽车起重机，并且利用汽车自备的动力作为起重机的液压系统动力。起重机工作时，汽车的轮胎不受力，依靠四条液压支撑腿将整个汽车抬起来，并将起重机的各个部分展开，进行起重作业；当需要转移起重作业现场时，需要将起重机的各个部分收回到汽车上，使汽车恢复到车辆运输功能状态，进行转移。一般的汽车起重机在功能上有以下要求。

（1）整机能方便地随汽车转移，满足其野外作业机动、灵活、不需要配备电源的要求。

（2）当进行起重作业时支腿机构能将整车抬起，使汽车所有轮胎离地，免受起重载荷的直接作用，且液压支腿的支撑状态能长时间保持位置不变，防止起吊重物时出现软腿现象。

（3）在一定范围内能任意调整、平衡锁定起重臂长度和俯角，以满足不同起重作业要求。

（4）使起重臂在 360°以内能任意转动与锁定。

（5）使起吊重物在一定速度范围内任意升降，并能在任意位置上能够负重停止，负重启动时不出现溜车现象。

3. Q2-8型汽车起重机起吊臂液压系统结构原理图

图 4-34 为 Q2-8 型汽车起重机起吊臂液压系统结构原理图，它主要由以下几个部分构成。

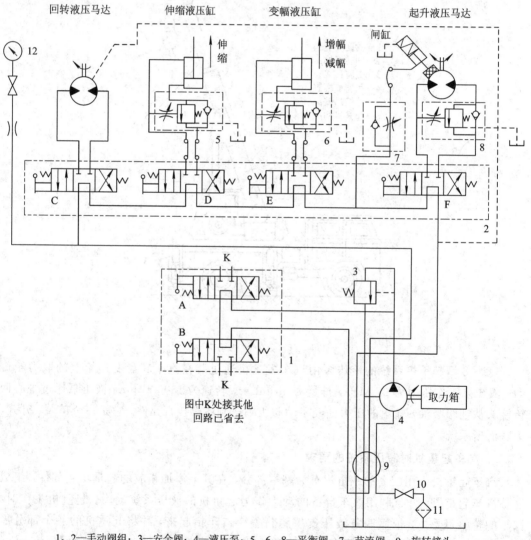

1、2—手动阀组；3—安全阀；4—液压泵；5、6、8—平衡阀；7—节流阀；9—旋转接头；10—开关；11—过滤器；12—压力表；A、B、C、D、E、F—手动换向阀

图 4-34　Q2-8型汽车起重机起吊臂液压系统结构原理图

（1）吊臂回转机构：使吊臂实现 360°任意回转，在任何位置能够锁定停止。

（2）吊臂伸缩机构：使吊臂在一定尺寸范围内可调，并能够定位，用以改变吊臂的工作长度。一般为 3 节或 4 节套筒伸缩结构。

（3）吊臂变幅机构：使吊臂在 15°~80°之间角度任意可调，用以改变吊臂的倾角。

（4）吊钩起降机构：使重物在起吊范围内任意升降，并在任意位置负重停止，起吊和下降速度在一定范围内无级可调。

（5）支腿装置：起重作业时使汽车轮胎离开地面，架起整车，不使载荷压在轮胎上，并可调节整车的水平度，一般为四腿结构。

Q2-8 型汽车起重机是一种中小型起重机（最大起重能力 8 t）。这种起重机的作业操作主要通过手动操纵来实现多缸各自动作。起重作业时一般为单个动作，少数情况下有两个缸的复合动作，为简化结构，系统采用一个液压泵给各执行元件串联供油方式。在轻载情况下，各串联的执行元件可任意组合，使几个执行元件同时动作，如伸缩和回转，或伸缩和变幅同时进行等。系统各部分的工作具体如下。

1）吊臂回转回路

吊臂回转机构采用液压马达作为执行元件。液压马达通过蜗轮蜗杆减速箱和一对内啮合的齿轮传动来驱动转盘回转。由于转盘转速较低，每分钟仅为 1~3 转，故液压马达的转速也不高，因此没有必要设置液压马达制动回路。系统中用多路换向阀 2 中的一个三位四通手动换向阀 C 来控制转盘正、反转和锁定不动三种工况。此时系统中油液的流动情况为：

进油路：取力箱→液压泵→多路换向阀 1 中的阀 A、阀 B 中位→旋转接头 9→多路换向阀 2 中的阀 C→回转液压马达进油腔；

回油路：回转液压马达回油腔→多路换向阀 2 中的阀 C→多路换向阀 2 中的阀 D、E、F 的中位→旋转接头 9→油箱。

2）吊臂伸缩回路

起重机的吊臂由基本臂和伸缩臂组成，伸缩臂套在基本臂之中，用一个由三位四通手动换向阀 D 控制的伸缩液压缸来驱动吊臂的伸出和缩回。为防止因自重而使吊臂下落，油路中设有平衡回路。此时系统中油液的流动情况为：

进油路：取力箱→液压泵→多路换向阀 1 中的阀 A、阀 B 中位→旋转接头 9→多路换向阀 2 中的阀 C 中位→换向阀 D→伸缩缸进油腔；

回油路：伸缩缸回油腔→多路换向阀 2 中的阀 D→多路换向阀 2 中的阀 E、F 的中位→旋转接头 9→油箱。

3）吊臂变幅回路

吊臂变幅是用一个液压缸来改变起重臂的俯角角度。变幅液压缸由三位四通手动换向阀 E 控制。同样，为防止在变幅作业时因自重而使吊臂下落，在油路中设有平衡回路。此时系统中油液的流动情况为：

进油路：取力箱→液压泵→阀 A 中位→阀 B 中位→旋转接头 9→阀 C 中位→阀 D 中位→阀 E→变幅缸进油腔；

回油路：变幅缸回油腔→阀 E→阀 F 中位→旋转接头 9→油箱。

4）起降回路

起降机构是汽车起重机的主要工作机构，由一个低速大转矩定量液压马达来带动卷扬机工作。液压马达的正、反转由三位四通手动换向阀F控制。起重机起升速度的调节是通过改变汽车发动机的转速从而改变液压泵的输出流量和液压马达的输入流量来实现的。在液压马达的回油路上设有平衡回路，以防止重物自由落下；在液压马达上还设有单向节流阀的平衡回路，设有单作用闸缸组成的制动回路，当系统不工作时通过闸缸中的弹簧力实现对卷扬机的制动，防止起吊重物下滑；当吊车负重起吊时，利用制动器延时张开的特性，可以避免卷扬机起吊时发生溜车下滑现象。此时系统中油液的流动情况为：

进油路：取力箱→液压泵→阀A中位→阀B中位→旋转接头9→阀C中位→阀D中位→阀E中位→阀F→卷扬机马达进油腔；

回油路：卷扬机马达回油腔→阀F→旋转接头9→油箱。

5）支腿缸收放回路

使用支腿缸收放回路的汽车起重机的底盘前后各有两条支腿，通过机械机构可以使每一条支腿收起和放下。在每一条支腿上都装着一个液压缸，支腿的动作由液压缸驱动。两条前支腿和两条后支腿分别由多路换向阀1中的三位四通手动换向阀A和B控制其伸出或缩回。换向阀均采用M型中位机能，且油路采用串联方式。确保每条支腿伸出去的可靠性至关重要，因此每个液压缸均设有双向锁紧回路，以保证支腿被可靠地锁住，防止在起重作业时发生"软腿"现象或行车过程中支腿自行滑落。此时系统中油液的流动情况为：

（1）前支腿。

进油路：取力箱→液压泵→多路换向阀1中的阀A→两个前支腿缸进油腔；

回油路：两个前支腿缸回油腔→多路换向阀1中的阀A→阀B中位→旋转接头9→多路换向阀2中阀C、D、E、F的中位→旋转接头9→油箱。

（2）后支腿。

进油路：取力箱→液压泵→多路换向阀1中的阀A的中位→阀B→两个后支腿缸进油腔；

回油路：两个后支腿缸回油腔→多路换向阀1中的阀A的中位→阀B→旋转接头9→多路换向阀2中阀C、D、E、F的中位→旋转接头9→油箱。

4. Q2-8型汽车起重机液压系统性能特点

Q2-8型汽车起重机液压系统由调压、调速、换向、锁紧、平衡、制动、多缸卸荷等基本回路组成，其性能特点如下。

（1）在调压回路中，采用安全阀来限制系统最高工作压力，防止系统过载，对起重机实现超重起吊有安全保护作用。

（2）在调速回路中，采用手动调节换向阀的开度大小来调整工件机构（起降机构除外）的速度，方便灵活。

（3）在锁紧回路中，采用由液控单向阀构成的双向液压锁将前后支腿锁定在一定位置上，工作可靠、安全，确保整个起吊过程中，每条支腿都不会出现软腿的现象，即使出现发动机死火或液压管道破裂的情况，双向液压锁仍能正常工作，且有效时间长。

（4）在平衡回路中，采用经过改进的单向液控顺序阀作平衡阀，以防止在起升、吊臂伸缩和变幅作业过程中因重物自重而下降，且工作稳定、可靠，但在一个方向有背压，会对系统造成一定的功率损耗。

（5）在多缸卸荷回路中，采用多路换向阀结构，其中的每一个三位四通手动换向阀的中位机能都为 M 型中位机能，并且将阀在油路中串联起来使用，这样可以使任何一个工作机构单独动作。这种串联结构也可在轻载下使机构任意组合地同时动作。但采用 6 个换向阀串接，会使液压泵的卸荷压力加大，系统效率降低。由于起重机不是频繁作业机械，这些损失对系统的影响不大。

（6）在制动回路中，采用由单向节流阀和单作用闸缸构成的制动器，利用调整好的弹簧力进行制动，制动可靠、动作快，由于要用液压缸压缩弹簧来松开刹车，因此刹车松开的动作慢，可防止负重起重时的溜车现象发生，能够确保起吊安全，并且在汽车发动机死火或液压系统出现故障时，能够迅速实现制动，防止被起吊的重物下落。

日本 NK－200 型全液压汽车起重机液压系统分析

日本加藤 NK－200 型全液压汽车起重机，最大起重量为 20 t，臂杆最大起升高度为 27.5 m，臂杆为四节，用高强度钢板制成箱形，利用伸缩钢丝绳进行伸缩。卷扬机利用变量柱塞马达进行调速，并通过正齿轮减速器减速，以获得适宜的载荷升降速度，并设有空钩自由降落装置。回转装置利用径向活塞式液压马达与带盘式制动器的行星齿轮减速器减速。支腿为 H 形结构，由四支水平液压缸和四支垂直液压缸组成。液压泵为同一驱动轴上安装的两台齿轮泵，亦称双联泵，由发动机经变速器取力，排出的液压油供组件执行各种作业。

图 4－35 为 NK－200 型全液压汽车起重机液压传动系统图。通过查阅相关资料，试分析其工作原理。元件名称如表 4－5 所示。

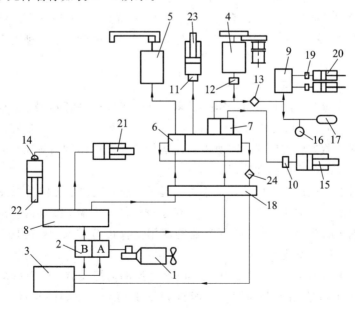

图 4－35 NK－200 型全液压汽车起重机液压传动系统图

表 4-5 元件名称表

序号	名　称	序号	名　称
1	发动机	13	回路内精滤器
2	双联齿轮泵	14	导引止回阀
3	油箱	15	臂杆变幅液压缸
4	变量柱塞液压马达(卷扬机)	16	压力表
5	径向活塞液压马达(回路)	17	蓄能器
6	多路分配阀	18	旋转密封
7	二级溢流阀	19	旋转接头
8	六联多路分配阀	20	离合器液压缸
9	离合器阀	21	水平液压缸
10	平衡阀(臂杆变幅)	22	垂直液压缸
11	平衡阀(伸缩)	23	伸缩液压缸
12	平衡阀(卷扬机)	24	过滤器

知识拓展

汽车式起重机发展趋势

1. 设计、制造的计算机化、自动化

随着电子计算机的广泛应用，许多国外起重机制造商从应用起重机辅助设计系统（CAD），提高到应用计算机进行起重机的模块设计。起重机采用模块单元化设计，不仅是一种设计方法的改革，而且将影响整个起重机行业的技术、生产和管理水平，老产品的更新换代，新产品的研制速度都将大大加快。对起重机的改进，只需更改几个模块。设计新的起重机只需新的不同模块进行组合，提高了通用化程度，可使单件小批量的产品改成相对批量的模块生产，能使较少的模块形式组合成不同规格的起重机，满足市场的需求，增强竞争力。

2. 起重机控制元件的革新与应用

起重机的定位精度是对起重机的重要要求，目前多数采用转角码盘、齿轮链、激光头与钢板孔带来保证，定位精度通常为±3 mm，高于1 mm 的精度需另加定位系统。在起重机起升速度和制动器方面的改进，则使用低速运行的起重机吊钩精确定位，起重机的刹车系统也应用微处理器进行控制和监视。

遥控系统用于汽车式起重机及其他移动式起重机械，这种系统包括在控制者身上的控制器和安装在起重机上的接收器，控制器具有电磁辐射发生器，接收器与作用在起重机传动装置的操纵机械的转换部分相连。遥控器的使用不仅可节省人力，提高工作效率，而且使操作者的工作条件有所改善。

起重机的距离检测防撞装置，采用无线电信号型的防撞装置，防撞系统由三相系统组成，用来监控起重机前端行驶距离，一般首先发出信号警示，接着将大车车速减小到50%，最后切断电机电源，将大车制动。

◆◆◆◆ 思考练习题 ◆◆◆◆

1. 假如要求如图 4-36 所示系统实现"快进—工进—快退—原位停止和液压泵卸荷"工作循环,试列出各电磁铁的动作顺序表(电磁铁通电为"+")。

2. 试列出如图 4-37 所示系统实现"快进—中速进给—慢速进给—快退—停止"工作循环的电磁铁动作顺序表。

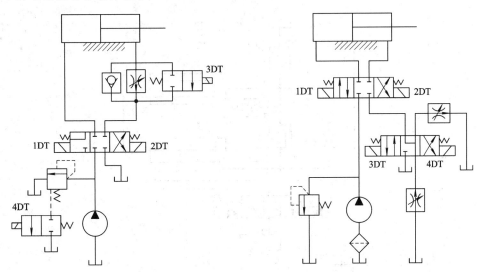

图 4-36　题 1 图　　　　　　　　　　　　图 4-37　题 2 图

3. 如图 4-38 所示为一进口节流调速系统,压力继电器供控制液压缸反向之用。试改正图中的错误,并简要分析其出现错误的原因。

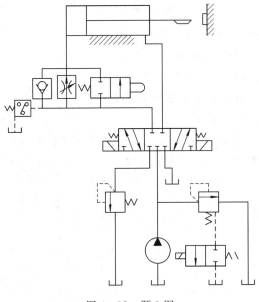

图 4-38　题 3 图

4. 以汽车起重机为例，试叙述其吊臂回转回路的工作过程，并指出控制完成其功能的电磁阀的几种工况。

5. 上网查阅相关资料，谈谈我国汽车式起重机发展的现状与趋势。

6. 如图 4-39 所示压力机液压系统能实现"快进→慢进→保压→快退→停止"的动作循环。结合所学知识和查阅资料，试读此液压系统图，并写出：

(1) 包括油液流动情况的动作顺序表；

(2) 标出液压元件的名称和功用。

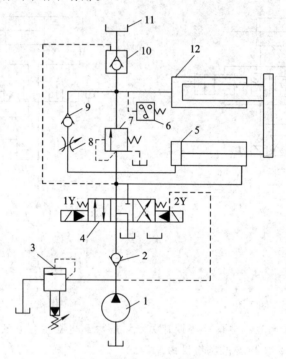

图 4-39 题 6 图

7. 自卸汽车按货厢倾卸方式可分为哪几类？

8. 查阅资料，说说压力机液压系统的特点。

9. 自卸汽车的主要性能参数有哪些？

10. 组合机床滑台对液压系统的要求与特点是什么？

11. 起重机的主要机构有哪些？

12. 起升机构液压回路设有平衡阀，为什么还必须设制动器？

13. 轮式起重机液压传动回路中蓄能器的作用是什么？

14. 查阅资料，说明起重机 QY20 的含义是什么？

气压传动基础

气压传动是指以压缩空气为工作介质来进行能量传递的一种传动形式。由于其具有防火、防爆、节能、无污染等优点，因此气动技术已广泛应用于国民经济的各个部门，特别是在工业机械手、高速机械手等自动化控制系统中的应用越来越多。

任务 5.1　气压传动基础知识

任务目标与分析

热力学是研究热能转化为机械能的学科。气压传动中的工作介质——压缩空气正是通过这种转化来做功的。掌握热力学中最基础的知识，对研究和应用气压传动技术是十分重要的。

在气动系统中，压缩空气是传递信号和动力的工作介质，它通过控制元件控制执行机构，以实现动作。

在学习气压传动之前应了解空气的基本性质和流动规律，尤其是气体与液体的差异。

知识链接

5.1.1　空气的物理性质

1. 空气的组成

自然界的空气是由若干气体混合而成的，主要成分有氮气、氧气和一定量的水蒸气。含水蒸气的空气称为湿空气，不含水蒸气的空气称为干空气。标准状态下(即温度 $T=0℃$、压力 $P=0.1013$ MPa、重力加速度 $g=9.8066$ m/s^2、分子量 $M=28.962$)，干空气组成如表 5-1 所示。

表 5-1 干 空 气 组 成

成分 比值	氮	氧	氩	二氧化碳	其他气体
体积 $V/\%$	78.03	20.93	0.935	0.03	0.078
质量 $M/\%$	75.50	23.10	1.28	0.035	0.075

2. 空气的密度和黏度

1) 空气的密度

空气具有一定的压力，单位体积内空气的质量称为空气的密度，用 ρ 表示。即

$$\rho = \frac{m}{V} \quad (\text{kg/m}^3) \tag{5-1}$$

式中，m 为气体质量（kg）；V 为气体体积（m^3）。

对于干空气：

$$\rho = \rho_0 \frac{273}{273+t} \cdot \frac{p}{0.103} \quad (\text{kg/m}^3)$$

式中，p 为绝对压力（MPa）；ρ_0 为温度在 0℃，压力在 0.1013 MPa 时干空气的密度，$\rho_0 = 1.293 \text{ kg/m}^3$。

2) 空气的黏度

空气的黏度是空气质点相对运动时产生阻力的性质。空气黏度的变化只受温度变化的影响，且随温度的升高而增大，主要是由于温度升高后，空气内分子运动加剧，使原本间距较大的分子之间碰撞增多的缘故。而压力的变化对黏度的影响很小，可忽略不计。

空气的运动黏度随温度变化的关系见表 5-2。

表 5-2 空气的运动黏度随温度变化（压力 0.1013 MPa）**的关系**

$t/℃$	0	20	40	60	80	100
$v/(\times 10^{-4} \text{m}^2 \cdot \text{s}^{-1})$	0.133	0.157	0.176	0.196	0.210	0.238

3. 空气的湿度和露点

由于湿空气在一定的温度和压力条件下能在气动系统局部管道和气动元件中凝结成水滴，促使气动管道和气动元件腐蚀和生锈，导致气动系统工作失灵。因此，必须采取适当措施，减少压缩空气中所含的水分。

1) 空气的湿度

为表明空气中所含水分的程度，可用湿度来表示，表示方法有绝对湿度和相对湿度。

（1）绝对湿度。单位体积的湿空气中所含水蒸气的质量，称为湿空气的绝对湿度，用 x 表示。即

$$x = \frac{m_s}{V} \tag{5-2}$$

式中，x 为绝对湿度（kg/m^3）；m_s 为湿空气中水蒸气的质量（kg）；V 为湿空气的体积（m^3）。

若在一定湿度下，当空气中水蒸气的含量超过某一限度时，空气中就有水滴析出，这

就表明湿空气中容纳水蒸气的数量是有一定限度的，把这种极限状态下的湿空气称为饱和湿空气。此条件下的绝对湿度称为饱和绝对湿度，用 x_b 表示。即

$$x_b = \frac{P_b}{R_s T} \tag{5-3}$$

式中，P_b 为饱和空气中水蒸气的分压力（N/m²）；R_s 为水蒸气的气体常数，$R_s = 462.05$ J/（kg·K）；T 为热力学温度（K），$T = 273.1 + t(℃)$。

绝对湿度表明了湿空气中所含水蒸气的多少，但它还不能说明湿空气所具有的吸收水蒸气能力的大小。因此，要了解湿空气的吸湿能力以及它离饱和状态的程度，就需引入相对湿度的概念。

（2）相对湿度。相对湿度指在某温度和总压力不变的条件下，其绝对湿度与饱和绝对湿度之比，即

$$\varphi = \frac{x}{x_b} \times 100\% \approx \frac{P_s}{P_b} \times 100\% \tag{5-4}$$

式中，x、x_b 分别为绝对湿度与饱和绝对湿度；P_s、P_b 分别为蒸气的分压力和饱和水蒸气的分压力。$P_s = 0$ 时，$\varphi = 0$，空气绝对干燥；$P_s = P_b$ 时，$\varphi = 100\%$，湿空气达到饱和。

通常空气的 φ 值在 $60\% \sim 70\%$ 范围内人体感到舒适。气动技术中规定为了使各元件正常工作，工作介质的相对湿度不得大于 90%。必须指出，当湿度下降时，空气中水蒸气的含量是降低的。因此，从减少空气中所含水分来讲，降低进入气动设备的空气温度是十分有利的。

2）露点

湿空气饱和后，饱和湿空气吸收水蒸气的能力为零，此时的温度为露点温度，简称露点。达到露点以后，湿空气将要有水分析出。实践中采用降温法去除湿空气中的水分即是根据这个原理。

4. 气体的易变特性（空气的压缩性和膨胀性）

由于气体分子间的距离大，内聚力小，故分子可自由运动，因此气体的体积容易随着压力和温度的变化而变化。

当流体压力变化时，其体积随之改变的性质称为流体的压缩性；流体因温度变化，其体积随之改变的性质称为流体的膨胀性。空气的压缩性和膨胀性都远远大于液体的压缩性和膨胀性。

未经压缩的空气称为自由空气，空气压缩机压缩空气时，温度可高达 250℃，而快速排气时，温度可降至 -100℃。湿空气被压缩后，单位容积内所含水蒸气量增大，同时温度升高。

当压缩空气冷却降温时，温度降到露点后，便有水滴析出。

5.1.2　气体状态方程

气体的三个状态参数是压力 p、温度 T 和体积 V。气体状态方程是描述气体处于某一平衡状态时，这三个参数之间的关系。下面介绍几种常见的状态变化过程。

1. 理想气体的状态方程

所谓理想气体，是指没有黏性的气体，当气体处于某一平衡状态时，一定质量的理想气体在状态变化的瞬间，有如下气体状态方程成立：

$$\frac{p_1 V_1}{T_1} = \frac{p_2 V_2}{T_2} = \frac{p \cdot V}{T} = 常数 \tag{5-5}$$

式中，p_1、p_2 分别为气体在 1、2 状态下的绝对压力（Pa）；V_1、V_2 分别为气体在 1、2 状态下的容积（m^3）；T_1、T_2 分别为气体在 1、2 状态下的热力学温度（K）。

由于实际气体具有黏性，因而严格来讲并不完全符合理想气体方程式。实验证明：理想气体状态方程适用于绝对压力不超过 20 MPa，温度不低于 20℃的空气、氧气、二氧化碳等，不适用于高压状态和低温状态下的气体。

2. 理想气体的状态变化过程

1）等容变化过程（查理定律）

一定质量的气体，在容积保持不变时，从某一状态变化到另一状态的过程，称为等容过程。等容过程的状态方程为

$$\frac{p_1}{T_1} = \frac{p_2}{T_2} \tag{5-6}$$

式（5-6）表明，当体积不变时，压力的变化与温度的变化成正比；当压力上升时，气体的温度随之上升。

2）等压变化过程（盖吕萨克定律）

一定质量的气体，在压力保持不变时，从某一状态变化到另一状态的过程，称等压过程。等压过程的状态方程为

$$\frac{V_1}{V_2} = \frac{T_1}{T_2} \tag{5-7}$$

式（5-7）表明，当压力不变时，温度上升，气体体积增大（气体膨胀）；当温度下降时，气体体积减小（气体被压缩）。

3）等温变化过程（玻意耳定律）

一定质量的气体在温度保持不变时，从某一状态变化到另一状态的过程，称为等温过程。等温过程的状态方程为

$$p_1 V_1 = p_2 V_2 \tag{5-8}$$

式（5-8）表明，在温度不变的条件下，气体压力上升时，气体体积被压缩；气体压力下降时，气体体积膨胀。

4）绝热过程

气体在状态变化过程中，系统与外界无热量交换的状态变化过程，称为绝热过程。在此过程中，输入系统的热量为零，即系统靠消耗内能做功，如气动系统的快速充、排气过程可视为绝热过程。绝热过程的状态方程为

$$p_1 V_1^k = p_2 V_2^k = 常数 \tag{5-9}$$

由式（5-7）和式（5-9）可得：

$$\frac{p_1}{p_2} = \left(\frac{T_2}{T_1}\right)^{\frac{k}{k-1}} \tag{5-10}$$

式中，k 为绝热指数，对于干空气 $k=1.4$；对于饱和蒸汽 $k=1.3$。

5）多变过程

不加任何限制条件的气体状态变化过程，称为多变过程。其状态方程为

$$p_1 \cdot V_1^n = p_2 \cdot V_2^n \tag{5-11}$$

式中，n 为多变指数。

严格地讲，气体变化过程大多是多变过程，前面介绍的四种变化过程是多变过程的特例，即

等容过程：$n=\infty$；

等压过程：$n=0$；

等温过程：$n=1$；

绝热过程：$n=k=1.4$；

多变过程：一般 $k>n>1$。

5.1.3　气体流动基本方程

当气体流速较低时，可完全使用液体的连续方程、能量方程、动量方程三个基本方程；但当气体流速较高时，气体的可压缩性对流体运动影响较大，不能再使用以上基本方程。

一般压缩气体在管道中流动时，其速度小于 30 m/s，压力变化不大，密度变化很小，因此可以当做不可压缩流体来处理，它的运动规律和液体一样。当气体在管道中以较大速度运动，一般认为当速度大于 70 m/s 时，需要考虑密度的变化，或者某些场合，虽然速度不高，但管道很长，存在压力损失，压力变化很大，气体的密度也随着变化，必须把气体当做压缩流体来对待。下面介绍高速气体流动的基本方程：压缩气体流动的连续方程、压缩气体流动的能量方程。

1. 压缩气体流动的连续方程

根据质量守恒定律，气体在管道内做恒定流动时，单位时间内流过管道任一通流截面的气体质量都相等，即可压缩气体的流量方程如下：

$$\rho_1 A_1 v_1 = \rho_2 A_2 v_2 = q \tag{5-12}$$

式中，ρ_1、ρ_2 分别为通流截面 1、2 处气体的密度；A_1、A_2 分别为通流截面 1、2 处的面积；v_1、v_2 分别为通流截面 1、2 处气体的平均流速。

2. 压缩气体流动的能量方程

气体低速流动时，可认为不可压缩，ρ 为常数。根据能量守恒定律，绝热过程下压缩气体做稳定流动时的伯努利方程（能量方程）为

$$\frac{p_1}{\rho} + \frac{v_1^2}{2} + gh_1 = \frac{p_2}{\rho} + \frac{v_2^2}{2} + gh_2 + gh_w \tag{5-13}$$

式中，p_1、p_2 分别为气体在 1、2 截面的压力；v_1、v_2 分别为通流截面 1、2 处气体的平均流速；h_1、h_2 分别为 1、2 截面的位置高度；g 为重力加速度；k 为绝热指数，空气为 1.4；h_w 为摩擦阻力损失。

不计能量损耗和位能，则绝热过程下压缩气体的能量方程为

$$\frac{k}{k-1}\frac{p_1}{\rho_1} + \frac{v_1^2}{2} + gh_1 = \frac{k}{k-1}\frac{p_2}{\rho_2} + \frac{v_2^2}{2} + gh_2 + gh_w \tag{5-14}$$

5.1.4　充气、放气温度与时间的计算

在分析气动装置的特性时，经常遇到固定容器的充、放气问题，如气缸启动前的充气和放气、气罐的充气和放气等。

1. 向固定容器充气

1）充气时引起的温度变化

如图 5-1 所示，容器充气过程进行得较快，热量来不及通过容器壁向外传导，充气过程为绝热过程。在绝热充气过程中，容器内的压力从 p_1 升高到 p_2，温度从室温 T_1 升高到 T_2，充气后的温度为

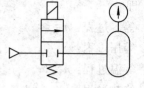

$$T_2 = \frac{k}{1 + \frac{p_1}{p_2}(k-1)} T_s \qquad (5-15)$$

图 5-1 容器充气

式中，T_s 为气源热力学温度（K），设定 $T_1 = T_s$；k 为绝热指数。

充气结束后，由于容器壁散热，容器内气体温度下降到室温看，压力也随之下降，降低后的压力值为

$$p = p_2 \frac{T_1}{T_2}$$

2）充气时间

容器充气到气源压力时所需时间为

$$t = \left(1.285 - \frac{p_1}{p_s}\right)\tau$$

$$\tau = 5.217 \times 10^{-3} \frac{V}{kS} \sqrt{\frac{273}{T_s}} \qquad (5-16)$$

式中，p_s 为气源的绝对压力（Pa）；p_1 为容器内的初始绝对压力（Pa）；τ 为充气与放气的时间常数（s）；V 为容器的容积（m³）；S 为有效截面积（m²）。

2. 容器的放气

1）绝热放气时容器中的温度变化

如图 5-2 所示，容器内气体的初始温度为 T_1，压力为 p_1，经绝热快速放气后温度降低到 T_2，压力降低到 p_2，则放气后温度为

$$T_2 = T_1 \left(\frac{p_2}{p_1}\right)^{\frac{k-1}{k}}$$

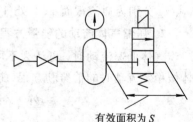

有效面积为 S

放气到 p_2 时立即关闭阀门，停止放气，则容器内温度上升到室温，压力上升到 p，p 值为

图 5-2 容器放气

$$p = p_2 \frac{T_1}{T_2}$$

式中，p 为关闭阀门后容器内气体达到稳定状态时的绝对压力（Pa）；p_2 为刚关闭阀门时容器内的绝对压力（Pa）。

2）放气时间

容器放气终了所需的绝热放气时间为

$$t = \left\{ \frac{2k}{k-1}\left[\left(\frac{p_1}{p_e}\right)^{\frac{k-1}{2k}} - 1\right] + 0.945 \times \left(\frac{p_1}{1.013 \times 10^5}\right)^{\frac{k-1}{2k}} \right\}\tau \qquad (5-17)$$

式中，p_1 为容器内的初始绝对压力（Pa）；p_e 为放气临界压力（1.92×10^5 Pa）。

其余符号意义同前。

任务实施

由空气压缩机向储气罐内充入压缩空气，将罐内压力由 $p = 0.1$ MPa（绝对压力）、温度为 20℃、容积为 V 的干空气压缩为 $V/10$，试分别按等温、绝热过程计算压缩后的温度和压力。

解：（1）按等温过程（$t_1 = t_2 = 20℃$）计算，由式（5-8），当气体质量 m 一定时，得

$$p_2 = p_1 \frac{V_1}{V_2} = 0.1 \times \frac{V}{V/10} = 1.0 \text{ Pa}$$

（2）按绝热过程 $k = 1.4$ 计算，由式（5-9）和式（5-10），可得

$$\frac{p_1}{p_2} = \left(\frac{V_2}{V_1}\right)^k$$

因此

$$p_2 = p_1 \left(\frac{V_1}{V_2}\right)^k = 0.1 \left(\frac{V}{V/10}\right)^{1.4} = 2.51 \text{ MPa}$$

$$\frac{T_1}{T_2} = \left(\frac{V_2}{V_1}\right)^k$$

因此

$$T_2 = T_1 \left(\frac{V_2}{V_1}\right)^{k-1} = (273.1 + 20) \times \left(\frac{V}{V/10}\right)^{1.4-1} = 736.2 \text{ K}$$

$$t_2 = T_2 - 273.1 = 736.2 - 273.1 = 463.1℃$$

知识拓展

基 本 概 念

1. 热力系统

在热力学中，把作为研究对象的某指定范围内的物质称为热力系统，简称系统。系统之外的物质称为外界。系统与外界之间的分界面称为边界。系统的边界可以是真实的，也可以是假想的。所谓热力系统，就是由边界包围着的被研究物质的总和。

通常，系统与外界之间可能有质量交换和能量交换。有能量交换、无质量交换的系统称闭口系统；既有能量交换、又有质量交换的系统称开口系统。与外界没有热交换的系统称为绝热系统。当系统与外界传递的热量小到可以忽略不计时，就可假设该系统为绝热系统，以使研究得到简化。

2. 状态、状态参数

热力系统在某瞬时呈现的宏观物理状态称为系统的状态，它反映了系统内大量气体分子热运动的平均特性。用来描述系统所处状态的一些宏观物理量（如压力、温度等）称为状态参数。

任务 5.2　气压传动系统

任务目标与分析

　　"气压传动技术"（简称"气动技术"）是以压缩空气为工作介质进行能量传递或信号传递的一门技术。它以空气压缩机为动力源，通过各种气动元件驱动和控制机构的动作，实现生产过程的机械化和自动化。

　　以气动剪切机气压传动系统为例，本任务介绍气压传动系统的工作原理、系统组成及相关基础知识。通过气动剪切机气压传动系统工作原理和系统组成的学习，掌握气压传动系统的工作原理及系统组成；掌握气压传动系统的符号、作用。

知识链接

　　气压传动由风动技术及液压技术演变和发展而来。因为气压传动中的传递介质是取之不尽用之不竭的空气，环境污染小，工程容易实现，所以在自动化领域中充分显示了它强大的生命力和广阔的发展前景。气动技术在机械、电子、车辆、钢铁、纺织、轻工、化工、烟草、包装等工业领域已得到了广泛的应用，已成为 20 世纪以来应用最广泛、发展最快的技术之一。

5.2.1　气压传动系统的工作原理

　　如图 5 - 3 所示为气动剪切机工作原理图，图中所示位置为剪切前的预备状态，其工作过程如下。

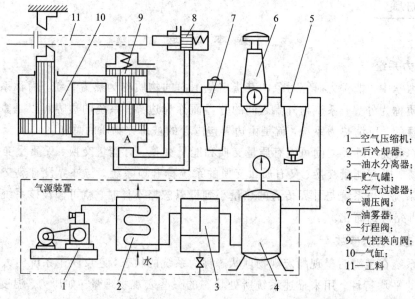

1—空气压缩机；
2—后冷却器；
3—油水分离器；
4—贮气罐；
5—空气过滤器；
6—调压阀；
7—油雾器；
8—行程阀；
9—气控换向阀；
10—气缸；
11—工料

图 5 - 3　气动剪切机工作原理

空气压缩机 1 产生的压缩空气→后冷却器 2→油水分离器 3→贮气罐 4→空气过滤器 5→调压阀 6→油雾器 7→气控换向阀 9→气缸 10，此时换向阀 A 腔的压缩空气将阀芯推到上位，使气缸上腔充压，活塞处于下位，剪切机的剪口张开，处于预备状态。

当送料机构将工料 11 送入剪切机并到达规定位置时，工料将行程阀 8 的阀芯向右推，换向阀 A 腔经行程阀 8 与大气相通，换向阀阀芯在弹簧的作用下移到下位，将气缸上腔与大气相通，下腔与压缩空气连通。此时活塞带动剪刀快速向上运动将工料切下。

工料被切下后，即与行程阀脱开，行程阀复位，将排气口封死。换向阀 A 腔压力上升，阀芯上移，使气路换向。

气缸上腔进压缩空气，下腔排气，活塞带动剪刀向下运动，系统又恢复到图 5-3 所示状态，等待第二次进料剪切。

5.2.2 气压传动系统的组成、图形符号和特点

1. 气压传动系统的组成

通过气动剪切机工作过程可知，气源装置将电动机的机械能转换为气体的压力能，然后通过气缸将气体的压力能再转换为机械能以推动负载运动，气压传动过程可用图 5-4 表示。

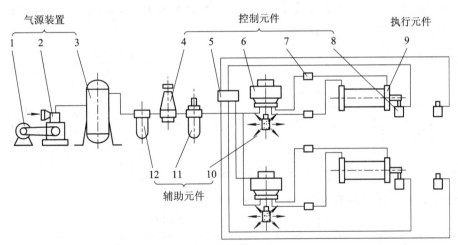

1—电动机；2—空气压缩机；3—储气罐；4—压力控制阀；5—逻辑元件；6—方向控制阀；7—流量控制阀；8—机控阀；9—气缸；10—消声器；11—油雾器；12—空气过滤器

图 5-4 气动系统组成示意图

为了实现压缩空气的输送，在气源装置与气缸或气马达之间用管道连接，同时为了实现执行机构所要求的运动，在系统中还设置有各种控制阀及其他辅助设备。气压传动系统主要由下列几部分组成。

1）气源装置

气源装置是获得压缩空气的装置和设备，如各种空气压缩机。它将原动机供给的机械能转变为气体的压力能，还包括储气罐等辅助设备。

2）执行元件

执行元件是将压缩空气的压力能转变为机械能的装置，如做直线运动的气缸、做回转

运动的气动马达等。

3）控制元件

控制元件是控制压缩空气的流量、压力、方向以及执行元件工作程序的元件，如各种压力阀、流量阀、方向阀、逻辑元件等。

4）辅助元件

辅助元件是使压缩空气净化、润滑、消声以及用于元件连接等所需的装置和元件，如各种空气过滤器、干燥器、油雾器、消声器、管道等。

5）工作介质

工作介质在气压传动中起传递运动、动力及信号的作用。气压传动的工作介质为压缩空气。

2. 气压传动系统的图形符号

图5-3和图5-4所示的气压传动系统图是一种半结构式的工作原理图，其直观性强，容易理解，但难于绘制。为了便于阅读、分析、设计和绘制气压系统，在工程实际中，国内外都采用气压元件的图形符号来表示。按照规定，这些图形符号只表示元件的功能，不表示元件的结构和参数，并以元件的静止状态或零位状态来表示。若气压元件无法用图形符号表述时，仍允许采用半结构原理图表示。图5-5即为用图形符号表达的气动剪切机传动系统工作原理图。我国制订有液压与气动元件图形符号标准（参见附录1），在液压与气压系统设计中，要严格执行这一标准。

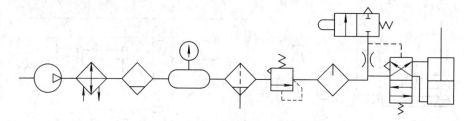

图5-5 气动剪切机气压系统符号图

常见气压传动图形符号见表5-3。

表5-3 常见气压传动图形符号

气源及净化装置					
空气压缩机	后冷却器	除油器	气罐	空气干燥器	气压源
辅助元件					
过滤器		油雾器		消声器	气液转换器

续表

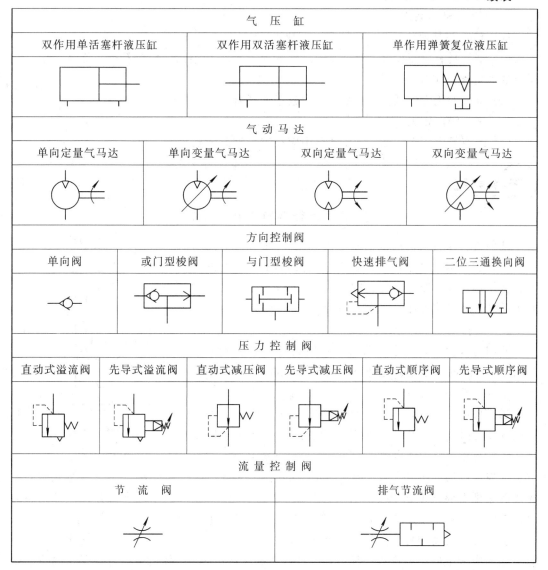

气　压　缸		
双作用单活塞杆液压缸	双作用双活塞杆液压缸	单作用弹簧复位液压缸

气　动　马　达			
单向定量气马达	单向变量气马达	双向定量气马达	双向变量气马达

方　向　控　制　阀				
单向阀	或门型梭阀	与门型梭阀	快速排气阀	二位三通换向阀

压　力　控　制　阀					
直动式溢流阀	先导式溢流阀	直动式减压阀	先导式减压阀	直动式顺序阀	先导式顺序阀

流　量　控　制　阀	
节　流　阀	排气节流阀

3. 气压传动的特点

1) 气压传动的优点

气压传动与其他传动相比，具有以下优点。

(1) 工作介质是空气，来源方便，取之不尽，使用后直接排入大气而无污染，不需要设置专门的回气装置。

(2) 空气的黏度很小，因此流动时压力损失较小，节能、高效，适用于集中供应和远距离输送。

(3) 动作迅速，反应快，维护简单，调节方便，特别适合于一般设备的控制。

(4) 工作环境适应性好，特别适合在易燃、易爆、潮湿、多尘、强磁、振动、辐射等恶劣条件下工作，外泄漏不污染环境，在食品、轻工、纺织、印刷、精密检测等环境中采用最为适宜。

（5）成本低，过载能自动保护。

2）气压传动的缺点

气压传动与其他传动相比，具有以下缺点。

（1）空气具有可压缩性，不易实现准确的速度控制和很高的定位精度，负载变化时对系统的稳定性影响较大。

（2）空气的压力较低，只适用于压力较小的场合。

（3）排气噪声较大。

（4）因空气无润滑性能，故在气路中应设置给油润滑装置。

自行车打气筒

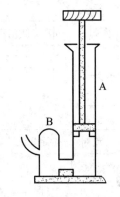

图 5 - 6　某种自行车打气筒的
截面示意图

某种自行车打气筒的截面示意图如图 5 - 6 所示。图中有一处的结构没画全，请根据打气的原理和过程，在图上补全结构。这种带有小筒 B 的打气筒与没有小筒 B，只有大筒 A 的打气筒相比，其优越性是_____。

提示：打气筒工作原理。

使用打气筒时，要把它的出气管接到自行车轮胎的气门上，气门的作用是只允许空气从打气筒进入轮胎，不允许空气从轮胎倒流入打气筒。

老式皮碗打气筒的原理：打气筒的活塞和筒壁之间有空隙，活塞上有个向下凹的橡皮碗。向上拉活塞的时候，活塞下方的空气体积增大，压强减小，活塞上方的空气就从橡皮碗四周挤到下方。向下压活塞的时候，活塞下方空气体积缩小，压强增大，使橡皮碗紧抵着筒壁不让空气漏到活塞上方，继续向下压活塞，当空气压强足以顶开轮胎的气门芯时，压缩空气就进入轮胎，同时筒外的空气从筒上端的空隙进入活塞的上方。

新式外管滑动的打气筒就是一个最简单的单向阀。当外管往上提时，空气即从气筒外管下端的中套上的小孔进入气筒内，这时将手柄往下压时，气体就会经过设置在内管顶端的单向阀门进入气筒内管，顺着皮管进入轮胎的气门，而当第二次再将手柄往上提时，单向阀门关闭，再次下压时空气冲开单向阀进入轮胎。如此往返循回。

气动系统对压缩空气质量的要求

由空气压缩机排出的含有汽化润滑油、水蒸气、固体杂质的高温压缩空气会对气动系统的正常工作产生不利影响，这是因为：

（1）混在压缩空气中的油蒸气可能聚集在贮气罐、管道、气动元件的容腔中形成易燃物，有引起爆炸的危险。另外润滑油被汽化后会形成一种有机酸，对金属元件、气动装置有腐蚀作用，影响设备的使用寿命。

（2）压缩空气中含有的水分，会腐蚀导管并使气动元件生锈；在一定的压力和温度条件下，水分会生成水膜，增加气流阻力；如果结冰，还会堵塞通道，使控制失灵，甚至损坏管道及元件。

（3）混入压缩空气中的杂质会堵塞通道，使运动件加速磨损，降低元件的使用寿命。

（4）压缩空气的温度过高会加速气动元件中各种密封件、软管材料等的老化，且温差过大，元件材料会发生胀裂，降低系统使用寿命。

因此，由空气压缩机排出的压缩空气，必须经过降温、除油、除水、除尘和干燥的净化处理，使之品质达到一定要求后，才能使用。

气动系统对工作介质——压缩空气的主要要求是：具有一定的压力和足够的流量，具有一定的净化程度，所含杂质（油、水及灰尘等）粒径一般不超过以下数值：对于气缸、膜片式和截止式气动元件，要求杂质粒径不大于 $50~\mu m$；对于气马达、滑阀元件，要求杂质粒径不大于 $25~\mu m$；对射流元件，要求杂质粒径为 $10~\mu m$ 左右。

✦✦✦✦ 思考练习题 ✦✦✦✦

1. 何为湿空气？什么是露点？

2. 何为理想气体？说明理想气体状态方程的物理意义。

3. 何为气体的等温变化过程？在等温过程中，加入系统的热能变成了什么？气动系统中，那些工作过程可视为等温过程？

4. 何为气体的绝热过程？在绝热过程中，状态参数之间存在什么关系？气动系统中，那些工作过程可视为绝热过程？

5. 气动系统对压缩空气质量的要求有哪些？

6. 气压传动的特点是什么？

7. 气压传动系统主要由几部分组成？

项目六

气动元件与基本回路

气动元件是通过气体的压强或膨胀产生的力来做功的元件，即将压缩空气的弹性能量转换为动能的机件，如气缸、气动马达、蒸汽机等。气动元件是一种动力传动形式，亦为能量转换装置，利用气体压力来传递能量。

任何气动系统都是由一些基本回路组成的。所谓基本回路，就是指能实现某种特定功能的典型回路。熟悉和掌握常见的气动基本回路，有助于更好地分析、使用和设计气动系统。

任务 6.1　气源装置及辅助元件

任务目标与分析

在气压传动系统中，由空气压缩机产生的压缩空气中存在水分、油分和灰尘等杂质，若不经过处理而直接进入管路系统，就可能造成不良的后果。气源装置及气动辅助元件主要起产生、净化、贮存、润滑压缩空气等作用，保证气压传动系统正常运行。

气源装置是气压传动系统的动力部分，这部分元件性能的好坏直接关系到气压传动系统能否正常工作；气动辅助元件更是气压传动系统正常工作必不可少的组成部分。

通过学习，要求能识别气源装置及常用的气动辅助元件，掌握其在气压传动系统中的作用，熟记其图形符号。在学习时，通过观察实物和拆装元件与装置，理解气源装置及气动辅助元件的原理与作用，以及其安装位置，在此基础上识记其图形符号。

知识链接

6.1.1　气源装置

产生、处理和贮存压缩空气的装置称为气源装置，它给气动系统提供足够清洁、干燥且具有一定压力和流量的压缩空气。气源装置一般由气压发生装置，净化、贮存压缩空气的装置和设备，传输压缩空气的管道系统和气动三联件四个部分组成。

气源装置是气压传动系统的动力源装置，其心脏部分是空气压缩机(简称空压机)。当空压机的排气量小于 6 m^3/min 时，直接安装在主机旁；当排气量大于 6 m^3/min 时，应独立设置空气压缩站。空气压缩站(简称空压站)是气压传动系统在的核心部件，主要由空压机、后冷却器和储气罐组成。图 6-1 为空压站的组成示意图。

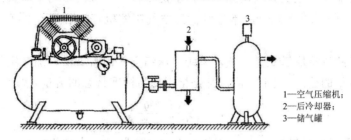

1—空气压缩机；
2—后冷却器；
3—储气罐

图 6-1　空压站的组成示意图

1. 空气压缩机的分类

空气压缩机是把电动机输出的机械能转换成气体压力能的能量转换装置。它的种类很多，一般按工作原理的不同分为容积式和速度式两大类型。容积式压缩机是通过运动部件的位移，周期性地改变密封的工作容积来提高气体压力的，它包括活塞式、膜片式和螺杆式等。速度式压缩机是通过改变气体的速度，提高气体动能，然后将动能转化为压力能来提高气体压力的，它包括离心式、轴流式和混流式等。在气压传动中一般多采用容积式空气压缩机。

气动系统中最常用的空压机是往复活塞式压缩机。图 6-2 为往复活塞式空压机的工作原理示意图及外形图。

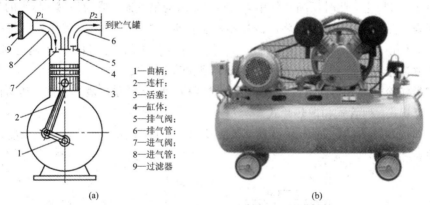

1—曲柄；
2—连杆；
3—活塞；
4—缸体；
5—排气阀；
6—排气管；
7—进气阀；
8—进气管；
9—过滤器

(a)　　　　　　　　　　　　　　(b)

图 6-2　往复活塞式空压机的工作原理示意图及外形图

2. 空气压缩机的工作原理

如图 6-2(a)所示，空气压缩机的工作原理为：在电动机驱动下，曲柄 1 做回转运动，连杆 2 带动活塞 3 做直线往复运动(为曲柄滑块机构)。当活塞 3 向下运动时，缸体 4 的密封工作腔体积增大，形成局部真空，排气阀 5 关闭，进气阀 7 打开，外界空气在大气压作用下经空气过滤器 9 进入缸体 4 的密封工作腔内，完成吸气过程；当活塞 3 向上运动时，缸体 4 的密封工作腔体积减小，气缸内的空气受到压缩而使压力升高，这个过程称为压缩过程；当气缸内压力增至略高于排气管内的压力时，进气阀 7 关闭，排气阀 5 打开，压缩空气经排气管 6 进入到储气罐中，完成排气过程。曲柄 3 旋转一周，活塞往复行程一次，即完成一个"吸气—压缩—排气"的工作循环。像这样循环往复的运动即可产生压缩空气。

3. 空气压缩机的选用

选择空气压缩机的依据是气动系统所需要的工作压力和流量两个参数。一般气动系统的工作压力为 0.4～0.8 MPa，故常选用低压空气压缩机，根据需要也可选用其他压力型的空气压缩机。

空气压缩机的流量应满足整个气动系统对压缩空气的需求量再加一定的备用余量。选择空气压缩机流量的公式（式中的流量都是指折算为标准状态的流量）如下：

$$q_{Vn} = \frac{q_{Vn0} + q_{Vn1}}{(0.7 \sim 0.8)} \tag{6-1}$$

式中，q_{Vn0} 为配管等的漏气量；q_{Vn1} 为工作元件的总流量；q_{Vn} 为空气压缩机的流量。

6.1.2 辅助元件

从空压站输出的压缩空气中含有大量的水分、油污和灰尘等杂质，若不经处理直接进入管路系统，会造成污染、影响产品质量、腐蚀气动元件、堵塞管路、磨损元件、降低设备的使用寿命等不良后果。因此，压缩空气在使用之前必须经辅助元件进行过滤和干燥等处理后才能更好使用。辅助元件主要有后冷却器、油水分离器、储气罐、空气干燥器、空气过滤器等。

1. 后冷却器

压缩气体时，由于体积减小，压力升高，温度也升高。一般的空压机输出的压缩空气温度可达 120℃以上，此时压缩空气中含有的油、水均呈气态，成为易燃、易爆的气源且腐蚀作用很强，会损坏气动装置。将后冷却器安装在空压机排气口处，其作用是将空气压缩机排出的气体由 140～170℃降至 40～50℃，使压缩空气中的油雾和水汽迅速达到饱和，大部分析出并凝结成水滴和油滴，以便经除油器和分离器排出。

冷却器按冷却方式不同有水冷式和风冷式两种。水冷却方式最为常用，其结构形式有蛇管式、套管式、列管式和散热片式。

蛇管式冷却器的结构如图 6-3 所示，主要由一只蛇管状空心盘管和一只盛装此盘的圆筒组成。

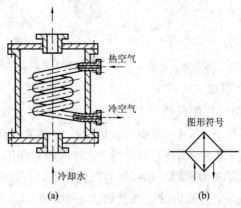

图 6-3 蛇管式冷却器的结构及图形符号

蛇状盘管可用铜管或钢管弯曲制成，蛇管的表面积也是该冷却器的散热面积。由空气压缩机排出的热空气由蛇管上部进入，通过管外壁与管外的冷却水进行热交换。冷却后，由蛇管下部输出。为提高降温效果，安装时要特别注意冷却水和压缩空气的流动方向，一般采用气水逆流的方式。这种冷却器结构简单，使用和维修方便，因而被广泛用于流量较小的场合。

2. 储气罐

储气罐的作用如下：

（1）消除压力波动，保证输出气流的稳定性。

（2）储存一定量的压缩空气，当空压机发生意外事故停机或突然停电时，储气罐中的压缩空气可作为应急使用。

（3）进一步分离压缩空气中的水分和油分。

储气罐有立式和卧式两种，一般以立式居多，其结构如图 6-4 所示。进气口在下，出气口在上，两者间的距离应尽可能大。储气罐上应设置安全阀、压力表、排污管阀等。

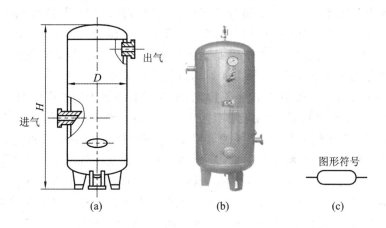

(a)　　　　　　　　(b)　　　　　　　　(c)

图 6-4　储气罐结构图、外形图及图形符号

3. 油水分离器

油水分离器安装在冷却器后的管道上，它的作用是分离压缩空气中所含的油分、水分和灰尘等杂质，使压缩空气得到初步的净化。其结构形式有环形回转式、撞击折回式、离心旋转式、水浴式及以上形式的组合使用等。经常使用的是使气流撞击并产生环形回转流动的除油器，其结构如图 6-5 所示。

其工作原理是：当压缩空气由进气管进入除油器壳体以后，气流先受到隔板的阻挡，气流折转下降，产生流向和速度的急剧变化，然后上升，依靠惯性力的作用分离出油滴和水滴，沉降于壳体底部，由排放口定期排出。

4. 空气干燥器

空气干燥器的作用是吸收和排出压缩空气里的水分，使湿空气变成干空气。从空压机输出的压缩空气经冷却器、油水分离器的处理净化后，已能满足一般气动系统的使用要求，但对一些精密机械、气动操作的自动化仪表还不能满足使用要求，为防止初步净化后的气体中所含水分对精密机械和仪表产生腐蚀，还要进行进一步的干燥和过滤。

现在使用的干燥方法主要有冷冻式、吸附式等形式。

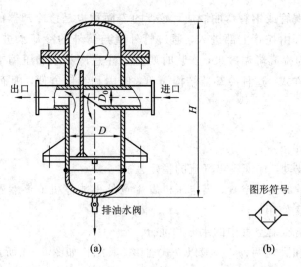

图 6-5 撞击折回式油水分离器结构图及图形符号

（1）冷冻式干燥器。冷冻式干燥器是利用制冷设备使压缩空气冷却到一定的露点温度，然后析出空气中超过饱和气压部分的水分，降低其含湿量，增加空气的干燥程度。此方法适用于处理低压大流量，并对干燥度要求不高的压缩空气。压缩空气的冷却除用冷冻设备外也可采用制冷剂直接蒸发，或用冷却液间接冷却的方法。

（2）吸附式干燥器。吸附式干燥器主要是利用具有吸附性能的吸附剂（如硅胶、活性氧化铝、焦炭、分子筛等物质）表面能够吸附水分的特性来清除水分的，从而达到干燥、过滤的目的。吸附法应用较为普遍。当干燥器使用一段时间后，吸附剂吸水达到饱和状态而失去吸水能力，因此需设法除去吸附剂中的水分，使其恢复干燥状态，以便继续使用，这就是吸附剂的再生。吸附剂的再生方法有加热再生和无加热再生两种方法。加热再生是使用一段时间后，用大流量高温空气反方向冲刷吸附剂，使其恢复吸附水分的能力；无加热再生是使用干燥过的空气进行再生，不需加热。图 6-6 为一种常见无加热再生式干燥器，

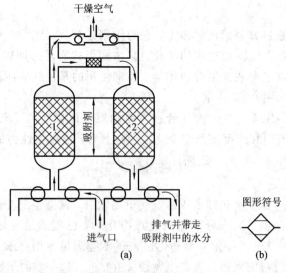

图 6-6 无加热再生式干燥器原理图及图形符号

它有两个填满吸附剂的容器 1、2，当空气从容器 1 的下部流到上部，空气中的水分被吸附剂吸收而得到干燥，一部分干燥后的空气又从容器 2 的上部流到下部，把吸附在吸附剂中的水分带走并放入大气，即实现了不须外加热源而使吸附剂再生，两容器定期的交换工作（约 5～10 min/次）使吸附剂产生吸附和再生，这样可得到连续输出的干燥压缩空气。

5. 空气过滤器

空气中所含的杂质如果进入气动系统中，将会加剧机件的磨损，加速润滑油的老化，降低密封性能，增加功率损耗。空气过滤器的作用是滤除压缩空气中所含的液态水滴、油滴、固体粉尘颗粒及其他杂质。

过滤的原理是根据杂质物质与空气分子的大小和质量不同，利用惯性、阻隔和吸附的方法将其从空气中分离。

一般过滤器由壳体和滤芯组成。按滤芯采用的材料不同可分纸质、织物、陶瓷、泡沫塑料和金属等形式。常用的是纸质式和金属式。

图 6-7 为空气过滤器结构原理图及图形符号。空气进入过滤器后，由于旋风叶片 1 的导向作用而产生强烈的旋转，混在气流中的大颗粒杂质（水滴、油滴）和粉尘颗粒在离心力作用下被分离出来，沉到杯底，空气在通过滤芯 2 的过程中得到进一步净化。挡水板 4 可防止气流的漩涡卷起存水杯 3 中的积水。

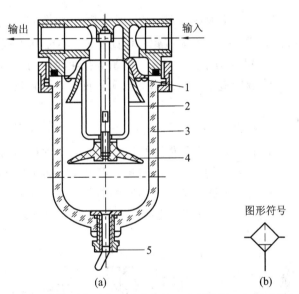

1—旋风叶片；2—滤芯；3—存水杯；4—挡水板；5—手动排水阀

图 6-7　空气过滤器结构原理图及图形符号

空气过滤器使用中要注意定期清洗和更换滤芯，否则将增加过滤阻力，降低过滤效果，甚至堵塞。

6. 油雾器

气压传动中的各种阀和执行元件都需要润滑，油雾器的作用是以压缩空气为动力，将润滑油喷射成雾状并混合于压缩空气中，随压缩空气进入需要润滑的部位。

目前，气动控制阀、气缸和气动马达主要是靠这种带有油雾的压缩空气来实现润滑的，其优点是方便、干净、润滑质量高。

油雾器的工作原理如图 6-8 所示，当压力为 p_1 的压缩空气从左向右通过文氏管后压力降为 p_2，当输入压力 p_1 和输出压力 p_2 的压差大于把油吸引到排出口所需压力 $\rho g h$ 时，油被吸到油雾器的上部，在排出口形成油雾并随压缩空气输送到所需润滑的部位。

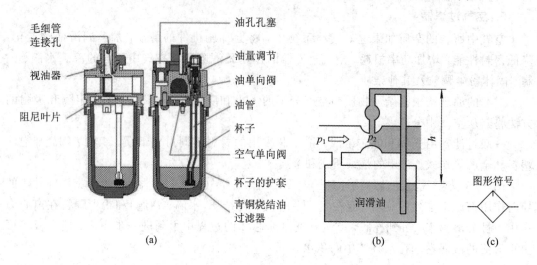

图 6-8 油雾器工作原理图、外形图及图形符号

油雾器在安装时应注意进、出口不能接错；垂直安装，不能倒置或倾斜；保持正常油面，油面不能过高或过低。另外，在食品、药品、电子等行业使用的气动装置是不允许使用油雾器的，因为它会对人体健康造成危害或影响到测量仪的测量精度，目前无油润滑技术正在逐渐普及。

7. 气动三联件

分水过滤器、减压阀和油雾器三个元件无管连接而成的组件被称为气动三联件，如图 6-9 所示。压缩空气经过三大件的最后处理，将进入各气动元件及气动系统，因此，三大件是压缩空气质量的最后保证。根据气动系统不同的用气要求，它可以少于三件，只用一件或二件，也可多于三件。因其结构紧凑，装拆及更换元件方便，故应用普遍。

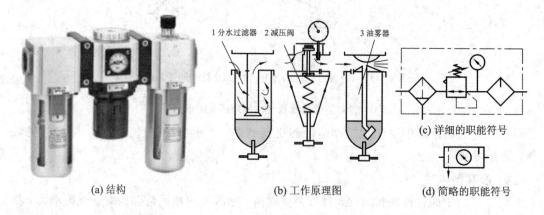

图 6-9 气动三联件

8. 消声器

在气动系统中，当压缩空气直接从气缸或换气阀排向大气时，较高的压差使气体速度很高，产生强烈的排气噪音，一般可达 $100\sim120$ dB，使工作环境恶化，对人体健康造成危害。为了消除或减弱这种噪音，应在气动装置的排气处安装消声器。

消声器是一种能阻碍声音传播而让气流通过的、防止空气动力性噪声的主要设备。常用的消声器有吸收型、膨胀干涉型和膨胀干涉吸收型三种。

如图 6-10 所示为吸收型消声器结构示意图和图形符号。

吸收型消声器是利用吸声材料(如玻璃纤维、毛毡、泡沫塑料、烧结材料等)来降低噪声。当气流通过消声罩 1 时气流受阻，可使噪声降低 20 dB 左右。

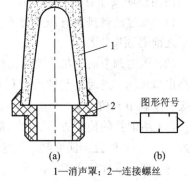

图形符号

(a)   (b)

1—消声罩；2—连接螺丝

图 6-10 吸收型消声器结构示意图和图形符号

气动三联件的连接

在气动技术中，将空气过滤器(F)、减压阀(R)和油雾器(L)三种气源处理元件组装在一起称为气动三联件，气源经过净化、过滤和减压至仪表，供给额定的气源压力，相当于电路中的电源变压器的功能。

气动三联件的模块式连接方式如图 6-11 所示。

(1)安装时请注意清洗连接管道及接头，避免脏物带入气路。

(2)安装时请注意气体流动方向与本体上箭头所指方向是否一致，注意接管及接头牙型是否正确。

(3)过滤器、调压阀(调压过滤器)给油器的固定：将固定支架的凸槽与本体上凹槽匹配，再用固定片及螺丝锁紧即可。

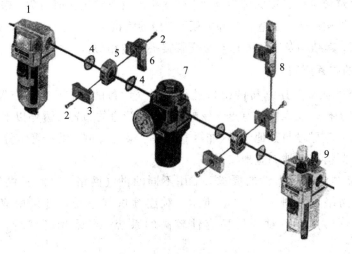

1—分水过滤器；
2—螺钉；
3—连接块；
4—密封圈；
5—接头；
6—L型托架；
7—减压阀；
8—T形托架；
9—油雾器

图 6-11 气动三联件的模块式连接方式

（4）单独使用调压阀、调压过滤器时的固定：旋转固定环使之锁紧附带的专用固定片即可。

使用说明及注意事项如下：

（1）该过滤器排水有压差排水与手动排水两种方式。手动排水时当水位达到滤芯下方水平之前必须排出。

（2）压力调节时，在转动旋钮前请先拉起再旋转，压下旋转钮为定位。顺时针钮转为调高出口压力，逆时针钮转为旋低出口压力。调节压力时应逐步均匀地调至所需压力值，不应一步调节到位。

（3）给油器的使用方法：加油量请不要超过杯子八分满。数字 0 为油量最小，9 为油量最大。自 9～0 位置不能旋转，须逆时针旋转。

（4）部分零件使用 PC 材质，禁止接近有机环境或在有机剂环境中使用。PC 杯清洗请用中性清洗剂。

（5）使用压力请勿超过其使用范围。

（6）当出口风量明显减少时，应及时更换滤芯。

气动管道系统

1. 气动系统的管道与管接头

气动系统中常用的输气管有硬管和软管两种。

硬管通常是金属管，如碳素钢管、铜管、铝合金管等。由于压缩空气中含有水分，对碳素钢管必须进行镀锌、镀铜等防锈处理。

常用的软管有合成材料（如聚氨酯、聚乙烯、聚氨乙烯、尼龙等）软管、棉线编织橡胶管等。合成软管由于耐腐蚀性好，价格低，质量轻，装拆方便，广泛用于气动管路中。金属管主要用于工厂管路和大型气动装置上。

管接头是连接、固定管道所必需的辅件。对于管接头不仅要求工作时可靠，密封性好，流动阻力小，而且要求结构简单，制造和装卸方便。常用的管接头有卡套式、倒钩式、弹性卡头式、插入快换式等，其结构及工作原理与液压管接头基本相似。

2. 气动系统管道的布置原则

输气管道把压缩空气从空气压缩机的出口送往各用气设备的入口，管道布置是否合理，对气动系统的操作运行以及维修等有重大影响。因此，管道的布置应遵循以下原则。

（1）输出管道的布置应尽量与其他管网（如暖气管道、煤气管道、供水管道等）统筹考虑，统一根据现场的实际情况因地制宜地安排。

（2）根据气动系统对供气可靠性的要求，采用不同的供气网络。对间断供气系统，可采用单树枝状供气网络，如图 6 - 12（a）所示；对连续供气系统，可采用双树枝状供气网络，如图 6 - 12（b）所示；对气压稳定性较高的系统，可采用环状管网，如图 6 - 12（c）所示。

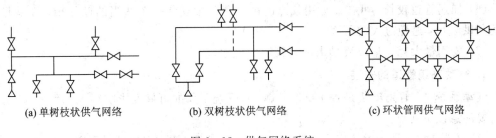

(a) 单树枝状供气网络 (b) 双树枝状供气网络 (c) 环状管网供气网络

图 6-12 供气网络系统

（3）管路进入车间以后，应设置压缩空气入口装置，如图 6-13 所示。

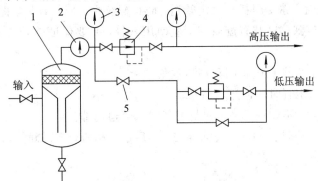

1—油水分离器；2—流量计；3—压力表；4—减压阀；5—阀门

图 6-13 用气车间"压缩空气入口装置"

（4）车间内竖直干线应沿柱子安装，横向干线应按气流方向向下倾斜 3°～5°沿墙铺设。在管路终端应设置集水罐，聚集析出的水、油，以便定期从集水罐底部管阀排出，如图 6-14 所示。

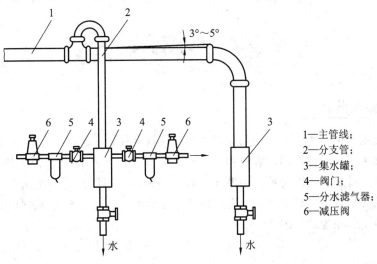

1—主管线；
2—分支管；
3—集水罐；
4—阀门；
5—分水滤气器；
6—减压阀

图 6-14 车间内管道布置图

（5）输气支管要在干线上部采用大角度拐弯后再向下引出，在离地面 1.5 m 左右安装配气器，在配气器两侧接支管，再经软管送到用气设备上去。配气器下方装有排污阀，以便定期排出污物，如图 6-14 所示。

（6）如遇管道较长，可在靠近用气点的供气管路中安装一个适当的储气罐，以满足大的间断供气量，避免过大的压降。

（7）要用最大耗气量或流量来确定管道的尺寸。

3. 气动系统管道的安装

气动系统中，管道安装是否正确、可靠，对系统工作的可靠性影响很大。因此，管道安装时要注意以下几点。

（1）安装时，不能使配管变形；螺纹连接时不可拧得太紧，以避免对管道产生附加应力。

（2）对长管道应在适当部位安装托架加以保护，以避免产生挠度，如图 6-15（a）所示。配管采用螺纹连接时，亦要用托架固定管道，防止螺纹受力时松动，如图 6-15（b）所示。

（3）从固定管道到移动装置配管时，应使用软管，并要保证软管有充分的长度，如图 6-16 所示。

（4）在各管道上应设置截止阀和高压放气阀。

（5）弯曲铜管、钢管时应使用弯管机。

（6）安装管道时，不能让焊渣、密封材料混入管道内部。

（7）安装完毕先应进行冲洗，去除异物，然后进行检查，不得漏气。

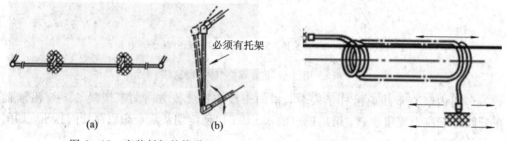

图 6-15　安装托架的管道　　　　图 6-16　通往移动装置的管道

任务 6.2　气 动 元 件

任务目标与分析

气动系统主要由气源装置及辅助元件、气动执行元件、气动控制元件等几部分组成。

通过对常用气压元件作用、结构和工作原理的学习，具有正确选择气压元件的能力，具有正确分析、判断液压传动系统中液压元件常见故障及排除故障的能力。为后续气动系统工作原理的分析打下良好的基础。通过拆装，使学生熟悉各类气动元件的结构特点，加深对气动元件工作原理的理解。

知识链接

6.2.1　气动执行元件

气动执行元件的作用是将压缩空气的压力能转换为机械能，是驱动工作部件工作做功的能量转换装置。它可分为气缸和气动马达两种形式。气缸和气动马达在结构和工作原理上，分别与液压缸和液压马达相类似。其中，气缸由于其结构简单、成本低、可以在易燃、易爆的场合安全工作而被广泛应用。

1. 气缸

气缸是气动系统的执行元件之一。除几种特殊气缸外，普通气缸的种类及结构形式与液压缸基本相同。目前最常选用的是标准气缸，其结构和参数都已系列化、标准化、通用化。QGA 系列为无缓冲普通气缸；QGB 系列为有缓冲普通气缸。

1) 气缸的分类

气缸是把压缩空气的压力能转换成往复运动的机械能的装置，是气动系统的又一类执行元件。根据使用条件不同，其结构、形状也有多种形式。其分类方法也很多，常用的有以下几种。

(1) 按活塞端面上受压状态分为单作用气缸和双作用气缸。

(2) 按结构特征分为活塞式气缸、柱塞式气缸、叶片式摆动气缸、膜片式气缸、气-液阻尼缸等。

(3) 按功能分为普通气缸和特殊功能气缸。普遍气缸一般指活塞式单作用气缸和双作用气缸，用于无特殊要求的场合。特殊功能气缸用于有特殊要求的场合，如气-液阻尼缸、膜片式气缸、冲击气缸、回转气缸、伺服气缸、数字气缸等。

(4) 按外形分为标准气缸和特殊外形气缸。

2) 标准气缸的结构特点

标准气缸的结构和参数都已标准化、系列化、通用化，并由专业厂家生产，在设计气缸时，最常选用的就是这种标准气缸。图 6-17 为 QGA 系列无缓冲标准气缸的结构图，图 6-18 为 QGB 系列有缓冲标准气缸的结构图。

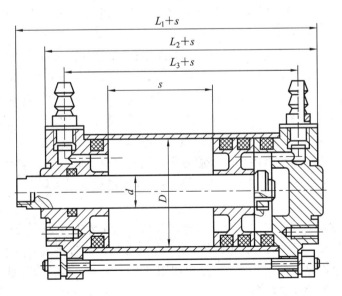

图 6-17 QGA 系列无缓冲标准气缸

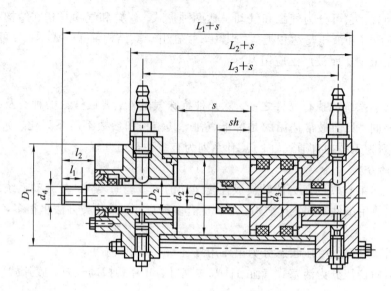

图 6-18　QGB 系列有缓冲标准气缸

标准气缸又可分为三种类型，在结构上各有特点，现分述如下。

（1）轻型气缸：其缸径一般为 32～63 mm。这种气缸在两端都有充分的缓冲。缓冲等级可根据需要调节。中速运动可以做到无振动。这种气缸主要用于夹紧、固定装置和一般小型工程，在这些工程中，行程很短，使用次数有限。

（2）中型气缸：是最通用的气缸，其缸径范围为 32～320 mm。端盖和轴承座通常为高强度铝合金或锌合金压铸件。活塞一般为整体或三个部件组成的高强度铝合金件，有时由玻璃纤维增强塑料等材料代用。轴承面经常采用加润滑剂的尼龙。活塞杆和拉杆材料为不锈钢。轴承座通常与端盖组成一体。缸筒材料为冷拉钢或经阳极氧化处理的铝。铝质缸筒的活塞组件可使用一块扇形磁铁。标准等级的中型气缸用于一般工程，如自动加工成套设备中的专用机床的大型夹紧装置。

（3）重型气缸：其缸径范围一般为 50～320 mm。重型气缸具有特殊精加工表面、加长活塞杆和附加缓冲器。端盖材料一般为铸铁或低碳钢，有些小缸径气缸端盖为锌合金。活塞大多是铸铁或铸钢件，由三个部分组成，以适应锁紧螺母的要求。轴承座往往与前端盖组成一体，也有的采用分离轴承座。轴承座常常是黄铜锻件，轴承一般为青铜铅基材料。活塞杆一般经镀铬硬化处理。拉杆为不锈钢件，活塞杆防尘圈和压盖密封采用耐磨材料。为了维修方便，常采用螺纹挡圈。缸筒常为冷拉钢管，内表面镀铬。这种气缸构造特别坚固，常用于矿山、采石场、钢铁厂、铸造厂和高速加工机械等恶劣场合中。

3）特殊气缸

特殊气缸有很多种类，这里只介绍膜片式气缸、冲击气缸和无杆气缸。

（1）膜片式气缸。膜片式气缸由缸体、膜片、膜盘和活塞杆等主要零件组成。它可以是单作用式的，也可以是双作用式的，其结构如图 6-19 所示。其膜片有盘形膜片和平膜片两种，多数采用夹织物橡胶材料。

膜片式气缸与活塞式气缸相比，具有结构紧凑、简单、制造容易、成本低、维修方便、寿命长、泄漏少、效率高等优点，但膜片的变形量有限，其行程较短。这种气缸适用于气动

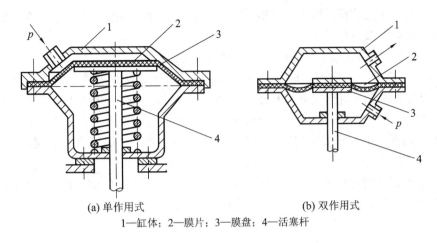

(a) 单作用式　　　　　　　　　(b) 双作用式

1—缸体；2—膜片；3—膜盘；4—活塞杆

图 6 - 19　膜片式气缸

夹具、自动调节阀及短行程工作场合。

（2）冲击气缸。冲击气缸是一种比较新型的气动执行元件，其工作原理如图 6 - 20 所示。与普通气缸相比，其结构特点是增加了一个具有一定容积的蓄能腔和喷嘴。

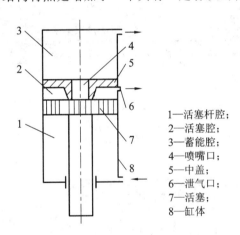

1—活塞杆腔；
2—活塞腔；
3—蓄能腔；
4—喷嘴口；
5—中盖；
6—泄气口；
7—活塞；
8—缸体

图 6 - 20　冲击气缸的工作原理图

冲击气缸由缸体、中盖、活塞和活塞杆等主要零件组成。中盖与缸体固定，它和活塞把气缸分隔成三部分，即蓄能腔 3、活塞腔 2 和活塞杆腔 1。中盖 5 的中心开有喷嘴口 4。当活塞杆腔 1 进气时，蓄能腔 3 排气，活塞 7 上移，借助活塞上的密封垫封住中盖上的喷嘴口 4。活塞腔 2 经泄气口 6 与大气相通。最后，活塞杆腔的压力升高至气源压力，蓄能腔压力降至大气压力。当压缩空气进入蓄能腔时，其压力只能通过喷嘴口的小面积作用在活塞上，不能克服活塞杆腔的排气压力所产生的向上推力及活塞与缸体间的摩擦力，喷嘴仍处于关闭状态，从而使蓄能腔压力逐渐升高。当蓄能腔压力与活塞杆腔压力的比值大于活塞杆腔作用面积与喷嘴面积之比时，活塞下移，使喷嘴口开启，聚集在蓄能腔中的压缩空气通过喷嘴口突然作用于活塞的全面积上。此时，活塞一侧的压力可达活塞杆一侧压力的几倍乃至几十倍，使活塞上作用着很大的向下推力。活塞在此推力作用下迅速加速，在很短的时间内以极高的速度向下冲击，从而获得很大的动能。

冲击气缸的用途广泛，可用于锻造、冲压、铆接、下料、压配等各方面，在铸造生产中可用来破碎铸铁锭及废铸件等。

（3）无杆气缸。如图 6-21(a)所示，无杆气缸由缸筒 2，防尘和抗压密封件 7、4，无杆活塞 3，左、右端盖 1，传动舌片 5，导架 6 等组成。拉制而成的铝气缸筒 2 沿轴向长度方向开槽，为防止内部压缩空气泄漏和外部杂物侵入，槽被内部抗压密封件 4 和外部防尘密封件 7 密封。内、外密封件都是塑料挤压成形件，且互相夹持固定，如图 6-21(b)所示。无杆活塞 3 的两端带有唇形密封圈。活塞两端分别进、排气，活塞将在缸筒内往复移动。通过气缸筒槽的传动舌片 5，该运动被传递到承受负载的导架 6 上。此时，传动舌片将防尘密封件 7 与抗压密封件 4 挤开，但它们在缸筒的两端仍然是互相夹持的。因此，传动舌片与导架组件在气缸上移动时无压缩空气泄漏。

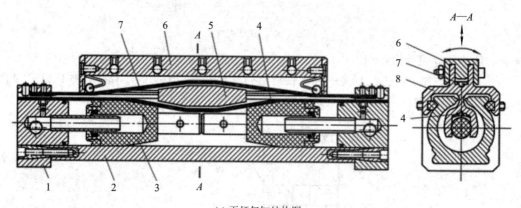

(a) 无杆气缸结构图

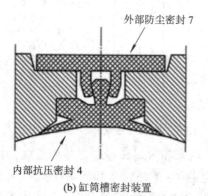

(b) 缸筒槽密封装置

1—左、右端盖；2—缸筒；3—无杆活塞；4—内部抗压密封件；5—传动舌片；6—导架；7—外部防尘密封件

图 6-21 无杆气缸

无杆气缸缸径范围为 25～63 mm，行程可达 10 m。由于独特的无杆设计，因而只需较小的安装空间。内装式导杆设计，使气缸能承受较大的负载。

气缸的使用注意事项如下。

（1）气缸一般正常工作的条件为：环境温度为 −35～+80℃。

（2）安装前应在 1.5 倍工作压力下进行试验，不应漏气。

（3）除无油润滑气缸外，装配时所有相对运动工作表面应涂以润滑脂。

（4）安装的气源进口处必须设置油雾器对气缸进行润滑，不允许用油润滑时，可采用无油润滑气缸。在灰尘大的场合，运动件处应设防尘罩。

（5）安装时注意活塞杆应尽量承受拉力载荷，承受推力载荷时应尽可能使载荷作用在活塞杆的轴线上。活塞杆不允许承受偏心或横向载荷。

（6）在行程中载荷有变化时，应使用输出力充裕的气缸，并要附设缓冲装置。在开始工作前，应将缓冲节流阀调至缓冲阻尼最小位置，气缸正常工作后，再逐渐调节缓冲节流阀，增大缓冲阻尼，直到满意为止。

（7）多数情况下不使用满行程，特别是当活塞杆伸出时，不要使活塞与缸盖相碰。

（8）要针对各种不同形式的安装要求正确安装，这是保证气缸正常工作的前提。

2. 气动马达

气动马达是将压缩空气的压力能转换成机械能的装置，输出转速和转矩，属气动系统的执行元件。气动马达按结构形式可分为叶片式、活塞式、齿轮式等，最常用的是叶片式气动马达、活塞式气动马达。叶片式气动马达制造简单，结构紧凑，但低速启动转矩小，低速性能不好，适宜要求低或中功率的机械。目前叶片式气动马达在矿山机械和风动工具中应用普遍。活塞式气动马达在低速情况下有较大的输出功率，低速性能好，适宜载荷较大和要求低速、大转矩的场合，如起重机、绞车绞盘、拉管机等。但其结构复杂，机器重量与输出功率之比较大。下面简单介绍叶片式气动马达的工作原理及特性。

1）叶片式气动马达的工作原理及特性

图 6-22(a) 为叶片式气动马达的工作原理图。它的主要结构和工作原理与叶片式液压马达相似。径向有 3～10 个叶片的转子偏心安装在定子内，转子两侧有前后端盖（图中未画出），叶片在转子的径向槽内可自由滑动。叶片底部通压缩空气，转子转动时靠离心力和叶片底部气压将叶片压紧在定子内表面上，形成密封的工作腔。定子内有半圆形的切沟，提供压缩空气及排出废气。

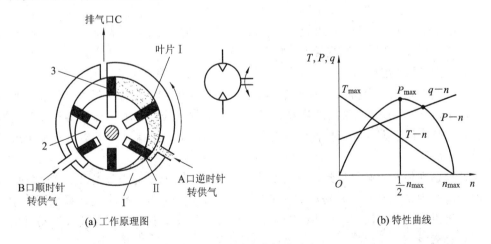

　　(a) 工作原理图　　　　　　　　　　　　　　　(b) 特性曲线

图 6-22　叶片式气动马达

当压缩空气从 A 口进入定子腔内时，会使叶片带动转子逆时针旋转，产生旋转力矩，废气从排气口 C 排出，而定子腔内残余气体则经 B 口排出。如需改变马达的旋转方向，只需改为 B 口接供气口即可。

气动马达的有效转矩与叶片伸出的面积及其供气压力有关。叶片数目多，输出转矩虽然较均匀，且压缩空气的内泄漏减小，但因为减小了有效工作腔容积，所以叶片数目应选择适当。为了增强密封性，在叶片式气动马达启动时，叶片靠弹簧或压缩空气顶出，使其紧贴在定子内表面上。随着气动马达转速增加，离心力进一步把叶片紧压在定子内表面上。

图 6-22(b)是叶片式气动马达的特性曲线。此曲线是在一定工作压力下得出的。当气压不变时，它的转矩、转速、功率均随着外负载变化而变化。

当负载转矩 T 为零（即空转）时，转速最大，以 n_{max} 表示，此时气动马达输出功率 P 为零。

当负载转矩 T 等于马达最大转矩时，气动马达停转，此时，输出功率 P 也为零。

当负载转矩 T 等于气动马达最大转矩的 1/2 时，其转速为 $n_{max}/2$，此时输出功率 P 最大，为气动马达的额定功率。

在工作压力变化时，特性曲线的各值将随压力的变化而有较大的变化。

综上所述，叶片式气动马达的特性曲线的最大特点是具有软特性。

2）气动马达的特点和应用

由于使用压缩空气作为工作介质，气动马达有以下特点。

（1）可以无级调速。只要控制进气量，就能调节气动马达的输出功率和转速。

（2）可以双向回转。只要改变进排气方向，就能实现气动马达输出轴的正转和反转，而且瞬时换向时冲击很小。

（3）有过载保护作用。过载时气动马达只是转速降低或停车，过载消除后可立即恢复工作，不会产生故障。

（4）工作安全。适宜于恶劣的工作环境，在易燃、易爆、高温、潮湿、振动、粉尘等不利条件下均能正常工作。

（5）具有较高的启动转矩。可以直接带负载启动，启、停迅速。

（6）输出功率相对较小，最大只有 20 kW 左右；转速范围较宽，为 0～5000 r/min。

（7）耗气量大，所需气源容量大，效率低，噪声大。

（8）工作可靠，维修简单，可长时间满载连续运行，温升较小，操纵方便。

由于气动马达有以上特点，因此气动马达适用于要求安全、无级调速、经常改变旋转方向、启动频繁以及防爆、带负载启动、有过载可能的场合；适用于恶劣工作条件，如高温、潮湿以及不便于人工直接操作的场合；适用于瞬时启动和制动或可能经常发生过负载的情况。

气动马达在使用中必须得到良好的润滑。润滑是气动马达正常工作不可缺少的一环，良好的润滑可保证气动马达在检修期内长时间运转无误。一般在整个气动系统回路中，在气动马达操纵阀前设置油雾器，并按期补油，使油雾混入压缩空气后再进入气动马达，从而达到充分润滑。

目前气动马达主要应用于矿山机械、专业性成批生产的机械制造业、油田、化工、造纸、冶金、电站等行业或建筑、筑路、建桥、隧道开凿等工程中。许多气动工具如风钻、风扳手、风动砂轮、风动铲等均装有气动马达。

随着气动技术的发展，气动马达的应用将更加广泛。

6.2.2 气动控制元件——控制阀

在气压传动系统中，气动控制元件主要有三大类：控制气体压力、流量及运动方向的元件，如各种阀类；能完成一定逻辑功能的元件，即气动逻辑元件；感测、转换、处理气动信号的元器件，如气动传感器及信号处理装置等。

在气压传动系统中，控制和调节压缩空气的压力、流量和方向的各类控制阀，其作用是保证气动执行元件(如气缸、气动马达等)按设计的程序正常地进行工作。气压控制阀按作用可分为压力控制阀、流量控制阀和方向控制阀。

气动控制阀在功用和工作原理等方面与液压控制阀相似，仅在结构上有所不同。

1. 压力控制阀

压力控制阀是用来控制气动系统中压缩空气的压力、满足各种负载所需压力(推力)的装置。压力控制阀可分为起降压稳压作用的减压阀(调压阀)、精密调整压力的定值器、起限压安全保护作用的安全阀(溢流阀)，以及根据气路压力不同进行某种控制的顺序阀。

1) 减压阀

减压阀的作用是将较高的输入压力调到执行机构所需的压力，并能保持输出压力稳定。对于低压控制系统(如气动测量)，除用减压阀降低压力外，还需要用精密减压阀(定值器)，以获得更稳定的供气压力。

减压阀按照压力调节方式可分为直动式减压阀和先导式减压阀。

直动式减压阀靠阀口的节流作用减压，靠膜片上力的平衡作用来稳定输入压力，调节旋钮可调节输出压力，能使出口压力降低并保持恒定，如图6-23所示。

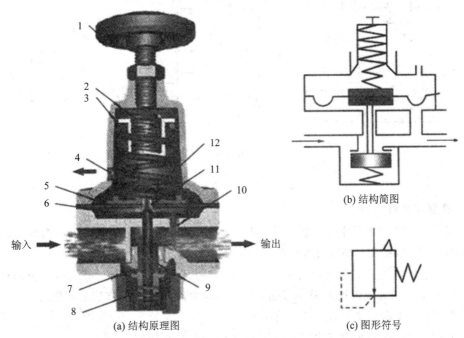

(a) 结构原理图 (b) 结构简图 (c) 图形符号

1—调节旋钮；2、3—调压弹簧；4—排气孔；5—膜片；6—膜片气室；7—阀口；8—复位弹簧；9—阀芯；10—阻尼管；11—溢流阀座；12—溢流孔

图6-23 直动式减压阀

2）溢流阀

溢流阀（安全阀）是为防止管路、储气罐等的破坏，限制回路中最高压力的一种压力阀。其工作原理和图形符号如图 6-24 所示。

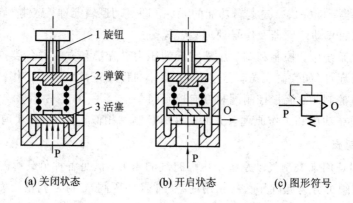

（a）关闭状态   （b）开启状态   （c）图形符号

图 6-24　溢流阀的工作原理及图形符号

3）顺序阀

顺序阀是依靠气路中压力的作用而控制执行元件按顺序动作的压力控制阀。顺序阀一般很少单独使用，它往往与单向阀组合在一起，构成单向顺序阀。图 6-25（a）和（b）为单向顺序阀的工作原理。

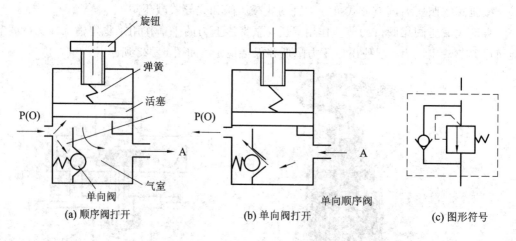

（a）顺序阀打开   （b）单向阀打开   （c）图形符号

图 6-25　单向顺序阀的工作原理图及图形符号

2.流量控制阀

在气动系统中，需要控制汽缸中活塞的运动速度。解决这个问题的办法是在系统中使用流量控制阀，以控制、调节进入这些元件的气体流量。

流量控制阀通过控制气体流量来控制气动执行元件的运动速度，而气体流量的控制是通过改变流量控制阀内流道的最小截面积，从而改变流动阻力的方法来实现的。流量控制阀包括节流阀、单向节流阀、排气节流阀等。

节流阀和单向节流阀的工作原理与液压阀中同类型阀相似。

1）节流阀

图 6-26（a）是节流阀的结构，它由阀体、阀座、阀芯和调节螺杆组成。气体从输入口 P

进入阀内，经过阀座与阀芯间的节流通道从输出口 A 输出。通过调节螺杆使阀芯上下移动，改变节流口通流面积，实现流量的调节。

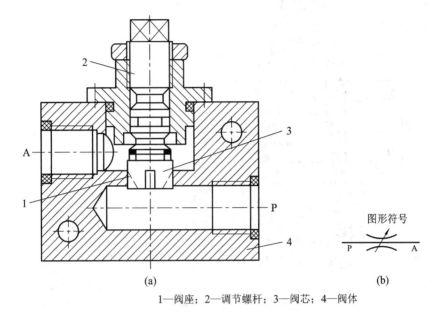

1—阀座；2—调节螺杆；3—阀芯；4—阀体

图 6 - 26　节流阀的结构图及图形符号

2）单向节流阀

图 6 - 27 所示为单向节流阀的工作原理图。

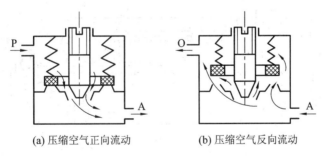

(a) 压缩空气正向流动　　　　　(b) 压缩空气反向流动

图 6 - 27　单向节流阀工作原理图

当压缩空气正向流动时（P→A），单向阀在弹簧和气压作用下关闭，气流经节流阀节流后从 A 口流出；而当压缩空气反向流动时（A→O），单向阀被气体推开，大部分气体从阻力小、流通面积大的单向阀流过，较少部分气体经节流阀流过，汇集 O 出口。

图 6 - 28 为单向节流阀的结构图及图形符号。

3）排气节流阀

排气节流阀的节流原理和节流阀一样，也是靠调节通流面积来调节流量的。由于节流口后有消声器件，因此它必须安装在执行元件排气口处。调节排入大气中的流量，这样排气节流阀不仅能调节执行元件的运动速度，还可以起降低排气噪声的作用。

图 6 - 29 为排气节流阀的结构图。

从图 6 - 29 中可以看出，气流从 A 口进入阀内，由节流口节流后经由消声材料制成的消声套 4 排出。调节旋柄 8，即可调节通过的流量。

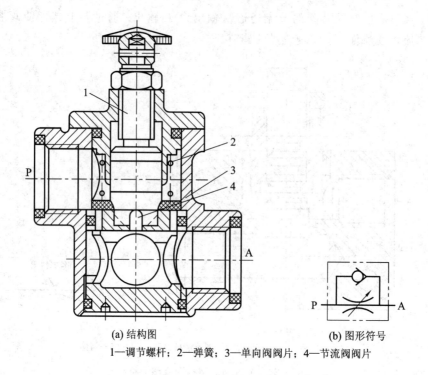

(a) 结构图   (b) 图形符号

1—调节螺杆；2—弹簧；3—单向阀阀片；4—节流阀阀片

图 6-28 单向节流阀结构图及图形符号

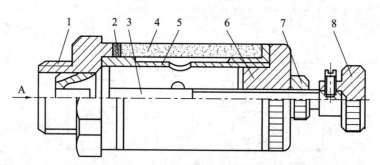

1—阀座；2—密封圈；3—阀芯；4—消声套；5—阀套；6—锁紧法兰；7—锁紧螺母；8—旋柄

图 6-29 排气节流阀的结构图

3. 方向控制阀

方向控制阀用来改变气流的流动方向或通、断，是气动系统中应用最多的控制元件之一。

方向控制阀按压缩空气在阀内的作用方向，可分为单向型控制阀和换向型控制阀。

1）单向型控制阀

单向型控制阀的作用是只允许气流向一个方向流动，它包括单向阀、梭阀、双压阀和快速排气阀等。工作原理、结构和图形符号与液压阀中的单向阀基本相同，用来控制气流只能从一个方向流动而不能反向流动。

图 6-30 所示为单向阀的工作原理图及图形符号。

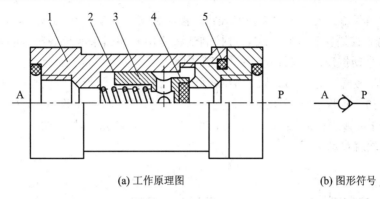

(a) 工作原理图   (b) 图形符号

图 6-30 单向阀的工作原理图及图形符号

2）换向型控制阀

换向型控制阀是利用主阀芯的运动而改变气流的运动方向，进而改变执行元件运动方向。其分类、工作原理和功用都与液压换向阀相同。图 6-31 为滑柱式换向型控制阀工作原理图。

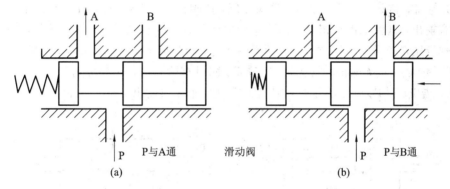

图 6-31 滑柱式换向型控制阀工作原理图

3）梭阀

图 6-32 为梭阀结构图。梭阀相当于两个单向阀组合的阀，其作用相当于"或门"。其工作原理与液压梭阀相同。梭阀有两个进气口 P1 和 P2，一个出口 A，其中 P1 和 P2 都可与 A 口相通，但 P1 和 P2 不相通。P1 和 P2 中的任一个有信号输入，A 都有输出。若 P1 和 P2 都有信号输入，则先加入侧或信号压力高侧的信号通过 A 输出，另一侧则被堵死，仅当

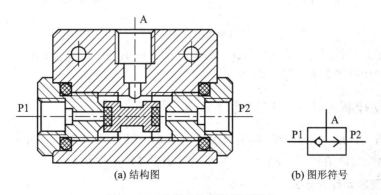

(a) 结构图   (b) 图形符号

图 6-32 梭阀结构图及图形符号

P1 和 P2 都无信号输入时，A 才无信号输出。梭阀在气动系统中应用较广，它可将控制信号有次序地输入控制执行元件，或通过控制气流方向和通断来实现各种逻辑功能的气动，常见的手动与自动控制的并联回路中就用到梭阀。

（1）或门型梭阀。图 6-33 为或门型梭阀的工作原理及图形符号。当通路 P1 进气时，将阀芯推向右边，通路 P2 被关闭，于是气流从 P1 进入通路 A，如图 6-33(a)所示；反之，气流则从 P2 进入 A，如图 6-33(b)所示；当 P1 与 P2 同时进气时，哪端压力高，A 就与哪端相通，另一端就自动关闭。

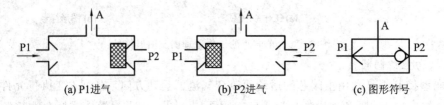

(a) P1进气   (b) P2进气   (c) 图形符号

图 6-33 或门型梭阀的工作原理及图形符号

（2）与门型梭阀。与门型梭阀又称双压阀，该阀只有两个输出口 P1 与 P2 同时进气时，A 口才有输出，这种阀也是相当于两个单向阀的组合。图 6-34 是与门型梭阀（双压阀）的工作原理及图形符号。当 P1 或 P2 单独有输入时，阀芯被推向右端或左端，如图 6-34(a)、(b)所示，此时 A 口无输出；只有当 P1 和 P2 同时有输入时，A 口才有输出，如图 6-34(c)所示。当 P1 和 P2 气压不等时，则气压低的通过 A 口输出。

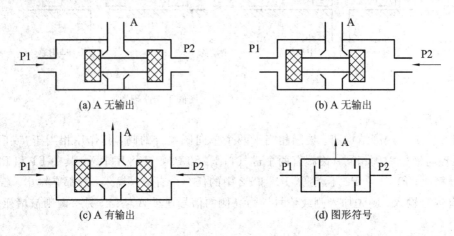

(a) A 无输出   (b) A 无输出

(c) A 有输出   (d) 图形符号

图 6-34 与门型梭阀的工作原理及图形符号

梭阀属于直行程阀门，是阀体与执行器合二为一体的阀。其优点是体积小、安装方便，所有的梭阀工作原理大致是差不多的。

6.2.3 气动控制元件——逻辑元件

气动逻辑元件是一种采用压缩空气为工作介质，通过元件内部的可动部件（如膜片等）的动作改变气流流动的方向，从而实现一定逻辑功能的控制元件。

1. 气动逻辑元件的分类

气动逻辑元件的种类很多，可按不同的方式分类。按工作压力可分为三种：高压元件

（工作压力 0.2~0.8 MPa）、低压元件（工作压力 0.02~0.2 MPa）、微压元件（工作压力 0.02 MPa 以下）。按逻辑功能又可分为"或门"元件、"与门"元件、"非门"元件、"双稳"元件等。一般按结构形式可分为截止式、膜片式、滑阀式、球阀式和其他形式。下面主要介绍截止式气动逻辑元件的特点、结构和工作原理。

2. 截止式气动逻辑元件的工作原理及结构

1）"是门"和"与门"元件

如图 6-35(a)所示，a 为信号输入孔，s 为信号输出孔，中间孔接气源孔 P 时为"是门"元件。在 a 输入孔无信号时，阀片 3 在弹簧及气源压力作用下处于图示位置，封住 P、s 之间的通道，使输出孔 s 与排气孔相通，s 无输出。在 a 有输入信号时，膜片 6 在输入信号作用下将阀芯 1 推动下移，封住输出孔 s 与排气孔间通道，P、s 之间相通，s 有输出。也就是说，无输入信号时无输出；有输入信号时就有输出。元件的输入和输出信号始终保持相同状态。显示活塞 5 用来显示输出的有无状态。手动按钮 4 用于手动发讯。"是门"元件在回路中可用作波形整形、隔离、放大。若将中间孔不接气源而换接另一输入信号 b，则成为"与门"元件。即当 a 有输入信号，b 无输入信号；或 b 有输入信号，a 无输入信号时，输出端 s 均无输出。只有当 a 与 b 同时有输入信号时，s 才有输出。"是门"和"与门"元件的逻辑关系分别为图 6-35(b)和(c)。

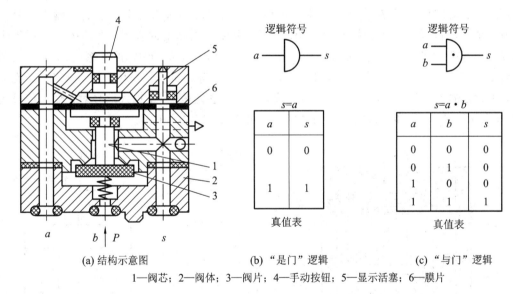

(a) 结构示意图　　　　(b) "是门"逻辑　　　　(c) "与门"逻辑

1—阀芯；2—阀体；3—阀片；4—手动按钮；5—显示活塞；6—膜片

图 6-35　"是门"和"与门"元件及逻辑关系

2）"或门"元件

图 6-36(a)为"或门"元件结构示意图。图中 a、b 为信号输入孔，s 为信号输出孔。当 a 有输入信号时，阀芯 3 因输入信号作用，下移封住 b 信号孔，气流经 s 输出。当 b 有输入信号时，阀芯 3 在 b 信号作用下向上移，封住 a 信号孔，s 也会有输出。当 a、b 均有输入信号时，阀芯 3 在两个信号的作用下或上移，或下移，或保持在中位，但无论阀芯处在哪一种状态，s 均会有输出。也就是说，在 a 或 b 两个输入端中，只要有一个有信号或同时有信号，s 均会有输出信号。显示活塞 1 用于显示输出的有或无。"或门"元件的逻辑关系见图 6-36(b)。

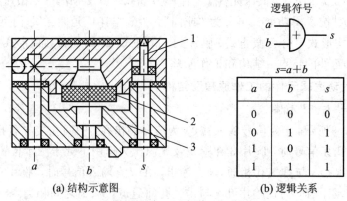

(a) 结构示意图 (b) 逻辑关系

1—显示活塞；2—阀体；3—阀芯

图 6-36 "或门"元件及逻辑关系

3）"非门"和"禁门"元件

图 6-37(a)为"非门"和"禁门"元件结构示意图。图中 a 为信号输入孔，s 为信号输出孔，中间孔接气源 P 时为"非门"元件。当 a 无信号输入时，阀片 3 在气源压力的作用下上移，封住输出孔 s 与排气孔间的通道，s 有输出。当 a 有输入信号时，膜片 6 在输入信号的作用下，推动阀杆 1 下移，阀片 3 下移，封住气源孔 P，s 无输出。即一旦 a 有输入信号出现时，输出孔就"非"，没有输出了。显示活塞 5 用以检查输出的有无。手动按钮 4 用于手动发讯。若把中间孔不作气源孔 P，而改作另一输入信号孔 b，元件即为"禁门"元件。由图可看出，在 a、b 均输入信号时，阀杆 1 及阀片 3 在 a 输入的信号作用下封住 b 孔，s 无输出；在 a 无输入信号，b 有输入信号时，s 就有输出。也就是说，a 输入信号对 b 输入信号起"禁止"作用。"非门"和"禁门"元件的逻辑关系见图 6-37(b)和(c)。

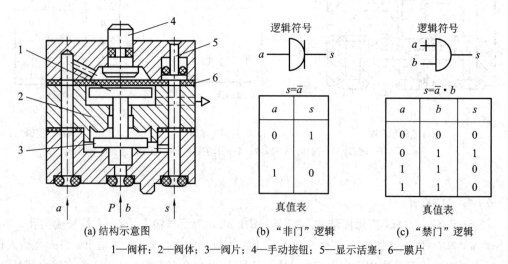

(a) 结构示意图 (b) "非门"逻辑 (c) "禁门"逻辑

1—阀杆；2—阀体；3—阀片；4—手动按钮；5—显示活塞；6—膜片

图 6-37 "非门"和"禁门"元件及逻辑关系

4）"或非"元件

"或非"元件是一种多功能的逻辑元件，应用这种元件可以组成"或门""与门""双稳"等各种逻辑单元。图 6-38(a)为三输入"或非"元件的结构示意图。这种"或非"元件 P 为气源，s 为输出端。三个信号膜片不是刚性连接在一起，而是处于"自由状态"，即阀柱 1 件是在"非门"元件的基础上另外增加了两个信号输入端，即 a、b、c 为三个信号输入端，1、2 和相应的上下膜片是可以分开的。当所有的输入端 a、b、c 都无输入信号时，输出端 s 就有输出。若在三个输入端的任一个或某两个或三个有输入信号，相应的膜片在输入信号压力的作用下，通过阀柱依次将力传递到阀芯 3 上，同样能切断气源，s 无输出。也就是说，三个输入端（所有输入端）的作用是等同的。这三个输入端，只要有一个输入信号出现，输出端就没有输出信号，即完成了"或非"逻辑关系。"或非"元件的逻辑关系见图 6-38(b)。

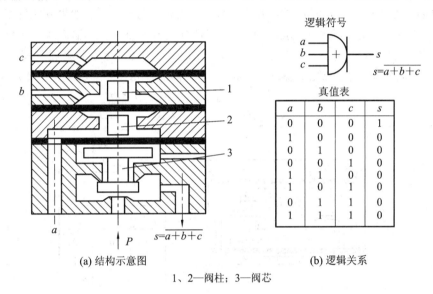

(a) 结构示意图 (b) 逻辑关系

1、2—阀柱；3—阀芯

图 6-38 "或非"元件及逻辑关系

5)"双稳"和"单记忆"元件

"双稳"和"单记忆"元件均属记忆元件，在逻辑回路中有着很重要的作用。图 6-39(a) 为"双稳"元件结构示意图。双稳也即双记忆元件，如图 6-39(a)所示，阀芯 2 被控制信号 a 的输入推向右端，气源的压缩空气便由 P 通至 s_1 输出；而 s_2 与排气孔 O 相通，此时"双

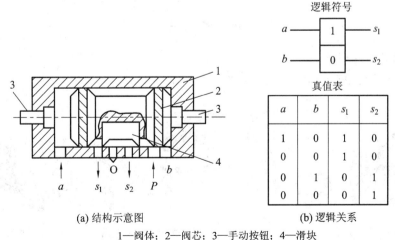

(a) 结构示意图 (b) 逻辑关系

1—阀体；2—阀芯；3—手动按钮；4—滑块

图 6-39 "双稳"元件及逻辑关系

稳"处于"1"状态。在控制端 b 的输入信号到来之前，a 的信号虽然消失，阀芯 2 仍然保持在右端的位置，s_1 总有输出。当控制端 b 有输入信号时，阀芯 2 会在此信号作用下推向左端，此时压缩空气由 P 通至 s_2 输出；而 s_1 与排气孔相通。于是"双稳"处于"0"状态。在 b 的信号消失后，a 信号未到来之前，阀芯仍稳在左端，s_2 总有输出。"双稳"元件的逻辑关系见图 6 - 39(b)。

"单记忆"元件的结构示意图如图 6 - 40(a)所示。a 为置"0"信号输入端，b 为置"1"信号输入端，s 为输出端，P 为气源孔。当 b 有置"1"信号输入时，膜片变形使活塞上移，将小活塞 4 顶起，而打开气源通道，并关闭排气通道。此时 s 孔有输出。如果 b 的置"1"信号消失，膜片 1 复原，活塞 2 在输出端压力作用下仍能保持在上面位置，输出端 s 仍有输出，对 b 的置"1"信号起记忆作用。当 a 有置"0"信号输入时，活塞 2 下移，打开排气通道，小活塞 4 也下移，切断气源，输入端 s 无输出。"单记忆"元件的逻辑关系见图 6 - 40(b)。

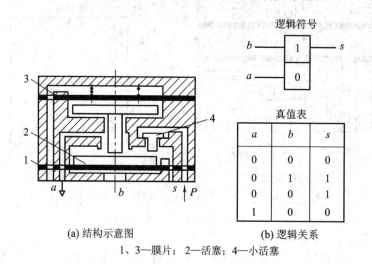

(a) 结构示意图　　　　　　　　　　(b) 逻辑关系

1、3—膜片；2—活塞；4—小活塞

图 6 - 40　"单记忆"元件及逻辑关系

任务实施

气动元件的认识和拆装

1. 设备和工具准备

（1）准备拆装用气压元件若干，如图 6 - 41 所示。

(a) 单向节流阀　　　　(b) 压力调节阀　　　(c) 二位三通电磁换向阀　　　(d) 机动换向阀

图 6 - 41　气动元件

（2）工具：内六方扳手、固定扳手、螺丝刀、卡簧钳等。

（3）辅料：铜棒、棉纱、煤油等。

2．实施步骤

1）节流阀的拆装

（1）观察节流阀的外观，找出进气口 P1，排气口 P2。

（2）用内六方扳手松开阀体上的螺栓后，再取掉螺栓，轻轻取出阀芯，注意不要使其受到损伤，观察、分析其节流口的形状结构特点。

（3）根据节流阀的结构特点，理解工作过程。

（4）装配时，遵循先拆的零部件后安装，后拆的零部件先安装的原则，特别注意小心装配阀芯，防止阀芯卡死，正确合理地安装，保证减压阀能正常工作。

2）电磁换向阀的拆装

（1）观察电磁阀的外观，找出进气口 P，排气口 O 和两个工作气口 A、B。

（2）拆解中用铜棒敲打零部件，应避免损坏零部件。将电磁阀的电磁铁和阀体分开，观察并分析工作过程，依次轻轻取出推杆，对中弹簧、阀芯，了解电磁阀阀芯的台肩结构，弄清楚换向阀的工作原理。

（3）装配电磁阀时，轻轻装上阀芯，使其受力均匀，防止阀芯卡住不能动作，然后遵循先拆的零部件后安装，后拆的零部件先安装的原则，按原样装配。

3）溢流阀的拆装

（1）观察先导式溢流阀的外观，找出进气口 P，排气口 T，控制气口 K 及安装阀芯用的中心圆孔，从出气口向里窥视，可以看见阀口是被阀芯堵死的，阀口被遮盖量约为 2 mm 左右。

（2）用内六方扳手对称位置松开阀体上的螺栓后，再取掉螺栓，用铜棒轻轻敲打使先导阀和主阀分开，轻轻取出阀芯，注意不要使其受到损伤，观察、分析其结构特点，搞清楚各自的作用。

（3）取出弹簧，观察先导调压弹簧、主阀复位弹簧的大小和刚度的不同。

（4）观察、分析其结构特点，掌握溢流阀的工作原理。

（5）装配时，遵循先拆的零部件后安装，后拆的零部件先安装的原则，特别注意小心装配阀芯，防止阀芯卡死，正确合理地安装，保证溢流阀能正常工作。

3．注意事项

（1）拆装时要记录元件和解体零件的拆卸顺序和方向。

（2）拆卸下来的零件尽量做到不落地，不划伤，不锈蚀。

（3）在拆卸或安装一组螺钉时，要做到用力均匀。

（4）检查密封有无老化现象，如有要更换新的。

（5）安装时不要将零件装反，注意零件的安装位置。有定位槽孔的零件，一定要对准。

（6）安装完毕后，检查现场有无漏装的元件。

知识拓展

1. 气动伺服阀

气动伺服阀是一种以机械量去控制气体动力的部件，在系统中既起控制作用又起机械量与气动量的转换作用。与电液伺服阀类似，气动伺服阀可分为滑阀式、喷嘴-挡板式、射流管式阀，这里不再作详细介绍。

2. 气-液阻尼缸

气-液阻尼缸是由气缸和液压缸组合而成的，它以压缩空气为能源，利用油液的不可压缩性控制流量，来获得活塞的平稳移动和调节活塞的运动速度。与气缸相比，它传动平稳、停位准确、噪声小，与液压缸相比，它不需要液压源、经济性好。它同时具有了气动和液压的优点，因此得到了越来越广泛的应用。

如图 6-42(a)所示为串联式气-液阻尼缸的工作原理图。液压缸和气压缸串联成一体，两个活塞固定在一个活塞杆上。当气缸右腔进气时，带动液压缸活塞向左运动。此时液压缸左腔排油，油液只能经节流阀缓慢流回右腔，调节节流阀就能调节活塞运动速度。当压缩空气进入气缸的左腔时，液压缸右腔排油，单向阀开启，活塞快速退回。

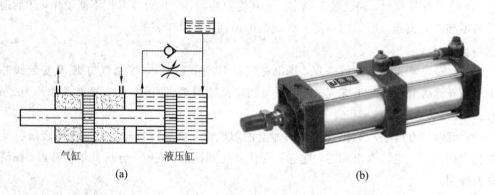

气缸　　　　　　液压缸

(a)　　　　　　　　　　　　　　(b)

图 6-42　串联式气-液阻尼缸的工作原理图及外形图

3. 气动比例阀

气动比例阀是在微电子技术和计算机技术的迅速发展下，为满足现代工业生产自动化的需要而产生的。它主要应用于工业自动化、机械手、生产流水线、石油与化工领域。这里介绍的气动比例阀是以电流为输入控制信号的，不包括气动仪表中对气信号进行放大、比例运算和其他处理的单元仪表。

图 6-43(a)为电-气比例阀结构原理图。压力气体进入该阀后分为两路，一路经通道 1 进入前置放大器，另一路从进气口进入圆板阀 2 下面的腔内。当力马达组件不通电时，由通道 1 进入前置放大器的压力气体从喷嘴 5 喷出。由于此时喷嘴背压不能克服作用于圆板阀上的弹簧力，圆板阀 2 没有开度，比例阀无压力气体输出。当力马达组件有控制信号输入时，在控制磁通和极化磁通力的相互作用下，力马达线圈根据输入控制信号的大小做相应的直线运动，喷嘴和挡板之间的间隙也发生了变化，喷嘴背压腔内压力将按比例增高，通过膜片组件 3 克服弹簧力推动圆板阀 2，并平衡在某一个相应的位置上，从而实现了阀

的输出压力或流量与输入电信号之间成比例的关系。

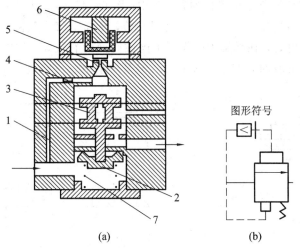

1—通道；2—圆板阀；3—膜片组件；4—节流孔；5—喷嘴；6—力马达组件；7—弹簧

图 6-43　电-气比例阀结构原理图及图形符号

任务 6.3　气压传动基本回路

任务目标与分析

气压传动回路由一些具有特定功能的基本回路组成。这些基本回路主要包括方向控制回路、压力控制回路、速度控制回路、气动逻辑回路和安全保护回路等，这些回路都是由一些相关的气压传动元件组成的，功用与相应的液压基本回路的功用基本相同。

气动系统一般由最简单的基本回路组成。虽然基本回路相同，但由于组合方式不同，所得到的系统的性能却各有差异。因此，要想设计出高性能的气动系统，必须熟悉各种基本回路和经过长期生产实践总结出的常用回路。

知识链接

6.3.1　方向控制回路

方向控制回路是用来控制系统中执行元件的启动、停止或改变运动方向的回路。常用的是换向回路。

1. 单作用气缸换向回路

图 6-44 为单作用气缸换向回路，它是一个二位三通电磁阀控制的单作用气缸左、右移动的回路。当电磁阀得电时，阀处于右位，压缩空气进入气缸右腔，汽缸活塞杆在压缩空气作用下向右伸出；当电磁阀断电时，阀处于左位，气缸活塞杆在弹簧力的作用下向左缩回缸内。

2. 双作用气缸换向回路

图 6-45 为两种双作用气缸的换向回路。其中，图 6-45(a)是比较简单的二位四通电磁换向阀的换向回路。当电磁阀得电时，阀处于左位，压缩空气由气缸左腔进入，活塞杆向右移动；当电磁阀断电时，在弹簧力的作用下电磁阀回到右位，压缩空气由右腔进入气缸，活塞杆在空气压力下退回到左边。图 6-45(b)是一个由三位四通手动换向阀控制的换向回路。

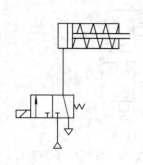

图 6-44　单作用气缸换向回路

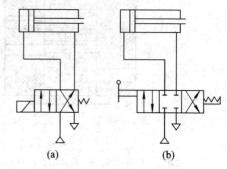

(a)　　　　　　(b)

图 6-45　双作用气缸换向回路

6.3.2　压力控制回路

1. 一次压力控制回路

一次压力控制回路如图 6-46 所示。此回路用于控制储气罐的压力，使之不超过规定的压力值。

采用溢流阀，结构简单，工作可靠，但气量浪费大。采用电接点压力表对电动机及控制要求较高，常用于小型空压机的控制。

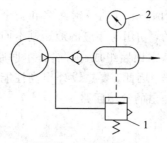

1—溢流阀；2—电接点压力表

图 6-46　一次压力控制回路

2. 二次压力控制回路

二次压力控制回路如图 6-47 所示。

图 6-47(a)中，为保证气压系统使用的气体压力为一稳定值，多用空气过滤器、减压阀和油雾器(气动三大件)组成的二次压力控制回路，主要由溢流减压阀来实现压力控制。但要注意，供给逻辑元件的压缩空气不要加入润滑油。

图 6-47(b)中，两个减压阀1、2提供两种不同压力，经二位三通电磁阀3能实现自动选择压力。去掉换向阀可同时输出高低压二种压缩空气。

图 6-47(c)中,把经一次调压后的压力 p_1 再经减压阀减压稳压后所得到的输出压力 p_2(称为二次压力),作为气动控制系统的工作气压使用。

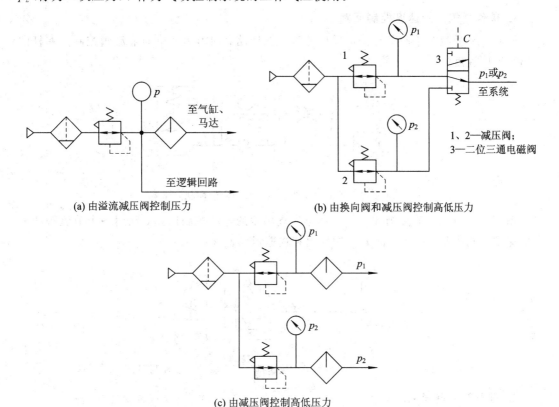

(a) 由溢流减压阀控制压力

(b) 由换向阀和减压阀控制高低压力

1、2—减压阀;
3—二位三通电磁阀

(c) 由减压阀控制高低压力

图 6-47 二次压力控制回路

3. 改变气缸作用面积的压力控制回路

通过改变作用面积的压力控制回路如图 6-48 所示,通过改变作用面积的方法,来实现对输出力的控制。图示为三活塞串联气缸的压力控制回路。阀 8 用于气缸的换向,阀 6、7 用于串联气缸的压力控制回路。

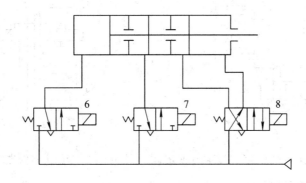

图 6-48 改变气缸作用面积的压力控制回路

6.3.3 速度控制回路

1. 单作用气缸的速度控制回路

图6-49为两个单向节流阀串联的速度控制回路，利用两个单向节流阀控制活塞杆的伸出和退回速度。

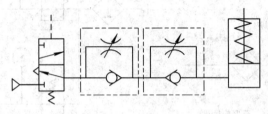

图6-49 两个单向节流阀串联的速度控制回路

图6-50为一个节流阀和一个快速排气阀串联的速度控制回路，利用一个节流阀和一个快速排气阀串联，来控制活塞杆的伸出和快速退回速度。

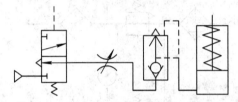

图6-50 一个节流阀和一个快速排气阀串联的速度控制回路

2. 排气节流调速回路

图6-51为利用两个单向节流阀来实现气缸活塞杆伸出和退回两个方向的速度控制，气流经单向阀进气，通过节流阀节流排气。

图6-52为由带消声器的排气节流阀实现排气节流的速度控制，排气节流阀安装在主控阀的排气口。

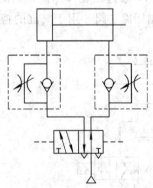

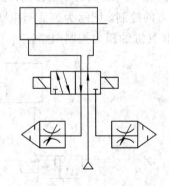

图6-51 两个单向节流阀的排气节流调速回路   图6-52 带消声器的排气节流调速回路

3. 气液联动调速回路

图6-53为利用气液转换器的调速回路。回路中执行元件是低压液压缸，液压缸活塞杆伸出或退回的速度是以调节通过节流阀的流量来控制的。

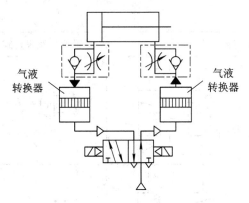

图 6-53　利用气液转换器的调速回路

图 6-54 所示为串联型气液阻尼缸双向调速回路。由换向阀 1 控制气液阻尼缸 2 的活塞杆前进与后退，阀 3 和阀 4 调节活塞杆的进、退速度，油杯 5 起补充回路中少量漏油的作用。在这种回路中，用气缸传递动力，由液压缸阻尼和稳速，并由液压缸和调速机构进行调速。由于调速是在液压缸和油路中进行的，因而调速精度高、运动速度平稳。因此，这种调速回路应用广泛，尤其在金属切削机床中用得最多。

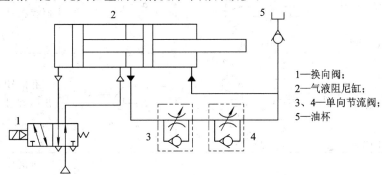

1—换向阀；
2—气液阻尼缸；
3、4—单向节流阀；
5—油杯

图 6-54　气液阻尼缸双向调速回路

6.3.4　气动逻辑回路

气动逻辑回路是把气动阀按逻辑关系组合而成的回路。气动阀把气信号按逻辑关系可组成"是""或""与""非"等逻辑回路。采用这些逻辑回路的主要目的是进行信号的变换。表 6-1 介绍了几种常见的逻辑回路。

表 6-1　几种常见的逻辑回路

名称	回　路　图	逻辑符号及表达式	动作说明
是回路		$s=a$	有 a 则 s 有输出；无 a 则 s 无输出
非回路		$s=\bar{a}$	有 a 则 s 无输出；无 a 则 s 有输出

名称	回 路 图	逻辑符号及表达式	动作说明
或回路		$s=a+b$	有 a 或 b 任一个信号则 s 就有输出
或非回路	(a) (b)	$s=\overline{a+b}$	有 a 或 b 任一个信号则 s 无输出
与回路	(a) 无源　(b) 有源	$s=a\cdot b$	只有当信号 a 和 b 同时存在时，s 才有输出
禁回路	(a) 无源　(b) 有源	$s=\overline{a}\cdot b$	有信号 a 时，s 无输出（a 禁止了 s 有）；无信号 a 时，s 才有输出
记忆回路	(a) 双稳　(b) 单记忆	(a)　　(b)	有信号 a 时，s_1 有输出；a 消失，s_1 仍有输出，直到有 b 信号时，s_1 才无输出，s_2 有输出。记忆回路要求 a、b 不能同时加入
脉冲回路			回路可把长信号 a 变为一脉冲信号 s 输出，脉冲宽度可由气阻 R、气容 C 调节。回路要求 a 的持续时间大于脉冲宽度
延时回路			有信号 a 时，需延时 t 时间后 s 才有输出，调节气阻 R、气容 C，可调 t，回路要求 a 的持续时间大于 t

6.3.5　安全保护回路

由于气动执行元件的过载、气压的突然降低以及气动执行机构的快速动作等原因，都可能危及操作人员或设备的安全。因此，在气动回路中，常常要加入安全回路。

1. 双手操作安全回路

双手操作安全回路如图 6-55 所示，回路中使用两个启动用的手动阀，只有同时按动这两个阀时才动作。这在锻压、冲压设备中常用来避免误动作，以保护操作者的安全及设备的正常工作。

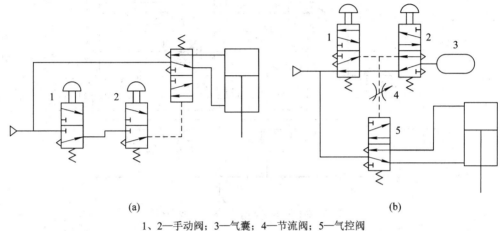

1、2—手动阀；3—气囊；4—节流阀；5—气控阀

图 6-55　双手操作安全回路

双手同时按下两个二位三通阀，另外，这两个阀还由于安装在单手不能同时操作的位置上，因而在操作时，只要任何一只手离开，则控制信号消失，主控阀复位，而使活塞杆后退。

2. 过载保护回路

当活塞杆在伸出途中遇到故障或其他原因使气缸过载时，活塞能自动返回的回路，称为过载保护回路。过载保护回路如图 6-56 所示。

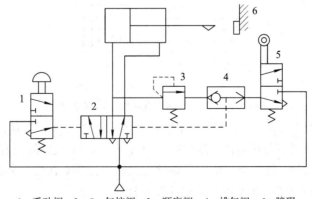

1—手动阀；2、5—气控阀；3—顺序阀；4—排气阀；6—障碍

图 6-56　过载保护回路

3. 互锁回路

互锁回路如图 6-57 所示，该回路能防止各气缸的活塞同时动作，而保证只有一个活塞动作。主要利用梭阀 1、2、3 及换向阀 4、5、6 进行互锁。

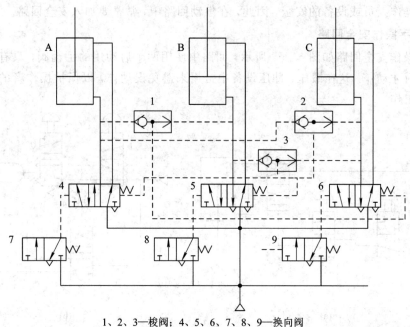

1、2、3—梭阀；4、5、6、7、8、9—换向阀

图 6-57 互锁回路

任务实施

1. 双手控制气缸往复运动回路设计

有同学设计—双手控制气缸往复运动回路如图 6-58 所示。问此回路能否工作？为什么？如不能工作需要更换哪个阀？

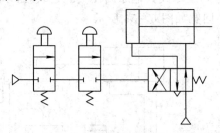

图 6-58 双手控制气缸往复运动回路设计

解 此回路不能工作，因为二位二通阀不能反向排气，即二位四通换向阀左侧加压后，无论二位二通阀是否复位，其左侧控制压力都不能泄压，这样弹簧就不能将它换至右位，气缸也就不能缩回；将两个二位二通阀换为二位三通阀，在松开其按钮时使二位四通换向阀左侧处于排气状态，回路即可实现往复运动。

2. 气动回路的工作过程分析

分析如图 6-59 所示气动回路的工作过程，并指出各元件的名称。

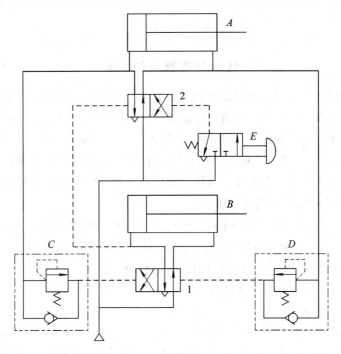

图 6-59　气动回路的工作过程分析

请读者结合所学知识和查阅资料，自行分析。

3. 气动计数回路分析

图 6-60 是由气动逻辑元件组成的一位二进制计数回路。在原始状态下，假设"双稳"元件 SW_1 "0"端有输出，"1"端无输出，双端显示"01"。输出信号反馈使禁门元件 J_1 有输出，J_2 无输出，引起"双稳"元件 SW_2 "1"端有输出，"0"端无输出。当一个触发脉冲信号输入给"与门"元件时，y_1 有输出，y_2 无输出，引起"双稳"元件 SW_1 "1"端有输出，"0"端无输出。SW_1 双端显示"10"。当下一个脉冲信号输入时，"双稳"元件 SW_1 双端又显示"01"。这样，整个回路起到一位二进制计数的作用。

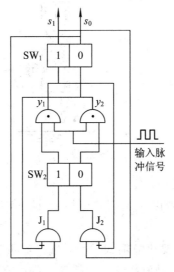

图 6-60　一位二进制计数回路

⌒知识拓展

气动传感器及放大器

气动传感器及放大器是气动自动化仪表的重要组成部分。气动传感器是利用气体流量和压力的变化，检测并输出被控参数（如位置、形状、尺寸、转速等各种物理量）的变化信号。被控参数经气动变送器转换为标准气信号（0.02~0.2 MPa）后，再将它与给定信号进行比较、计算、放大，输出一个相应的控制信号使被控对象按需要的规律变化。信号的放大则由功率放大器来完成。这里仅介绍几种常见的气动传感器和功率放大器。

1. 气动传感器的工作原理及应用

气动传感器的工作原理是利用流场中气体流动呈现的物理特性来测量各种物理量，输出相应的变化信号，不用接触被测物体。它用于检测位置、压力、流量、形状、转速、几何尺寸，尤其是在检测位置尺寸方面显示出极大的优越性。常用的气动传感器有喷嘴挡板式传感器、反射式传感器和遮断式传感器。

1）喷嘴挡板式传感器

图 6-61 为喷嘴挡板式传感器的原理示意图。它由两个节流孔（上节流孔 d，下节流孔 D）、一个信号输出孔 d_2 和两个气室（前气室 A，背压气室 B）组成。A 腔通入系统压力 p_s，B 腔输出的压力为 p_o，（挡板）正对下游节流孔。

当被测物体距节流孔 D 较远时，由孔 d 流入的气流可通畅地从 D 孔流出，此时，背压气室的压力 p_o 很低。当被测物体距传感器很近时，气体从 D 孔向大气的流动受阻，从而使背压气室的压力 p_o 上升。在一定的范围内，被测物与喷嘴 D（节流孔口）间的距离只要有微小变化，就会引起背压气室压力 p_o 发生较大的变化。

这种传感器反应灵敏，耗气量大，多用于位置和尺寸的检测。如图 6-62 所示为喷嘴式传感器的应用，图（a）所示用以测定液面高度，图（b）所示用以测定冲压件的形状精度。

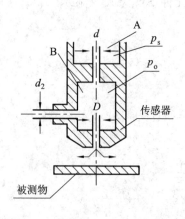

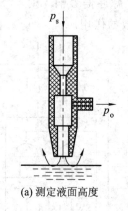

(a) 测定液面高度

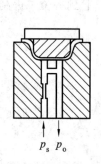

(b) 测定冲压件的形状精度

图 6-61　喷嘴挡板式传感器原理图　　　　图 6-62　喷嘴挡板式传感器应用举例

2）反射式传感器

反射式传感器的测量距离要比喷嘴式的大，气体流量消耗少，能承受较大的环境干扰。图 6-63 为其基本原理图，被测物体位于圆盘 3 的前方。

当被测物距传感器较远时，气体从输入管道 1 进入，经圆盘 3 的环形通道流出，在圆盘的上方形成一个漩涡，并对管道 2 中的气体产生引射作用，使管道 2 中的压力降低。当被测物体接近喷嘴时，圆盘 3 上方的漩涡不能形成，从环形通道流出的气流经被测物反射后，一部分进入管道 2，使管道内的压力升高。被测物体与喷嘴间距离发生微小变化时，管道 2 内的压力也会随之发生变化。

这种传感器多用于测量表面是平面的物体。图 6-64 为用反射式传感器检测尺寸的例子。图中两个传感器，一个用来检测比规定尺寸大的尺寸，另一个用来检测比规定尺寸小的尺寸，据此可以检测出合格的尺寸。

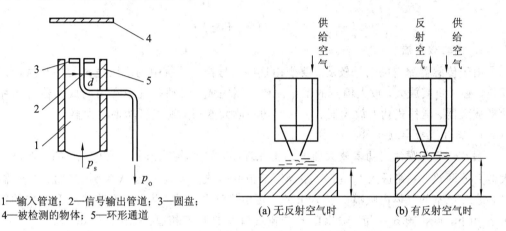

1—输入管道；2—信号输出管道；3—圆盘；
4—被检测的物体；5—环形通道

图 6-63　反射式传感器原理图

(a) 无反射空气时　　(b) 有反射空气时

图 6-64　用反射式传感器检测尺寸

3）遮断式传感器

遮断式传感器由发射管和接收管两部分组成，两者之间有一定的距离。图 6-65 为其原理图。

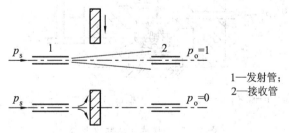

1—发射管；
2—接收管

图 6-65　遮断式传感器原理图

压力气体从发射管 1 射出，若在发射管 1 和接收管 2 之间无被测物体，则射流经过时不会受干扰，在接收管 2 中可以得到一定的输出压力 p_o。但经过发射管的射流对外界干扰很敏感，稍受干扰，接收管 2 中的输出压力 p_o 就会发生变化，利用传感器的这一特点，可以测量物体的位置。当被测物体置于两管之间将射流全部挡住时，接收管内的输出压力为零，当被测物体从两管之间移开时，接收管内的输出压力恢复。但两管间的距离不能过大，否则传感器会失灵。

这种传感器多用来判别物体是否存在，其具体应用如图 6-66 所示，图(a)所示为判断物体是否存在，图(b)所示为测量物体的位置。

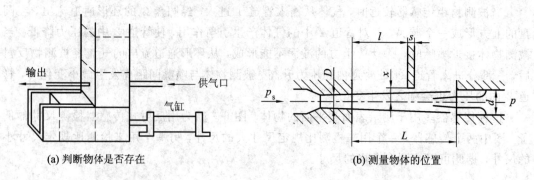

(a) 判断物体是否存在　　　　　　　(b) 测量物体的位置

图 6-66　遮断式传感器应用

2. 气动放大器

由于传感器测得的信号较弱，要想由这些信号推动系统中的后级逻辑元件和执行元件动作，必须将其放大。放大信号的工作由放大器完成。气动系统中常用的放大器有膜片式功率放大器、滑柱式功率放大器、泄气型功率放大器和不泄气型功率放大器。

1）膜片式功率放大器

图 6-67 为膜片式功率放大器的结构原理图。放大器工作时，压力为 p_s 的气源进入放大器后分两路，一路进入 F 室，一路经恒节流孔 3 进入 C 室。当 A 室无控制信号 p_c 输入时，进入 C 室的气体由喷嘴 2 流入 B 室，再由排气孔 a 排入大气。在弹簧和 F 室内的气压 p_s 作用下，截止阀 5 关闭，输出口 E 与排气口 b 的 D 室相通，无压力输出。

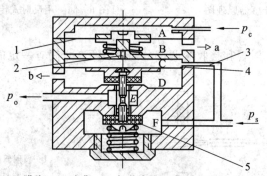

1—膜片；2—喷嘴；3—恒节流孔；4—膜片；5—截止阀

图 6-67　膜片式功率放大器

当控制信号 p_c 输入 A 室后，膜片 1 向下变形，封闭喷嘴 2，C 室内气体不能排出，压力升高，当升高至一定值时，推动膜片 4 向下，关闭 E 室到 D 室的通道，打开截止阀 5，接通 p_s 与 E 室之间的通道，高压气流从 E 室输出。当控制信号 p_c 消失后，截止阀 5 又关闭，输出口 E 与排气口 b 接通排气，输出为零。

这是一个两级放大器，第一级用膜片-喷嘴式放大器进行压力放大，第二级是功率放大。它可作为控制元件直接推动执行机构动作。

2）滑柱式功率放大器

图 6-68 所示为双控双向式滑柱式功率放大器，它由膜片-喷嘴式放大器和微压控制的二位五通气控滑阀组成。

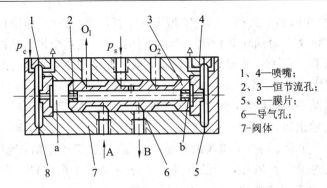

图 6-68 双控双向滑柱式功率放大器

放大器工作时，气源 p_s 进入，然后分成两路，一路直接输出，另一路经导气孔 6 进入滑柱的中心孔内，再由滑柱两端的恒节流孔进入 a 室和 b 室。无控制信号时，a 室和 b 室的气体经喷嘴 1、4，由排气孔排入大气。当左边有控制信号，而右边无控制信号时，左边的膜片-喷嘴式放大器工作，膜片 8 靠近喷嘴 1，使 a 室压力升高，将滑柱推向右端，进气孔与输出口 B 相通，由于通道畅通，因而从 B 口可以获得大流量、高压力的输出信号，同时，A 口接通 O_1 口排气。左边控制信号消失，滑柱保持在右端，B 口仍有输出信号。当右边有控制信号时，滑柱被推向左端，A 口有大流量、高压力的输出信号，同时，B 口接通 O_2 口排气。

这种放大器的特点是结构简单，调整容易，零件少，体积小，输出流量较大，一个放大器就能控制一个双向作用气缸，有较高的动作频率。但滑柱制造精度高，节流孔易堵塞。

3）泄气型功率放大器

图 6-69 为泄气型功率放大器的原理图。这种放大器用以对喷嘴挡板放大器的背压进行功率放大。它由金属膜片 1、阀杆 2、恒节流孔 3、球阀 4、弹簧片 5、盖板 6、阀体 7 和密封橡皮等组成。由球阀、阀杆、圆锥体-阀杆组成的两变节流阀形成节流通室 B。B 室的压力就是功率放大器的输出压力 p_B。p_B 的变化取决于两个变节流阀的开度比。

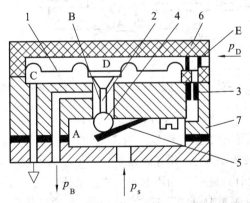

1—金属膜片；2—阀杆；3—恒节流孔；4—球阀；5—弹簧片；6—盖板；7—阀体

图 6-69 泄气型功率放大器

放大器工作时，气源 p_s 一路经恒节流孔 3 进入背压室 D，并由此通到喷嘴 E；另一路经球阀进入节流通室 B，其中一部分气流由锥阀经 C 室排入大气。这样，放大器的输入信号就是背压室 D 的气压 p_D。当挡板靠近喷嘴 E 时，背压 p_D 增大，作用在金属膜片 1 上的压力就增大，通过膜片 1 对阀杆 2 产生一个向下的推力，当这个推力足以克服膜片和弹簧片 5 的阻力时，阀杆 2 下移，使球阀开度增加、锥阀开度减小。这样就改变了两变节流阀之间的开度比，使泄气减小，节流通室的压力 p_B 升高。当作用在阀杆 2 上的所有力相互平衡时，阀杆 2 处于某一平衡位置，此时阀杆 2 的位置与一确定的背压 p_D、两变节流阀的开度比和节流通室的输出压力 p_B 对应。若背压室 D 内的压力 p_D 减小，则作用在阀杆上的力失去平衡，使阀杆 2 上移、两变节流阀的开度比变化：锥阀开度增加，泄气量增大；球阀开度减小，节流通室的压力 p_B 减小，于是阀杆 2 处于一新的平衡位置。显然，这种放大器，输入一背压 p_D，就会有对应的输出压力 p_B。

由于放大器直接与气源相连，气源 A 室与输出 B 室之间仅由一球阀控制，其通流截面积比恒节流孔大得多。只要球阀有一微小的位移，就可以保证有足够的气量从 A 室输送到 B 室并输出，这个气流输出量大大超过了进入 D 室的气流量，从而实现流量的放大；在输出流量增大的同时，B 室的压力也得到了放大。所以这种放大器的功率也大大增加了。

这种放大器的特点是结构简单，体积小，对压力和流量均能进行放大，但耗气量较大。

4) QFJ 不泄气型功率放大器

如图 6-70 所示为不带喷嘴挡板的不泄气型功率放大器。它由膜片 6、7，阀座 4，带有球阀和锥阀的阀杆 2，排气喷嘴 8 和四个气室 A、B、C、D 组成。其中，气室 A 与气源相通，B 室与输出口相连，C 室与大气相通，D 室与压力信号相通。

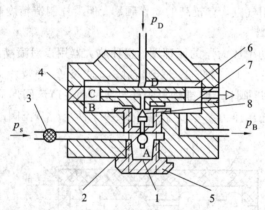

1—锥形弹簧；2—阀杆；3—过滤器；4—阀座；5—螺母；6、7—膜片；8—喷嘴

图 6-70 QFJ 不泄气型功率放大器

气源压力为 p_s 的压缩空气进入 A 室，当 D 室的压力信号 p_D 很弱时，锥形弹簧 1 将阀杆 2 压在阀座 4 上，关闭 A 室至 B 室的通道，B 室与 C 室相通，没有输出信号。当输入 D 室的压力信号 p_D 增大时，膜片 6 向下移动，并推动膜片 7 也下移，将放气喷嘴 8 关闭。同时推动阀杆 2 下移，球阀被打开，压缩空气由气室 A 通过阀座 4 进入气室 B，从输出口输出放大信号，同时 B 室的压力又作用在膜片 7 的下方，与输入压力相平衡，起负反馈的作用。当作用在膜片 7 上的力与作用在膜片 6 上的力平衡时，放大器处于平衡状态，B 室输出压力与输入信号相对应。若输入压力 p_D 减小，则膜片 6、7 在输出压力 p_B 的作用下上移，锥形弹簧 1 将阀杆 2 向上推，球阀开度减小，气流从 A 室流入 B 室的阻力增大，B 室

压力 p_B 下降，使放大器处在一新的平衡位置。当输入压力 p_D 过小时，阀杆 2 在膜片 6、7 及锥形弹簧 1 的作用下，将球阀压在阀座上，关闭 A 室与 B 室间的通道，打开排气喷嘴 8，气室 B 内的气流通过放气嘴经 C 室排入大气，输出口无输出信号。

这种放大器工作时无泄气，具有较大的放大倍数，耗气量小，可以和任何气动测量仪表或调节仪表配套工作。

✦✦✦✦ 思考练习题 ✦✦✦✦

1. 简述油雾器的作用、工作原理及安装使用注意事项。

2. 压缩空气净化设备有哪些？各部分的作用是什么？

3. 常用气缸分那几类，有何特点？

4. 气压传动系统什么部位容易发生噪声？简述消声原理。

5. 气动马达的工作原理是什么？

6. 试比较气缸与液压油缸的性能与结构特点。

7. 何谓气动三联件？其安装顺序及作用如何？

8. "是"门元件与"非"门元件结构相似，"是"门元件中阀芯底部有一弹簧，"非"门元件中却没有，说明"是"门元件中弹簧的作用，去掉该弹簧"是"门元件能否正常工作，为什么？

9. 试比较截止式气动逻辑元件和膜片式气动逻辑元件的特点。

10. 试比较气动控制元件与液压控制元件的异同点。

11. 常用单向型控制阀有哪些？

12. 试阐述气动逻辑元件的工作原理与应用。

13. 气动安全保护回路的常用方式有哪些？

14. 试阐述常用气动基本回路的类型及应用。

15. 试阐述顺序控制回路中行程控制与压力控制的区别。

16. 一次压力控制回路与二次压力控制回路有区别吗？请说明。

17. 供气节流与排气节流的特点是什么？主要应用是什么？

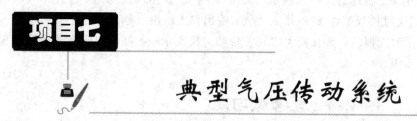

项目七

典型气压传动系统

　　通过几个气压传动系统的典型实例，来学习分析气压传动系统的工作原理；结合看图步骤，掌握复杂气压传动系统的分析技巧；熟悉气压传动系统的几种典型应用。

任务 7.1　自动线供料装置

任务目标与分析

　　自动线是能实现产品生产过程自动化的一种机器体系，即通过采用一套能自动进行加工、检测、装卸、运输的机器设备，组成高度连续的、完全自动化的生产线，来实现产品的生产。它是在连续流水线基础上进一步发展形成的，是一种先进的生产组织形式。它的发展趋势是提高可调性，扩大工艺范围，提高加工精度和自动化程度，同计算机结合实现整体自动化车间与自动化工厂。

　　本任务主要介绍自动线供料装置气压传动系统的工作原理、组成元件、基本回路及工作过程。

知识链接

7.1.1　自动线供料装置工作示意图

　　在现代工业生产中，为了提高生产效率、节约工时、降低生产成本，自动生产线已被各行业广泛采用。而自动线的供料装置是其中的一个重要组成部分。如图 7-1 所示是一个自动线供料装置工作示意图，该系统采用两个气缸从垂直料仓中取料并向滑槽传递工件，完成装料的过程。要求其实现如下动作：

　　按下按钮，气缸 A 活塞杆伸出，将工件从料仓推出至气缸 B 的前面；接着气缸 B 的活塞杆伸出将

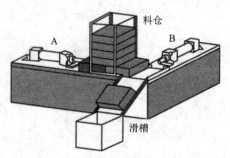

图 7-1　自动线供料装置工作示意图

工件推入输送滑槽；当工件被推入装料箱后气缸 A 的活塞杆退回；当缸 A 的活塞杆退回到位后，气缸 B 的活塞杆再退回，完成一次装料过程。

7.1.2 自动线供料装置工作原理图

自动线供料装置气动系统的工作原理图如图 7-2 所示，该系统由手动阀 1(启动按钮)，气控阀 2、3，行程阀 S1、S2、S3、S4 以及气缸 A、B 组成。

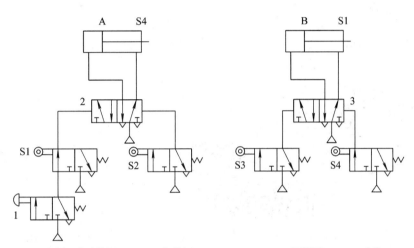

1—手动阀(启动按钮)；2、3—气控阀；S1、S2、S3、S4—行程阀；A、B—气缸

图 7-2 自动线供料装置气动系统工作原理图

7.1.3 自动线供料装置结构分析

前述自动线供料装置实际上是由两个多级换向阀控制的双作用气缸换向回路组成的。其中在气缸 A 的回路中，二位三通手动阀 1(启动按钮)与行程阀 S1 相连，二位三通行程阀 S1、S2 分别与二位五通气控阀 2 相连，并对其进行控制，气缸 A 由气控阀 2 来控制其动作。由气缸 B 组成的换向回路的结构与气缸 A 回路中的结构大致相同，故不再赘述。

组成系统的两个回路相互有制约，当气缸 B 处于原位时压下行程阀 S1，缸 A 伸出时压下行程阀 S3，缸 B 伸出时压下行程阀 S2，缸 A 退回压下行程阀 S4。

自动线供料装置的工作过程为：气缸 A 活塞伸出 → 气缸 B 活塞伸出 → 气缸 A 活塞退回 → 气缸 B 活塞退回。

具体工作过程如下：按下启动按钮 1，缸 B 在原位压下行程阀 S1，气控阀 2 左位工作，缸 A 活塞伸出，把工件从料仓中推出至缸 B 前面，缸 A 压下行程阀 S3，气控阀 3 左位工作，缸 B 活塞伸出，把工件推向滑槽，缸 B 压下行程阀 S2，气控阀 2 右位工作，缸 A 退回原位，缸 A 压下行程阀 S4，气控阀 3 右位工作，缸 B 退回原位，缸 B 压下行程阀 S1，一次工作循环过程结束，开始下一个循环。

任务实施

气动回路应用实例

1. 冲压印字机

如图7-3所示，阀体成品上需要冲印P、A、B及R等字母标志。将阀体放置在一握器内。气缸1.0(A)冲印阀体上的字母。气缸2.0(B)推送阀体自握器落入一筐篮内。冲压印字机气动回路如图7-4所示。

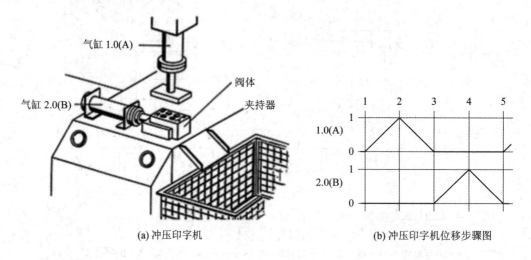

(a) 冲压印字机   (b) 冲压印字机位移步骤图

图7-3　冲压印字机及位移步骤图

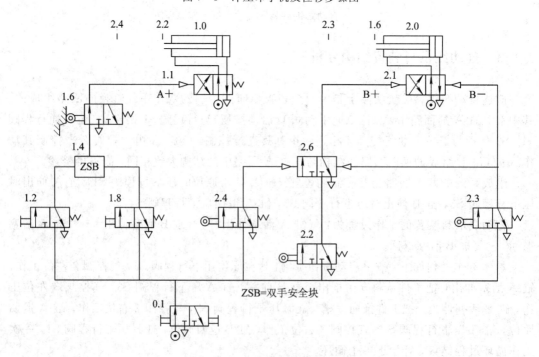

图7-4　冲压印字机气动回路

2. 冲口器

冲口器的工作原理如图 7-5 所示。用手将工件放在夹持器内。启动信号使气缸 1.0 (A)移送冲模进入长方形工件内。自此以后，气缸 2.0(D)、3.0(C)及 4.0(D)一个接一个推动冲头在工件孔内冲开口。在气缸 4.0(D)的最后冲口操作完成后，所有三个冲口气缸 2.0(B)、3.0(C)及 4.0(D)返回至它们的起始位置。气缸 1.0(A)从工件抽回冲模，完成最后的运动。用手将已冲口工件从夹持器上拿出。动作顺序如表 7-1 所示。

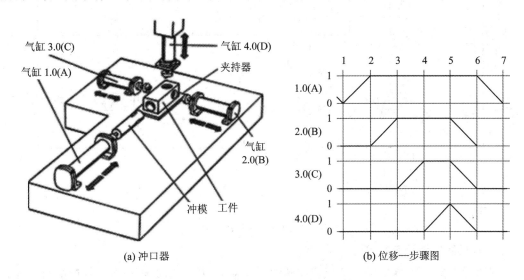

(a) 冲口器   (b) 位移—步骤图

图 7-5 冲口器及位移步骤图

表 7-1 回动阀控制的顺序表

步骤	阀的代号	操作方式	阀的接转	压缩空气进入管路	气缸的控制	工作组件行进至	
						前端点位置	后端点位置
1	1.2 1.4	手动 1.0	0.1(Y)	1	1.1(Z)	1.0	
2	2.2	1.0		1	2.1(Z)	1.0	
3	3.2	2.0		1	3.1(Z)	3.0	
4	2.3	3.0		1	4.1(Z)	4.0	
5	3.3 4.3 1.7	4.0	0.1(Z)	2	2.1(Y) 3.1(Y) 4.1(Y)		2.0 3.0 4.0
6		2.0		2	1.1(Y)		

冲口器气动回路图如图 7-6 所示。

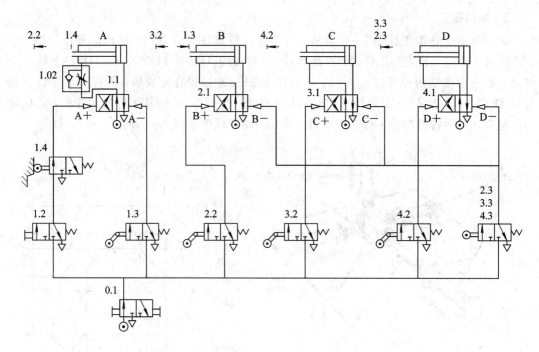

图 7-6　冲口器的气动回路图

3. 螺丝塞的装配夹持器

用装配夹持器将 O 型密封圈配装在阀的螺丝塞上。螺丝塞通过一振动器进给到夹持器来。安装在气缸 2.0(B)上的一个叉拾起一个螺丝塞。当启动信号加入时，气缸(A)提升 O 型密封圈向上，同时气缸 2.0(B)返回。此时螺丝塞的位置在 O 型密封圈上面。气缸 3.0(C)将螺丝塞压入 O 型密封圈。然后气缸 1.0(A)、2.0(B)及 3.0(C)返回至它们的起始位置。气缸 4.0(D)从夹持器提升工件。由一吹气喷口 5.0(E)吹入箱内。其动作顺序如表 7-2 所示，回路结构如图 7-7 所示。

表 7-2　螺丝塞的装配夹持器动作顺序表

步骤	阀的代号	操作方式	阀的接转	压缩空气进入管路	气缸的控制	工作组件行进至	
						前端点位置	后端点位置
1	1.2	手动		2	1.1(Z)	1.0	
	1.4	4.0					2.0
2	2.3	1.0		2	2.1(Z)		
3	3.2	2.0		2	3.1(Z)	3.0	
4	1.3	3.0	0.1(Y)	1	1.1(Z)		1.0
5	2.3	1.0		1	2.1(Y)	2.0	
	3.3				3.1(Y)		3.0
6	4.2	2.0		1	4.1(Z)	4.0	
7	4.3/5.2	4.0	0.1(Z)	2	4.1(Y)		4.0

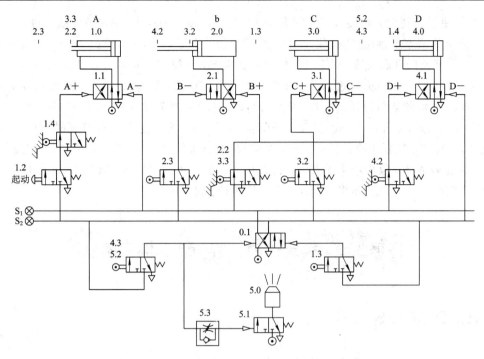

图 7-7　螺丝塞的装配夹持器回路图

知识拓展

公共汽车车门气压传动系统

公共汽车车门气压传动系统通过连杆机构将气缸活塞杆的直线运动转换成公共汽车所使用的开闭运动,利用超低压气动阀来检测行人的踏板动作。在拉门内、外装踏板 6 和 11,踏板下方装有完全封闭的橡胶管,管的一端与超低压气动阀 7 和 12 的控制口连接。当人站在踏板上时,橡胶管里压力上升,超低压气动阀动作。其气动回路如图 7-8 所示。

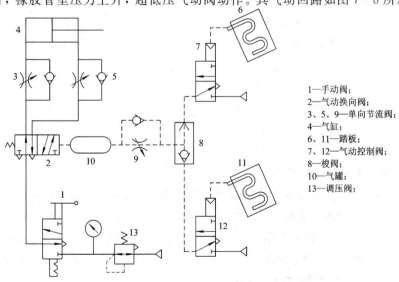

1—手动阀;
2—气动换向阀;
3、5、9—单向节流阀;
4—气缸;
6、11—踏板;
7、12—气动控制阀;
8—梭阀;
10—气罐;
13—调压阀;

图 7-8　公共汽车车门气压传动系统

首先使手动阀 1 上位接入工作状态，空气通过气动换向阀 2、单向节流阀 3 进入气缸 4 的无杆腔，将活塞杆推出（门关闭）。当人站在踏板 6 上后，气动控制阀 7 动作，空气通过梭阀 8、单向节流阀 9 和气罐 10 使气动换向阀 2 换向，压缩空气进入气缸 4 的有杆腔，活塞杆退回（门打开）。当行人经过门后踏上踏板 11 时，气动控制阀 12 动作，使梭阀 8 上面的通口关闭，下面的通口接通（此时由于人已离开踏板 6，阀 7 复位）。气罐 10 中的空气经单向节流阀 9、梭阀 8 和阀 12 放气（人离开踏板 11 后，阀 12 已复位），经过延时（由节流阀控制）后阀 2 复位，气缸 4 的无杆腔进气，活塞杆伸出（关闭拉门）。该回路利用逻辑"或"的功能，回路比较简单，很少产生误动作。行人从门的哪一边进出均可。减压阀 13 可使关门的力自由调节，十分便利。如将手动阀复位，则可变为手动门。

任务 7.2　机床气动夹紧与气动换刀系统

任务目标与分析

机械加工工程中，为保持工件定位所确定的正确加工位置，防止工件在切削力、惯性力、离心力及重力等作用下发生位移或振动，一般机床夹具应有一定的夹紧装置，以将工件压紧。夹紧装置的操作应当方便、安全、省力、省时，为达到此目的，在大型机床设备中通常采用气动系统来实现工件夹紧。

自动换刀装置，简称 ATC，是加工中心的主要组成部分，主要由两种结构组成：刀库和机械手。

气动换刀系统在换刀过程中实现定位、松刀、拔刀、向锥孔吹气和插刀等动作。

本任务主要介绍机床气动夹紧与换刀系统的结构组成、工作原理。

通过机床气动夹紧与换刀系统工作原理、组成元件、基本回路及工作过程的学习，要求能读懂气动夹紧系统工作原理图；学会分析气动夹紧系统的工作过程；具有根据工作原理图正确组装气压传动系统的能力，为以后机床气动系统的设计打下坚实的基础。

知识链接

7.2.1　机床气动夹紧系统

1. 气动夹紧系统工作原理图

图 7-9 为机床夹具的气动夹紧系统的工作原理图。该系统由脚踏换向阀 1、行程阀 2、气动换向阀 3 和 4、单向节流阀 5、6、7、8 及气缸 A、B、C 等主要气动元件和管路组成。

该系统要求完成的动作过程是：当工件定位后，垂直气缸 A 活塞先下降将工件压紧，两侧水平气缸 B 和 C 的活塞杆再同时伸出将工件对向夹紧，然后对工件开始加工。加工完成后，各夹紧装置退回原位，松开工件。

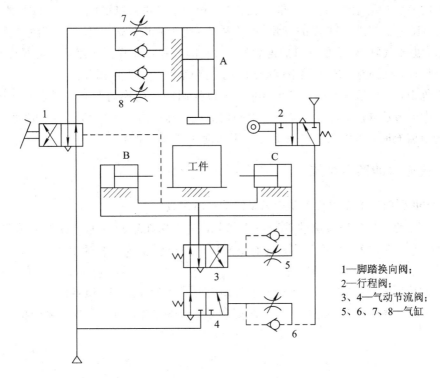

图 7 - 9　机床夹具的气动夹紧系统工作原理图

2. 气动夹紧系统结构分析

脚踏换向阀 1 通过管路与垂直气缸 A 的有杆腔和无杆腔相连，且在其管路中各设有一个单向节流阀 7 和 8，从而构成一个排气节流阀式的双向调速回路。

行程阀 2 通过单向节流阀 6 控制气动换向阀 4 的动作，而换向阀 4 与单向节流阀 5 又控制着主阀 3 的动作，通过主阀 3 再控制水平气缸 B 和 C 的位移，从而构成一个方向控制回路。

整个气动夹紧系统的工作工程可分为以下三个步骤。

1）垂直压紧工件

踏下脚踏换向阀 1，使其置于左位，压缩空气经阀 1 左位，再经阀 7 中的单向阀进入缸 A 的上腔，使缸 A 活塞下行，缸 A 下腔中的空气经阀 8 中的节流阀，再经阀 1 排出，同时使夹紧头下降夹紧工件。

2）两侧夹紧工件

当缸 A 下移到预定位置时，压下行程阀 2，使其置于左位，控制气流经阀 2 和单向节流阀 6 中的节流阀进入气动换向阀 4 的右侧，使阀 4 换向（调节节流阀开口可以控制阀 4 的延时接通时间），阀 4 处于右位。此时压缩空气通过阀 4 和主阀 3 进入两侧气缸 B 和 C 的无杆腔，使活塞杆对向伸出而夹紧工件，同时气缸 B 和 C 有杆腔中的气体经阀 3 排出。

3）松开工件

在缸 B 和缸 C 伸出夹紧工件的同时，流过主阀 3 的一部分压缩空气经过单向节流阀 5 中的节流阀进入主阀 3 右端，经过一段时间（由节流阀控制）后，机械加工完成，主阀 3 换向，右位接通，压缩空气进入气缸 A 和气缸 B 的有杆腔，从而使两侧气缸后退到原来位置，松开工件。

在气缸 A、B 后退的同时，一部分压缩空气作为信号进入脚踏换向阀 1 的右端，使阀 1 右位接通，压缩空气进入缸 A 的下腔（此时主阀 3 仍为右位接通），使缸 A 活塞收回。

此后，由于气缸 B、C 的无杆腔通大气，气动阀 3 和 4 在弹簧作用下自动复位到左位，完成一个循环。该回路只有再踏下脚踏阀 1 才能开始下一个工作循环。

在系统中，当调节阀 6 中的节流阀时，可以控制阀 4 的换向时间，确保缸 A 先压紧；调节阀 5 中的节流阀时，可以控制阀 3 的换向时间，确保有足够的切削加工时间；调节阀 7、8 中的节流阀时，可以调节缸 A 的上、下运动速度。

7.2.2 机床气动换刀系统

1. H400 型数控加工中心气动换刀系统的基本组成

自动换刀功能是数控系统的重要组成部分，其作用在于减少加工过程中的非切削时间，以提高生产率，降低生产成本，进而提升机床乃至整个生产线的生产效率。现有的自动换刀系统中大量采用了气动装置。

图 7-10 是 H400 型数控加工中心的气动换刀系统的原理图，该系统在换刀过程中可实现主轴定位、主轴松刀、拔刀、向主轴锥孔吹气和插刀等动作。其气动系统的主要组成元件如下。

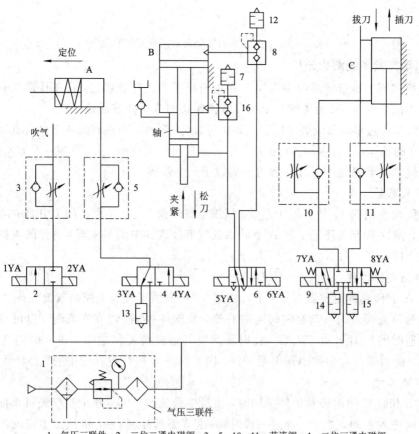

1—气压三联件；2—二位二通电磁阀；3、5、10、11—节流阀；4—二位三通电磁阀；
6、9—二位五通电磁阀；7、12、13、14、15—消声干燥器；8、16—快速排气阀

图 7-10 气动换刀系统原理图

（1）气源：包括气压三联件 1，消声干燥器 7、12、13、14、15，进气管路等。

（2）执行元件：包括主轴定位气缸 A，刀架夹紧气液增压缸 B，插拔刀气缸 C。

（3）控制元件：包括节流阀 3、5、10、11，快速排气阀 8、16，二位二通电磁阀 2，二位三通电磁阀 4，二位五通电磁阀 6、9 等。

该系统完成一个换刀程序要经过如下过程：当数控系统发出换刀指令时，主轴停止旋转，并自动定位于换刀位置；主轴刀杆松开前面使用的刀具，拔刀机械手拔出前面使用的刀具；吹气程序启动，向刀具安装孔口吹气冷却并清洁，停止吹气；换刀机械手放下前面的刀具并取出新刀具，将其插入刀架安装孔中；增压缸加压夹紧刀具后，主轴复位到加工位置继续进行切削加工。过程如图 7-11 所示。

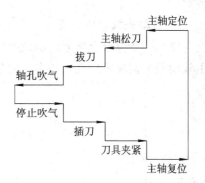

图 7-11　气动换刀系统换刀动作过程示意图

2. 气动换刀系统的工作过程

图 7-11 中，数控机床发出换刀指令，主轴停止旋转，4YA 通电，压缩空气经气动三联件 1、换向阀 4 右位、单向节流阀 5 进入定位缸 A 的右腔，其活塞向左移动，主轴自动定位。

定位后压下无触点开关，6YA 通电，压缩空气经换向阀 6 右位、快速排气阀 8 进入气液增压器 B 上腔，增压器的高压油使其活塞杆伸出，实现主轴松刀。

松刀的同时，使 8YA 通电，压缩空气经换向阀 9 右位、单向节流阀 11 进入缸 C 的上腔，其活塞杆向下移动，实现拔刀动作。

回转刀库交换刀具，同时 1YA 通电，压缩空气经换向阀 2 左位、单向节流阀 3 向主轴锥孔吹气。

吹气片刻 1YA 断电、2YA 通电，停止吹气。8YA 断电、7YA 通电，压缩空气经换向阀 9 左位、单向节流阀 10 进入缸 C 下腔，其活塞杆上移，实现插刀动作。

之后，6YA 断电、5YA 通电，压缩空气经阀 6 左位进入气液增压器 B 下腔，其活塞退回，使刀具夹紧。

4YA 断电、3YA 通电，缸 A 活塞在弹簧力作用下复位，回复到初始状态，至此换刀结束。

表 7-3 为其换刀过程的电磁铁动作顺序表。

表 7-3　电磁铁动作顺序表

电磁铁 动作	1YA	2YA	3YA	4YA	5YA	6YA	7YA	8YA
主轴定位				+				
主轴松刀						+		
拔刀								+
向主轴锥孔吹气	+							
插刀	−	+					+	
刀具夹紧					+	−		
复位			+	−				

任务实施

1. 气动夹紧系统分析

图 7-12 为组合机床的定位夹紧系统的工作原理简图，该工件吊装在工作台上，可以由气动系统实现定位夹紧和多工位加工。试分析该气动系统的工作原理。

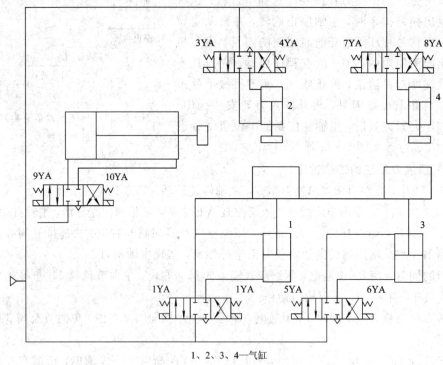

1、2、3、4—气缸

图 7-12　组合机床的定位夹紧系统的工作原理简图

2. 数控机床换刀机械手气压系统

图 7-13 是某数控机床换刀机械手气压系统原理图，该系统组成可分为三个部分：气源部分——进气管路；执行机构——气缸；控制机构——电磁换向阀、单向节流阀、限位开关等。

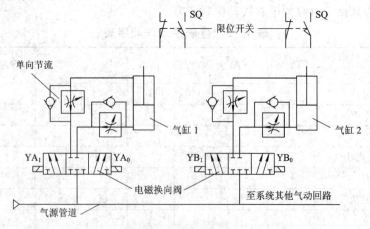

图 7-13　数控机床换刀机械手气压系统原理图

　　进气管路为该系统提供动力来源，并通过各连接管路将具有一定压力的压缩空气送到各工作元件部位。工作气缸 1 和 2 是完成取刀和放刀动作命令的主要执行元件，单向节流阀的功能用来控制换刀动作的速度，限位开关则用来控制机械手动作的范围和幅度。其工作原理和过程读者可自行分析。

气液动力滑台气压传动系统

　　气液动力滑台采用气液阻尼缸作为执行元件。由于在其上可安装单轴头、动力箱或工件，因此在机床上常用来作为实现进给运动的部件。图 7-14 为气液动力滑台气压传动系统的原理图。系统的执行元件是气液阻尼缸，该缸的缸筒固定，活塞杆与滑台相连。该气液动力滑台能完成两种工作循环，下面对其作一简单介绍。

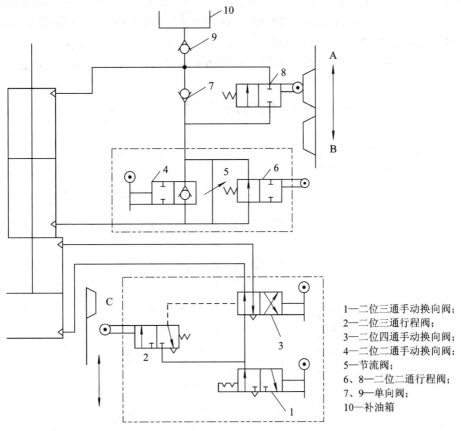

1—二位三通手动换向阀；
2—二位三通行程阀；
3—二位四通手动换向阀；
4—二位二通手动换向阀；
5—节流阀；
6、8—二位二通行程阀；
7、9—单向阀；
10—补油箱

图 7-14　气液动力滑台气压传动系统的原理图

1. 快进→慢进(工进)→快退→停止

　　当图 7-14 中手动阀 4 处于图示状态时，就可实现"快进→慢进(工进)→快退→停止"的动作循环，其动作原理为：

　　当手动阀 3 切换到右位时，实际上就是给予进刀信号，在气压作用下气缸中活塞开始向下运动，液压缸中活塞下腔的油液经行程阀 6 的左位和单向阀 7 进入液压缸活塞的上腔,实现了快进;当快进到活塞杆上的挡铁 B 切换行程阀 6(使它处于右位)后,油液只能经节流阀 5 进入活塞上腔,调节节流阀的开度,即可调节气液缸运动速度,活塞开始慢进(工作进给);当慢进到挡铁 C 使行程阀 2 复位时,输出气信号使阀 3 切换到左位,这时气缸活塞开始向上运动。液压缸活塞上腔的油液经阀 8 的左位和手动阀 4 中的单向阀进入液压缸下腔,实现了快退,当快退到挡铁 A 切换阀 8 而使油液通道被切断时,活塞便停止运动。因此,改变挡铁 A 的位置,就能改变"停"的位置。

2. 快进→慢进→慢退→快退→停止

把手动阀 4 关闭(处于左侧)时,就可实现"快进→慢进→慢退→快退→停止"的双向进给程序。其动作循环中的"快进→慢进"的动作原理与上述相同。当慢进至挡铁 C 切换行程阀 2 至左位时,输出气信号使阀 3 切换到左位,气缸活塞开始向上运动,这时液压缸活塞上腔的油液经行程阀 8 的左位和节流阀 5 进入活塞下腔,亦即实现了慢退(反向进给),慢退到挡铁 B 离开阀 6 的顶杆而使其复位(处于左位)后,液压缸活塞上腔的油液就经阀 6 左位而进入活塞下腔,开始了快退,快退到挡铁 A 切换阀 8 而使油液通路被切断时,活塞就停止运动。

图中带定位机构的手动阀 1、行程阀 2 和手动阀 3 组合成一只组合阀块,阀 4、5 和 6 为一组合阀,补油箱 10 是为了补偿系统中的漏油而设置的,一般可用油杯来代替。

✦✦✦✦　思考练习题　✦✦✦✦

1. 简要阐述自动线供料装置的工作原理。
2. 简要阐述气动夹紧系统的工作过程。
3. 如图 7−15 所示的工件夹紧气压传动系统中,工件夹紧的时间怎样调节?

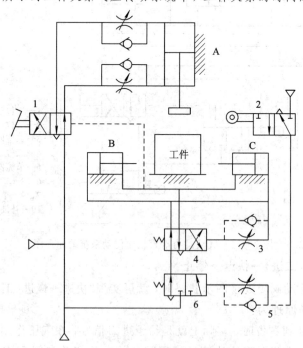

图 7−15　题 3 图

4. 机床夹具气动夹紧系统主要由哪些气动元件和管路组成？

5. 结合生活实际，试说出生活中的哪些方面应用了气压传动？

6. 气动换刀系统的作用是什么？它有哪些主要组成元件？

7. 气动换刀系统完成一次换刀动作包含哪几个步骤？

8. 数控加工中心换刀部分气压传动系统中拔刀和插刀速度是如何调节的？

9. H400 型数控加工中心气动系统主要组成元件有哪些？

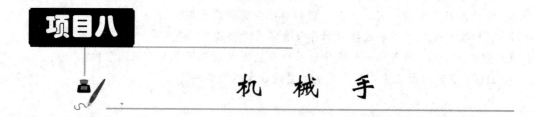

项目八

机　械　手

在现今，科技日新月异，机械手与人类手最大的区别就在于灵活度与耐力度。也就是机械手的最大优势是可以重复地做同一动作且在机械正常情况下永远也不会觉得累。机械手是近几十年发展起来的一种高科技自动生产设备，具有作业的准确性和恶劣环境中完成作业的能力。工业机械手是机器人的一个重要分支。

机械手按驱动方式可分为液压式、气动式、电动式、机械式，其特点是可以通过编程来完成各种预期的作业。

本项目主要介绍机械手液压和气动系统的工作原理、结构组成和工作过程。

任务 8.1　机械手液压系统结构组成

任务目标与分析

机械手是模仿人的手部动作，按给定的程序、轨迹和要求实现自动抓取、搬运和操作的自动化装置，其特别适合在高温、高压、易燃、易爆、多粉尘、放射性等恶劣环境以及笨重、单调、频繁的操作中代替人进行作业，应用范围相当广泛。

液压传动系统是根据机械设备的工作要求，选用适当回路进行有机组合而成的传动系统。本任务要求学会阅读较为复杂的液压系统。

本节介绍的 JS01 型工业机械手为圆柱坐标式、全液压驱动机械手，具有手臂升降、伸缩、回转和手腕回转等四个自由度。

知识链接

8.1.1　机械手概述

机械手是能模仿人手和臂的某些动作功能，用以按固定程序抓取、搬运物件或操作工具的自动操作装置。它可代替人的繁重劳动以实现生产的机械化和自动化，能在有害环境下操作以保护人身安全。近年来，机械手在自动化领域中，特别是在有毒、放射、易燃易爆等恶劣环境内，得到了越来越广泛的应用。图8-1是装配和搬运机械手，它可以实现机械产品的自动化装配，广泛应用在装配生产流水作业线上。图8-2是仿手指功能的机械手，其手指可以握持较小的物体，从而可以完成一些细微的操作任务。

图8-1　装配和搬运机械手　　　　　图8-2　仿手指功能机械手

机械手首先是从美国开始研制的。1958年美国联合控制公司研制出第一台机械手。机械手主要由手部、运动机构和控制系统三大部分组成。手部是用来抓持工件（或工具）的部件，根据被抓持物件的形状、尺寸、重量、材料和作业要求而有多种结构形式，如夹持型、托持型和吸附型等。运动机构使手部完成各种转动（摆动）、移动或复合运动来实现规定的动作，改变被抓持物件的位置和姿势。

1. 执行机构

1）手部

手部即直接与工件接触的部分，一般是回转型或平动型（多为回转型，因其结构简单）。手部多为两指（也有多指），根据需要分为外抓式和内抓式两种，也可以用负压式或真空式的空气吸盘（主要用于可吸附的、光滑表面的零件或薄板零件）和电磁吸盘。

传力机构形式较多，常用的有：滑槽杠杆式、连杆杠杆式、斜楔杠杆式、齿轮齿条式、丝杠螺母式、弹簧式和重力式等。

2）腕部

腕部是连接手部和臂部的部件，可用来调节被抓物体的方位，以扩大机械手的动作范围，并使机械手变得更灵巧，适应性更强。手腕有独立的自由度，有回转运动、上下摆动、左右摆动。一般腕部设有回转运动，再增加一个上下摆动即可满足工作要求，有些动作较为简单的专用机械手，为了简化结构，可以不设腕部，而直接用臂部运动驱动手部搬运工件。

目前，应用最为广泛的手腕回转运动机构为回转液压（气）缸，它的结构紧凑，灵巧但回转角度小（一般小于270°），并且要求严格密封，否则就难保证稳定的输出扭矩。因此在要求较大回转角的情况下，采用齿条传动或链轮以及轮系结构。

3）臂部

臂部是机械手的重要握持部件。它的作用是支撑腕部和手部（包括工具或夹具），并带动它们做空间运动。

臂部运动的目的是把手部送到空间运动范围内任意一点。如果改变手部的姿态（方位），则用腕部的自由度加以实现。因此，一般来说臂部具有三个自由度才能满足基本要求,即手臂的伸缩、左右旋转、升降(或俯仰)运动。

手臂的各种运动通常用驱动机构(如液压缸或者气缸)和各种传动机构来实现,从臂部的受力情况分析,它在工作中受腕部、手部和工件的静、动载荷,而且自身运动较为多,受力复杂。因此,它的结构、工作范围、灵活性以及抓重大小和定位精度直接影响机械手的工作性能。

4) 行走机构

有的工业机械手带有行走机构,我国在这方面的研究正处于仿真阶段。

2. 驱动机构

驱动机构是工业机械手的重要组成部分。根据动力源的不同,工业机械手的驱动机构大致可分为液压、气动、电动和机械驱动四类。在这四种驱动方式中,当前又以液压驱动(约占 50%)和气压驱动(约占 40%)所占的比例较大,而电力驱动和机械驱动所占的比例较小。采用液压机构驱动机械手,结构简单、尺寸紧凑、重量轻、控制方便。

3. 控制系统分类

在机械手的控制上,有点动控制和连续控制两种方式。目前,大多数用插销板进行点位控制,也有采用可编程序控制器控制、微型计算机控制或采用凸轮、磁盘磁带、穿孔卡等记录程序控制。主要控制的是坐标位置,并注意其加速度特性。

8.1.2 JS02 型工业机械手液压系统组成元件及特点

1. JS02 型工业机械手对液压系统的工作要求

液压机械手是自动化流水生产线中广泛应用的工件搬运机械设备,它是流水线作业中不可或缺的运输单元。根据工况要求,执行机构要具有手臂升降、手臂伸缩、手臂回转和手腕回转四个自由度。执行机构相应由手臂升降机构、手臂伸缩机构、手臂回转机构、手腕回转机构、手指夹紧机构和回转定位机构等组成,手臂回转和手腕回转机构采用摆动液压马达驱动,其余部分均采用液压缸驱动。

液压机械手每一部分均由液压缸驱动与控制,完成的动作循环为:插销定位 → 手臂前伸 → 手指张开 → 手指夹紧抓料 → 手臂上升 → 手臂缩回 → 手腕回转 180° → 拔定位销 → 手臂回转 95° → 插定位销 → 手臂前伸 → 手臂中停(此时主机夹头下降夹料) → 手指松开(此时主机夹头夹着料上升) → 手指闭合 → 手臂缩回 → 手臂下降 → 手腕回转复位 → 拔定位销 → 手臂回转复位 → 待料,液压泵卸荷。

2. JS02 型工业机械手液压系统原理图分析

图 8-3 为 JS02 型工业机械手液压系统原理图。

1) JS02 型工业机械手液压系统组成及元件功用

(1) 系统的油源为双联液压泵 1、2,泵的额定压力为 6.3 MPa,流量为(35+18)L/min。

(2) 泵 1 和 2 的压力 p_1、p_2 设定,待料期间的卸荷控制分别由电磁溢流阀 3 和 4 实现。

(3) 减压阀 8 用于设定定位缸与控制油路所需的较低压力 p_3(1.5~1.8 MPa),压力 p_1、p_2 及 p_3 可通过压力表 28 及其开关 27 观测和显示。

(4) 单向阀 5 和 6 分别用于保护泵 1 和 2。

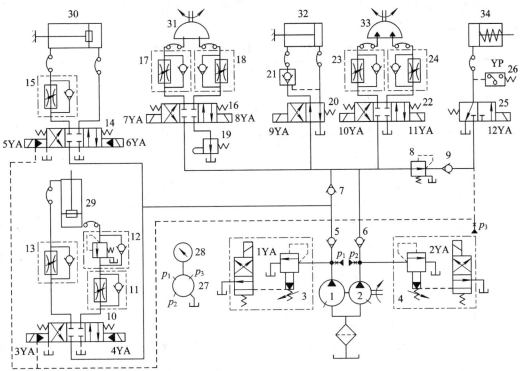

1、2—双联液压泵；3、4—电磁溢流阀；5、6、7、9—单向阀；8—减压阀；10、14—三位四通电液换向阀；11、13、15、17、18—单向调速阀；12—单向顺序阀；16、22—三位四通电磁换向阀；19—行程节流阀；20—电磁阀；21—液控单向阀；23、24—回油节流调速阀；25—二位三通电磁换向阀；26—压力继电器；27—开关；28—压力表；29—手臂升降缸；30—手臂伸缩缸；31—手臂回转摆动液压马达；32—手指夹紧缸；33—手腕回转摆动液压马达；34—定位缸

图 8-3　JS02 型工业机械手液压系统原理图

（5）手臂升降缸 29 和手臂伸缩缸 30 为带缓冲的单杆液压缸，二缸的运动方向由三位四通电液换向阀 10 和 14 控制。

（6）缸 29 为立式液压缸，由单向顺序阀 12 平衡，以防自重下滑，单向调速阀 11 和 13 用于缸 29 的双向回油节流调速。

（7）单向调速阀 15 用于缸 30 伸出动作时的回油节流调速。

（8）手臂回转摆动液压马达 31 和手腕回转摆动液压马达 33 由三位四通电磁换向阀 16 和 22 控制，而单向调速阀 17、18 和回油节流调速阀 23、24 用于双向回油节流调速，行程节流阀 19 用于马达 31 的减速缓冲。

（9）手指夹紧缸 32 由二位四通电磁换向阀控制其运动方向，液控单向阀 21 用于手指夹紧工件后的锁紧，以保证牢固夹紧工件而不受系统压力波动的影响。

（10）定位缸 34 为单作用液压缸，其运动方向由二位三通电磁换向阀 25 控制（拔销退回时由缸内有杆腔弹簧作用），压力继电器 26 用于定位后发信号。

（11）单向阀 7 用于隔离大流量泵 1 与执行器 31～34 回路联系。

2）JS02 型工业机械手液压系统工作原理

液压系统各执行器的动作均由电控系统发信号控制相应的电磁换向阀按程序依次按步进行。

电磁铁、压力继电器动作顺序表如表 8-1 所列,由该表容易分析和了解液压系统在各工况下的油液流动路线。

表 8-1　电磁铁、压力继电器动作顺序表

工况	1Y	2Y	3Y	4Y	5Y	6Y	7Y	8Y	9Y	10Y	11Y	12Y	YP
插销定位	+											+	− +
手臂前伸					+							+	+
手指张开	+								+			+	+
手指抓料	+											+	+
手臂上升			+									+	+
手臂缩回						+						+	+
手腕回转180°	+									+		+	+
拔定位销	+												
手臂回转95°	+						+						
插定位销	+											+	− +
手臂前伸					+							+	+
手臂中停												+	+
手指张开	+								+			+	+
手指闭合	+											+	+
手臂缩回						+						+	+
手臂下降				+								+	+
手腕反转	+										+	+	+
拔定位销	+												
手臂反转	+						+						
待料卸载	+	+											

(1) 插销定位(1Y、12Y)。按下油泵启动按钮后,双联叶片泵 1、2 同时供油,电磁铁 1Y、2Y 带电,油液经溢流阀 3 和 4 至油箱,机械手处于待料卸荷状态。

当棒料到达待上料位置,启动程序动作。电磁铁 1Y 带电,2Y 不带电,使泵 1 继续卸荷,而泵 2 停止卸荷,同时 12Y 通电。

进油路:泵 2→阀 6→减压阀 8→阀 9→阀 25(右)→定位缸 34 左腔。

此时,插定位销以保证初始位置准确。定位缸没有回油路,它是依靠弹簧复位的。

(2) 手臂前伸(5Y、12Y)。插定位销后,此支路系统油压升高,使继电器 YP26 发信号,接通电磁铁 5Y,泵 1 和泵 2 经相应的单向阀汇流到电液换向阀 14 左位,进入手臂伸缩缸油腔。

进油路:泵 1→单向阀 5→阀 14(左)→手臂伸缩缸 29 右腔;
　　　　泵 2→阀 6→阀 7→三位四通电液换向阀 14(左)→手臂伸缩缸 30 右腔。

回油路:手臂伸缩缸左腔→单向调速阀 15→阀 14(左)→油箱。

(3) 手指张开(1Y、9Y、12Y)。手臂前伸至适当位置，行程开关发信号，电磁铁1Y、9Y带电，泵1卸载，泵2供油，经单向阀6、电磁阀20左位，进入手指夹紧缸32右腔。

进油路：泵2→阀6→电磁阀20(左)→手指夹紧缸32右腔。

回油路：手指夹紧缸32左腔→阀21→电磁阀20(左)→油箱。

(4) 手指抓料(1Y、12Y)。手指张开后，时间继电器延时。待棒料由送料机构送到手指区域时，继电器发信号使9Y断电，泵2的压力油通过阀20的右位进入缸的左腔，使手指夹紧棒料。

进油路：泵2→阀6→阀20(右)→阀21→手指夹紧缸32左腔。

回油路：手指夹紧缸右腔→阀20(右)→油箱。

(5) 手臂上升(3Y、12Y)。当手指抓料后，手臂上升。此时，泵1和泵2同时供油到升降缸。

进油路：泵1→单向阀5→阀10(左)→阀11→阀12→手臂升降缸29下腔；

泵2→单向阀6→单向阀7→电液换向阀10(左)→阀11→阀12→手臂升降缸下腔。

回油路：手臂升降缸上腔→阀13→阀10(左)→油箱。

(6) 手臂缩回(6Y、12Y)。手臂上升至预定位置，碰到行程开关，3Y断电，电液换向阀10复位，6Y带电。泵1和泵2一起供油至电液换向阀14右端，压力油通过单向调速阀15进入伸缩缸30左腔，而右腔油液经阀14右端回油箱。

进油路：泵1→阀5→阀14(右)→阀15→手臂伸缩缸30左腔；

泵2→单向阀6→单向阀7→电液换向阀14(右)→单向调速阀15→手臂伸缩缸左腔。

回油路：手臂伸缩缸右腔→阀14(右)→油箱。

(7) 手腕回转(1Y、10Y、12Y)180°。当手臂上的碰块碰到行程开关时，6Y断电，阀14复位，1Y、10Y通电。此时，泵2单独供油至阀22左端，通过阀24进入手腕回转油缸，使手腕回转180°。

进油路：泵2→阀6→阀22(左)→阀24→手腕回转缸。

回油路：手腕回转缸→阀23→阀22(左)→油箱。

(8) 拔定位销(1Y)。当手腕上的碰块碰到行程开关时，10Y、12Y断电，阀22、25复位，定位缸油液经阀25左端回油箱，弹簧作用拔定位销。

回油路：定位缸左腔→阀25(左)→油箱。

定位缸没有进油路，它是在弹簧作用下前进的。

(9) 手臂回转(1Y、7Y)95°。定位缸支路无油压后，压力继电器YP26发信号，接通7Y。泵2的压力油进入阀6，经换向阀16左端，通过单向调速阀18，最后进入手臂回转缸，使手臂回转95°。

进油路：泵2→阀6→换向阀16(左)→单向调速阀18→手臂回转缸33。

回油路：手臂回转缸→单向调速阀17→换向阀16(左)→行程节流阀19→油箱。

(10) 插定位销(1Y、12Y)。当手臂回转碰到行程开关时，7Y断电，12Y重又通电，插定位销同(1)。

(11) 手臂前伸(5Y、12Y)。此时的动作顺序同(7)。

(12) 手臂中停(12Y)。当手臂前伸碰到行程开关后，5Y断电，伸缩缸30停止动作，确保手臂将棒料送到准确位置处，"手臂中停"等主机夹头夹紧棒料，夹头夹紧棒料后，时间继电器发信号。

（13）手指张开（1Y、9Y、12Y）。接到继电器信号后，1Y、9Y通电，手指张开同（3）。并启动时间继电器延时，主机夹头移走棒料后，继电器发信号。

（14）手指闭合（1Y、12Y）。接继电器信号，9Y断电，手指闭合同（4）。

（15）手臂缩回（6Y、12Y）。当手指闭合后，1Y断电，使泵1和泵2一起供油，同时6Y通电，其动作顺序同（6）。

（16）手臂下降（4Y、12Y）。手臂缩回碰到行程开关，6Y断电，4Y通电。此时，电液换向阀10右端动作，压力油经阀10和单向调速阀13进入手臂升降缸29上腔。

进油路：泵1→单向阀5→阀10（右）→阀13→手臂升降缸上腔；

　　　　　泵2→阀6→阀7→阀10（右）→阀13→手臂升降缸上腔。

回油路：手臂升降缸下腔→阀12→阀11→阀10（右）→油箱。

（17）手腕反转（1Y、11Y、12Y）。当升降导套上的碰铁碰到行程开关时，4Y断电，1Y、11Y通电。泵2供油至阀22右端，压力油通过单向调速阀23进入手腕回转缸的另一腔，并使手腕反转180°。

进油路：泵2→阀6→阀22（右）→单向调速阀23→手腕回转缸。

回油路：手腕回转缸→单向调速阀24→阀22（右）→油箱。

（18）拔定位销（1Y）。手腕反转碰到行程开关后，11Y、12Y断电。动作顺序同（8）。

（19）手臂反转（1Y、8Y）。拔定位销，压力继电器发信号，8Y接通。换向阀16右端动作，压力油进入手臂回转缸31的另一腔，手臂反转95°，机械手复位。

进油路：泵2→阀6→换向阀16（右）→单向调速阀17→手臂回转缸。

回油路：手臂回转缸→单向调速阀18→换向阀16（右）→行程节流阀19→油箱。

（20）待料卸载（1Y、2Y）。手臂反转到位后，启动行程开关，8Y断电，2Y接通。此时，两油泵同时卸荷。机械手动作循环结束，等待下一个循环。

机械手的动作也可由微机程序控制，与相关主机联为一体，其动作顺序相同。

3）JS02型工业机械手液压系统特点

（1）采用双联泵组合供油（即手臂升降及伸缩动作时两个泵同时供油，手臂及手腕回转、手指松紧及定位缸动作只有小流量泵2供油，大流量泵自动卸荷），既提高了工效，又有利于节能。

（2）需要调速的执行器均采用回油节流调速方式，有利于提高执行器的运动平稳性和散热。

（3）执行机构的定位和缓冲是机械手工作平稳可靠的关键。

（4）采用单向顺序阀支承平衡手臂运动部件的自重；采用液控单向阀的锁紧回路保证牢固地夹紧工件。

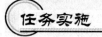
任务实施

某液压机械手系统原理图分析

图8-4是某液压机械手的系统原理图及其基本组成结构示意图。

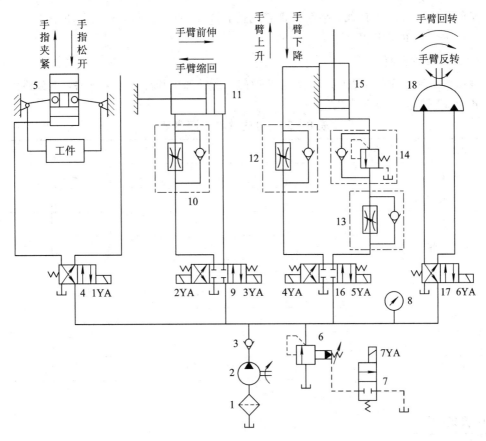

图 8-4　液压机械手系统原理图

1. 动作要求及执行元件

手臂回转：单叶片摆动缸 18。

手臂升降：单杆活塞缸 15（缸体固定）。

手臂伸缩：单杆活塞缸 11（活塞固定）。

手指松夹：无杆活塞缸 5。

2. 系统元件的组成

元件 1——滤油器，过滤油液，去除杂质。

元件 2——单向定量泵，为系统供油。

元件 3——单向阀，防止油液倒流，保护液压泵。

元件 4、17——二位四通电磁换向阀，控制执行元件进退两个运动方向。

元件 5、11、15——活塞缸。

元件 6——先导式溢流阀，溢流稳压。

元件 7——二位二通电磁换向阀，控制液压泵卸荷。

元件 8——压力表，观察系统中压力。

元件 9、16——三位四通电磁换向阀，控制执行元件进退两个运动方向且可在任意位置停留。

元件 10、12、13——单向调速阀，调节执行元件的运动速度。

元件14——单向顺序阀，平衡垂直液压缸的自重，防止执行元件自行下滑。

元件18——单叶片摆动缸。

3. 工作原理分析

根据电磁铁动作顺序表（表8-2），参考前面所学知识和查阅相关资料，试分析液压系统在各工况下的油液流动路线。

表8-2　电磁铁动作顺序表

动作顺序	1YA	2YA	3YA	4YA	5YA	6YA	7YA
手臂上升	−	−	−	−	+	−	−
手臂前伸	+	−	+	−	−	−	−
手指夹紧	−	−	−	−	−	−	−
手臂回转	−	−	−	−	−	+	−
手臂下降	−	−	−	+	−	+	−
手指松开	+	−	−	−	−	+	−
手臂缩回	−	+	−	−	−	+	−
手臂反转	−	−	−	−	−	−	−
原位停止	−	−	−	−	−	−	+

知识拓展

搬运机械手的发展趋势

目前我国工业机械手主要用于机床加工、铸锻、热处理等方面，数量、品种、性能都不能满足工业生产发展的需要。因此，国内需要逐步扩大机械手应用范围，重点发展铸锻、热处理方面的机械手，以减轻劳动强度，改善作业条件。在应用专用机械手的同时，相应地发展通用机械手，有条件的还要研制示教式机械手、计算机控制机械手和组合式机械手等。

将机械手各运动构件如伸缩、摆动、升降、横移、俯仰等机构，以及适于不同类型的夹紧机构，设计成典型的通用机构，以便根据不同的作业要求，选用不用的典型部件，即可组成各种不同用途的机械手。这样，既便于设计制造，又便于改换工作，扩大了应用的范围。同时，要提高精度，减少冲击，定位精确，以更好地发挥机械手的作用。此外，还应大力研究伺服型、记忆再现型，以及具有触觉、视觉等性能的机械手，并考虑与计算机联用，逐步成为整个机械制造系统中的一个基本单元。

在国外机械制造业中，工业机械手应用较多，发展较快。目前主要用于机床、模锻压力机的上下料，以及点焊、喷漆等作业中，它可按照事先制定的作业程序完成规定的操作，但是还不具备任何传感反馈能力，不能应付外界的变化。如发生某些偏离时，就将引起零部件甚至机械手本身的损坏。为此，国外机械手的发展趋势是大力研制具有某些智能的机械手，使其拥有一定的传感能力，能反馈外界条件的变化，做出相应的变更。如位置发生少许偏差时，即能更正，并自行检测，重点是研究视觉功能和触觉功能。

视觉功能即在机械手上安装有电视照相机和光学测距仪（即距离传感器）以及卫星计算

机。工作时，电视照相机将物体形象变成视频信号，然后传送给计算机，以便分析物体的种类、大小、颜色和方位，并发出指令控制机械手进行工作。

触觉功能即在机械手上安装有触觉反馈控制装置。工作时机械手先伸出手指寻找工件，通过装在手指内的压力敏感元件产生触感作用，然后伸向前方，抓住工件。

任务 8.2 机械手气动系统原理

任务目标与分析

在某些高温、粉尘及噪音等恶劣环境的场合，用机械手代替手工作业是工业自动化发展的一个方向。本任务介绍的气控机械手模拟人手的部分动作，按预先给定的程序、轨迹和工艺要求，实现自动抓取和搬运，完成工件的上料或卸料。为完成这些动作，系统设有四个气缸，可在两个方向上做直线运动，其中一个方向上还可做旋转运动。

在气动系统中，一种以气压为动力驱动执行元件动作，而控制执行元件动作的各类换向阀又都是电磁-气动控制的系统，能充分发挥电、气两方面的优点，应用相当广泛。

这类系统的分析和液压传动系统相类似，其信号与执行元件动作之间的协调连接（含逻辑设计）由电气设计完成。

下面以一种在无线电元器件生产线中广泛使用的可移动式通用气动机械手为例，说明其工作原理及特点。

知识链接

8.2.1 气压传动系统图的阅读方法与步骤

气压传动系统图也是表示该系统执行机构实现动作的工作原理图。在阅读气压传动系统图时，其读图步骤一般可以归纳为：

（1）了解气压装置（设备）对气动系统的动作要求。

（2）逐步浏览整个系统，看懂图中各气动元件的图形符号，了解它的名称、一般用途。仔细研究各个元器件之间的联系，及其在系统中的作用。

（3）分析图中的基本回路及功用。

（4）了解系统的工作程序及程序转换的发信元件，弄清压缩空气的控制路线。

（5）按工作程序图或电磁铁动作顺序表逐个分析其程序动作。读懂整个回路是如何实现设备动作要求的。

（6）全面读懂整个系统后，归纳总结整个系统的特点。

在气动系统中，一般规定工作循环中的最后程序终了时的状态作为气动回路的初始位置（或静止位置），因此，回路原理图中控制阀及行程阀的供气及进出口的连接位置，应按回路初始位置状态连接。一般所介绍的回路原理图，仅是整个气动控制系统中的核心部分，一个完整的气动系统还应有气源装置、气动三大件及其他气动辅助元件等。

8.2.2 气动机械手控制系统

1. 气动机械手工作原理

图 8-5 是气动机械手的结构示意图。它由真空吸头、水平缸、垂直缸、齿轮齿条副、回转机构缸及小车等组成。

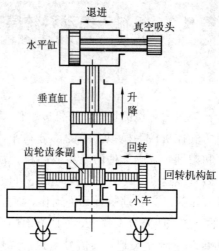

图 8-5 气动机械手的结构示意图

基本工作循环是：垂直缸上升 → 水平缸伸出 → 回转机构缸置位 → 回转机构缸复位 → 水平缸退回 → 垂直缸下降。

气动机械手一般可用于装卸轻质、薄片工件，若更换适当的手指部件，还能完成其他工作。其相应的气压传动系统原理如图 8-6 所示。

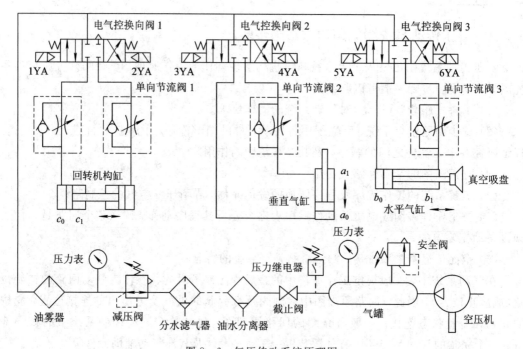

图 8-6 气压传动系统原理图

2．机械手气压传动系统原理

1）垂直缸上升

按下启动按钮，4YA 通电，电气控换向阀 2 处右位，其气路为：

气源 → 油雾器 → 电气控换向阀 2 右位 → 垂直气缸下腔；垂直气缸上腔 → 单向节流阀 2 节流口 → 电气控换向阀 2 右位 → 大气。

垂直缸活塞在其挡块碰到电气行程开关时，4YA 断电而停止。

2）水平缸伸出

当电气行程开关被垂直缸上挡块所碰时，发信号使 4YA 断电、5YA 通电，于是电气控换向阀 3 处左位，其气路为：

气源 → 油雾器 → 电气控换向阀 3 左位 → 水平缸左腔；水平缸右腔 → 单向节流阀 3 节流口 → 电气控换向阀 3 左位 → 大气。

当水平缸活塞伸至预定位置挡块碰行程开关时，5YA 断电而停止，真空吸头吸取工件。

3）回转机构缸置位

当行程开关发出信号使 5YA 断电、1YA 通电时，电气控换向阀 1 处左位，其气路为：

气源 → 油雾器 → 电气换向阀 1 左位 → 单向阀 → 回转机构缸左腔；回转机构缸右腔 → 单向节流阀 1 节流口 → 电气控换向阀 1 左位 → 大气。

当齿条活塞到位时，真空吸头工件在下料点下料，挡块碰开关，使 1YA 断电、2YA 通电，回转机构缸停止后又向反方向复位。

4）机械手气压传动系统的复位

从回转机构缸复位动作 → 水平缸退位 → 垂直缸下降至原位，全部动作均由电气行程开关发出信号引发相应的电磁铁使换向阀换向后得到，其气路和上述正好相反。到垂直缸复原位时，碰行程开关，使 3YA 断电而结束整个工作循环。

如再给启动信号，将进行上述同样的工作循环。完成整个工作循环的电磁铁动作顺序表如表 8-3 所示。

表 8-3 机械手系统电磁铁动作顺序表

电磁铁 \ 动作	1YA	2YA	3YA	4YA	5YA	6YA	信号来源
垂直缸上升	－	－	－	＋	－	－	按钮
水平缸伸出	－	－	－	－	＋	－	行程开关
回转机构缸置位	＋	－	－	－	－	－	行程开关
回转机构缸复位	－	＋	－	－	－	－	行程开关
水平缸退回	－	－	－	－	－	＋	行程开关
垂直缸下降	－	－	＋	－	－	－	行程开关
原位停止	－	－	－	－	－	－	行程开关

3. 气动机械手系统特点

气动机械手系统的特点如下：

（1）采用行程控制式多缸顺序动作回路结构，发信号元件是电气行程开关。因其对动作的位置精度要求不高，故只用行程开关，未用死挡铁和压力继电器。

（2）采用单向节流阀出口节流调速方式控制各气缸活塞的动作速度。生产线上，可根据各种自动化设备的工作需要，广泛采用能按照设定的控制程序进行顺序动作的气动机械手。

机械手的 PLC 控制

机械手是一种能模拟人的手臂的部分动作，按预定的程序轨迹及其他要求，实现抓取、搬运工件或操纵工具的自动化装置。而可编程逻辑控制器（PLC）由于其具有的高可靠性、编程方便、易于使用和修改、易于扩展和维护、环境要求低、体积小巧、安装测试方便等性能在工业控制中有着广泛的应用。这里简要讲解机械手的 PLC 控制。

1. 某通用机械手气动系统结构组成及原理图

图 8-7 为某通用机械手的结构示意图，该系统由 A、B、C、D 四个气缸组成，能实现手指夹持、手臂伸缩、立柱升降和立柱回转四个动作。

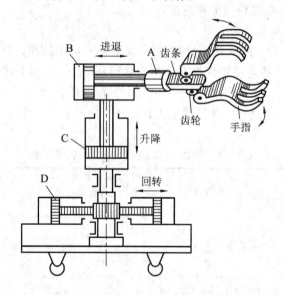

图 8-7 某通用机械手的结构示意图

其中，A 缸为松紧缸，能抓取工件，其活塞退回时夹紧工件，活塞杆伸出时松开工件。

B 缸为长臂伸缩缸，可实现手臂的伸出和缩回动作。

C 缸为升降缸，能实现立柱的升降。

D 缸为回转缸，能实现立柱的回转动作。它为齿轮齿条气缸，有两个活塞，分别装在带齿条的活塞杆两端，齿条的往复运动带动立柱上的齿轮转动，从而实现立柱及手臂的回转。要求其完成的工作循环为：立柱上升 → 伸臂 → 立柱顺时针旋转 → 抓取工件 → 立柱

逆时针旋转 → 缩臂 → 立柱下降。

图 8-8 为某通用机械手气动系统工作原理图,三个缸分别与三个三位四通双电换向阀 1、2、7 和单向节流阀 3、4、5、6 组成换向、调速回路。各气缸的行程位置均由电气行程开关进行控制。表 8-4 中列出了该机械手电磁铁的动作顺序。

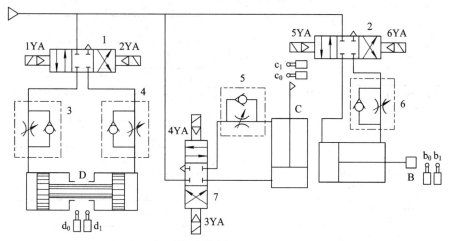

1、2、7—三位四通双电换向阀;3、4、5、6—单向节流阀

图 8-8 某通用机械手气动系统工作原理图

表 8-4 电磁铁动作顺序表

动作 ＼ 电磁铁	1YA	2YA	3YA	4YA	5YA	6YA
立柱上升				+		
手臂伸出				−	+	
立柱转位	+					−
立柱复位	−	+				
手臂缩回		−				+
立柱下降			+			−

注:表中"＋"号表示相关电磁阀得电;"−"号则表示失电。

2. 机械手控制系统的动作顺序流程图

根据图 8-8 和表 8-4 分析其工作循环可知,机械手状态流程图如图 8-9 所示;电磁阀的工作时序图如图 8-10 所示。

对机械手的控制程序要求如下:

立柱上升→伸臂→立柱顺时针转→立柱逆时针转→缩臂→立柱下降。图中 X0 为启动信号。

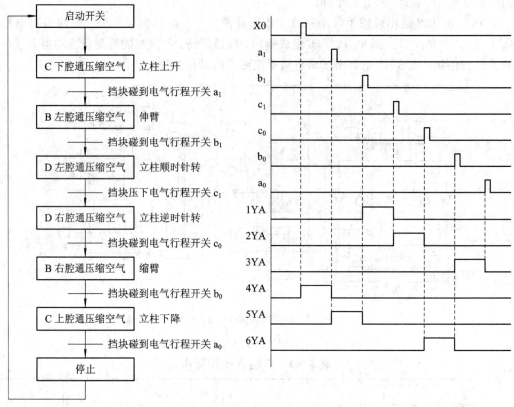

图 8-9　机械手状态流程图　　　　图 8-10　机械手电磁阀的工作时序图

　　根据控制要求（这里设计了一个任意时间停止程序，用 X1 控制）和工作流程将 PLC 的输入、输出信号以表格的形式反映出来（表 8-5）。

表 8-5　PLC 控制机械手输入/输出地址表

输入信号			输出信号		
元件代号	作用	输入点编号	输出点编号	作用	输出继电器
SB1	启动	X0	Y0	立柱顺时针转	KA1
SB2	停止	X1	Y1	立柱逆时针转	KA2
a_0	立柱下限位	X2	Y2	立柱下降	KA3
a_1	立柱上限位	X3	Y3	立柱上升	KA4
b_0	缩臂限位	X4	Y4	伸臂	KA5
b_1	伸臂限位	X5	Y5	缩臂	KA6
c_0	立柱逆时针限位	X6			
c_1	立柱顺时针限位	X7			

3. 系统接线图

机械手 PLC 控制外部接线图如图 8-11 所示,电磁阀工作电路图如图 8-12 所示。

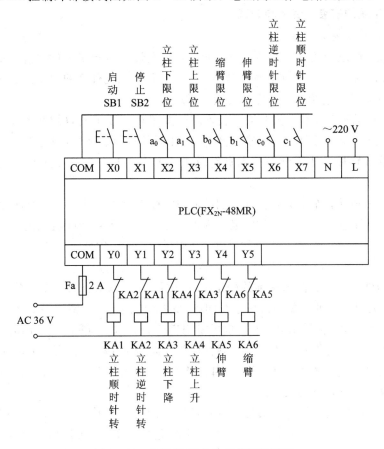

图 8-11 机械手 PLC 控制外部接线图

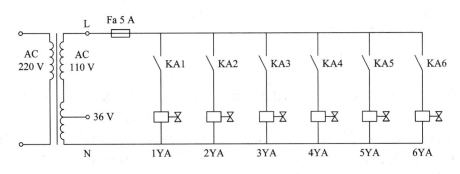

图 8-12 机械手 PLC 控制电磁阀工作电路图

知识拓展

液压系统与气动系统的调试及维护

在实际应用过程中,一个设计合理的、并按规范化来使用的液压气动系统,一般来说故障率极少。但是,如果安装、调试、使用和维护不当,也会出现各种故障,严重影响生产。因此，安装、使用、调试和维护的优劣，将直接影响到设备的使用寿命、工作性能和产品质量，故液压气动系统的安装、使用、调试和维护在液压气动技术中占相当重要的地位。

1. 液压系统的安装、清洗和调试

1）液压系统的安装

一般来说，组成液压系统的各种液压元件布置在设备执行机构的附近，或者局部集中（液压泵站、操纵箱等）。在液压泵、执行元件、各种控制元件之间由管道、管接头和集成块或油路板等有机地连接成一个完整的液压系统。

（1）安装前的准备工作。安装液压装置前应按照有关技术资料做好各项准备工作。设备的液压系统图、电气原理图、管道布置图、液压元件清单、管件清单、有关产品样本及液压阀集成块或油路板设计图纸等技术资料应一一俱全，工作人员应熟悉液压装置的技术要求。

按清单领取液压件后，必须检查它们的质量、性能是否符合要求，对库存时间过长的液压件，尤其要注意其内部密封件的老化程度；对运输和库存期间侵入的灰尘和锈蚀、对新出厂的液压件上残留的微量铁屑和型砂，必须予以清除。因此，有必要将它们拆开清洗，然后重新装配、测试，以确保液压件工作正常。

分解液压件应在符合国家标准的净化室中进行，至少应在封闭、单独隔离的装配间中进行。允许用煤油、汽油以及与液压系统同牌号的液压油清洗。清洗后的零件不得用易脱落纤维的棉、麻、丝、化纤制品擦拭，也不得用皮老虎鼓风，必要时允许用清洁、干燥的压缩空气吹干零件。对清洗好暂不装配的零件应放入防锈油中保存。装配时不得漏装、错装，严禁硬装、硬拧，必要时允许用木槌、铜棒或橡皮锤敲打。已装配好的液压件的进、出油口要用塑料塞堵住，以防脏物侵入。

对拆洗、装配好的液压件还要进行技术指标的测定和试验。测试时，将被测件连接在试验台的回路中，先进行低频、空载、低压小流量跑合，然后按出厂标准规定的项目、方法进行测试。每个被测元件都要达到产品样本上规定的主要技术指标。

（2）主要液压元件的安装。液压泵、液压缸（马达）、液压阀的安装要求在相应章节里都有叙述，这里强调的是它们安装的注意事项。

液压泵按设计图纸要求安装完毕，用手转动联轴器，感觉液压泵转动轻松、无异常现象后，才可以配管。

液压缸按设计图纸要求安装，将活塞杆伸出与设备被带动的部件连接，用力推、拉运动部件来回数次，感觉灵活轻便、无卡滞现象后，再将紧固螺钉拧紧。

液压阀安装时不准用纤维制品擦拭安装结合面，紧固螺钉拧紧时受力要均匀。安装完毕应使换向阀的阀芯尽处于原理图上的位置；调压阀的调节螺钉应处于放松状态；流量控制阀的调节手轮应使节流阀口处于较小开口状态。

（3）液压管道的安装。液压管道的安装是液压设备安装的主要工程。管道安装一般分为两次，第一次为预安装，第二次为正式安装。预安装是为正式安装作准备，是确保安装质量的必要环节，常称为配管。配管方式与所选用的管道材料和管接头形式有关。液压管道的安装要求前面已经叙述，这里以焊接式配管为例，讲述配管时应注意的问题。

① 配管准备。将所有用管道连接的控制元件、执行元件、液压泵、油箱及其他辅件安装到位，不得随意更改元件的安装位置。将所有需要的管接头及其组合密封垫圈都分别安

装在相应液压件的油口上，按实际工作状态拧紧螺纹。

② 测量配管尺寸。对需要用管道连接的两个管接头之间的实际空间位置仔细测量。对两接头之间弯曲部位较多、形状复杂的管子可先做样板，然后按尺寸或样板切割、弯曲管子。

③ 切割管子。用锯或砂轮截断管子，切口要平整，断面与轴线的垂直度为 $90°±0.5°$。管道两端管口外圆要加工 $30°$ 的焊接坡口，清除管口内圆因切割产生的铁屑和毛刺。

④ 弯管。根据管子的外径、弯曲角度和弯曲半径确定弯管方式。管子弯曲加工时允许椭圆度为 10%。外径在 14 mm 以下的管子可以用手和一般工具弯管，直径较大的钢管用手动或机动弯管机弯管。弯曲半径一般应大于管子外径的三倍。管子弯曲后应避免截面有较大的变形。

⑤ 预安装。将管道两端管口分别与两管接头的接管点焊起来，然后将管道及点焊在一起的接管连同螺母一同取下。再将管道与接管正式焊起来，焊缝要均匀。为防止配管时灰尘、铁屑通过管接头的接头体通道污染液压件，可暂将接头体用工艺接头体代替。工艺接头体除中间无通油孔外，其余与真实接头体一样。正式安装时再将工艺接头体卸掉，换上真实接头体。

⑥ 耐压试验。对所有焊接的管道都要进行耐压试验，以检查焊缝强度。一般分三步进行，先加压至工作压力的 50% 左右，保压 3 min；再加压到工作压力，保压 3 min；再加压到工作压力的 1.25～1.5 倍，保压 3 min。若有异常现象，则需补焊。补焊后仍要进行耐压试验。

⑦ 管子酸洗。酸洗的目的是清除焊接后的焊渣及污物。酸洗液为硝酸 20%＋氢氟酸 5%＋水，或 10% 硝酸溶液，或 15%～20% 硫酸溶液，或 20%～30% 盐酸溶液，温度保持 40～60℃，酸洗时间约 30～40 min。钢管酸洗后要用温水清洗，然后烘干或吹干，并涂上防锈油。

⑧ 正式安装。安装时尤其要检查密封件质量，切勿漏装或损伤密封件。管道安装时，要在管子上相隔一定距离安装管夹，以改善和防止管道振动。

2）液压系统的清洗

液压系统的清洗是减少液压系统故障的重要措施。对刚刚安装的液压系统，为保证安装质量，试车前必须清除配管时混入系统内的金属粉末、密封碎块、油漆、涂料、砂粒等污染物。对经过长期工作后的液压装置，由于油液老化，密封橡胶落渣、金属磨损物等杂质会影响系统正常工作，因此在一定期间内必须进行清洗。

清洗时，可利用液压设备上的液压泵作供油泵，但要临时增加一些必要的元件和管件。清洗工作以系统主油路为主。先将系统溢流阀压力调到 0.3～0.5 MPa，将执行元件进出口与系统断开，将换向阀与连接执行元件的 A、B 口短接，并使阀芯处于使油路循环的位置，组成临时的清洗回路，如图 8-13 所示。对较复杂的液压系统，可按执行元件分区域进行清洗。

清洗液选用低黏度专用清洗油，它有溶解橡胶的能力。清洗油用量通常为油箱油量的 60%～70%。清洗时，一边使泵运转，一边将油加热到 50～80℃，油液在清洗回路中自行循环。为提高清洗效果，应使泵做间歇运动（时转时停），间歇时间一般为 20～40 min。为使附着物脱落，在清洗过程中可用木棍或橡皮锤轻轻敲打管道，敲击时间为清洗时间的

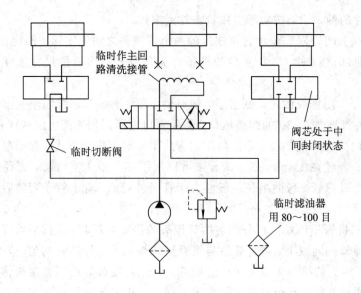

图 8-13　清洗回路

10％ ～15％。在清洗开始阶段用 80 目的过滤网，到预定清洗时间的 60％时，改用 150 目的过滤网。清洗时间视液压系统的复杂程度、污染程度、元件精度和过滤要求等来确定，一般为 2～3 h。

清洗结束，泵应在油温降低后停转，油箱内的清洗油应全部排净。同时再清洗一次油箱内部，清洗油箱时需用绸布或乙烯树脂海绵擦洗，油箱死角的焊渣和铁屑可用面粉团或胶泥团粘除。

清洗完毕，拆除临时增设的清洗回路，将管路恢复到设计时规定的系统，注入实际工作油液，空载运转，间隔 3～5 min，2～3 次后，再继续开车 10 min，使油液在整个液压系统内循环。最后，检查回油管处过滤网，确认无杂质后方可正式试车。

3）液压系统的调试

不管是新安装的液压设备，还是经过大修后的液压设备，都要进行液压系统各项技术指标和工作性能的调试，目的在于检查液压系统是否满足设计要求。在调试过程中出现的缺陷和故障应及时修复和排除。调试过程应有书面记载，并纳入设备的技术档案中，作为设备投产后使用和维修的原始技术依据。

调试准备完毕，首先进行空载试车。空载试车的作用是检查液压系统中各液压元件、各基本回路工作是否正常可靠，动作循环是否符合要求。空载试车的方法与步骤：

（1）间歇启动液压泵，使系统有关部分得到充分润滑。

（2）松开溢流阀调压手柄，使泵在卸载状态下运转，检查泵的卸载压力是否在允许范围内，有无刺耳噪声，油箱液面是否有过多的泡沫。

（3）使液压缸以最大行程完成多次往复运动，或使液压马达以某一转速转动，借助排气阀排除积存在液压系统中的空气。

（4）在液压缸或液压马达的运动方向设置障碍（如挡铁），使之停止运动。再将溢流阀慢慢地调到规定值，使泵在工作状态下运转，检查溢流阀调节过程中有无异常声响、压力是否稳定。

（5）空载运转一段时间后，检查各液压元件及管道的内、外泄漏量是否在允许范围内；检查油箱油面下降是否在规定高度范围内；液压系统连续运转半小时以上，查看油温是否在 30～60℃规定范围内。

空载试车正常后，方可进行负载试车。

负载试车是使液压系统在规定负载下工作，检查液压系统能否满足各种性能参数要求。一般先在低于最大负载下运转，然后逐渐加载，如运转正常，才能进行最大负载试车。

负载试车时应缓慢旋紧溢流阀调压手柄，使系统工作压力按预先选定值逐渐上升，每升一级都应使执行元件往复动作数次或一段时间。试车过程中应及时调整行程开关、先导阀、挡铁、碰块及自动控制装置等，使系统按工作循环顺序动作无误。为控制执行元件的运动速度，可调节流量控制阀、溢流阀、变量泵、变量马达等，使其工作平稳，无冲击，无振动噪声。

调试结束后，应对整个液压系统作出评价。

2. 气动装置的维护保养

使用气动装置时，如果不注意维护保养工作，就会频繁发生故障或过早损坏，使装置的使用寿命大大降低。对气动装置进行维护保养时，如发现事故苗头就应及时采取措施，修复或更换相应部件，以减少和防止故障的发生，延长气动元件和系统的使用寿命。

维护保养工作的中心任务是，保证供给气动系统清洁、干燥的压缩空气；保证气动系统有良好的气密性；保证油雾润滑元件得到必要的润滑；保证气动元件和系统得到规定的工作条件（如使用压力、电压等），以保证气动执行机构按预定的要求进行工作。

维护工作分经常性维护和定期维护。经常性维护是指每天进行的维护，定期维护是指每周、每月或每季度进行的维护。维护工作应有记录，以作为诊断故障的依据。一般每年对气动装置大修一次，彻底解决平时经常出现的问题。

1）经常性维护

经常性维护工作的主要任务是排放冷凝水、检查润滑油和管理空压机系统。

冷凝水排放涉及空压机、后冷却器、气罐、管道系统、各处的分水过滤器、干燥器和自动排水器等整个气动系统冷凝水积聚的地方。在气动装置作业结束时，为防夜间温度低于0℃导致冷凝水结冰，应将各处冷凝水排放掉。由于夜间管道内温度下降会进一步析出冷凝水，故气动装置在运转前，还要排放一次。注意查看自动排水器工作是否正常，水杯内存水是否过量。

在气动装置运转时，应检查油雾器的滴油量是否符合要求、油色是否正常。油中不要混入灰尘和水分。

对空压机系统，应检查是否向水冷式后冷却器供给了冷却水；空压机运转时是否声音异常、发热异常；润滑油位是否正常等。

2）定期维护

每周的维护工作主要是漏气检查和油雾器管理，其目的是早期发现事故苗头。

漏气检查应在白天车间休息的空闲时间或下班后进行。这时，气动装置已停止工作，车间内噪声小，但管道内还有一定气压，根据漏气的声音便可知何处存在泄漏。管道与接头处漏气是因接头松动造成的，软管破裂或拉脱，减压阀、油雾器、换向阀、快速排气阀、气缸等气动元件的密封不良、灰尘嵌入、螺钉松动都会造成漏气。对严重泄漏处必须立即处理，对一般泄漏应做好记录。

油雾器管理是指给油雾器补油。补油时，应注意油量减少情况。若滴油量太少，应重新调整滴油量。调整后，滴油量仍很少或不滴油，便要检查油雾器进出口是否装反、油道是否堵塞、所选油雾器的规格是否合适。油雾器最好选用一周补油一次的规格。

每月或每季度的维护工作应比每日和每周的维护工作更仔细，但仍限于外部能够检查的范围。主要任务是：

（1）检查各处泄漏情况。单靠在装置周围听声音是不够的，应用涂肥皂液等办法进行更为仔细的检查。

（2）检查换向阀排出空气的质量，一是了解排气中所含润滑油量是否适度，以判断润滑是否良好；二是了解排气中是否含有冷凝水，以检查冷凝水管理是否符合要求；三是了解不该排气的排气口是否有漏气。检查排气所含润滑油量的方法是将清洁白纸放在换向阀排气口附近，将阀反复切换三、四次后，看白纸上的油渍斑点，若白纸上只有很轻的斑点，则表明执行元件润滑良好。

（3）检查安全阀、紧急开关阀等调节部分的灵活性，因这些阀平时很少用，定期检查以确认它们的动作是否可靠。

（4）检查指示仪表有无偏差。

（5）检查电磁阀切换动作的可靠性。对交流电磁阀，让其反复切换，从切换的声音和速度来判断阀的工作是否正常。若有蜂鸣声，则表明电磁铁芯吸合不正常，往往会导致线圈烧坏，必须认真检查。

（6）检查气缸活塞杆的表面质量。由于活塞杆常露在外面，很容易被划伤。从活塞杆表面有无伤痕、镀层脱落等情况，可判断活塞杆与端盖导向套、密封圈的接触配合处是否有泄漏。

3）每年（或几年）一次的大修

大修的目的是彻底解决平常工作中经常出现问题的地方，同时更换即将损坏的零件和接近其使用寿命的元件。大修的周期根据阀类使用的频繁程度、装置的重要性和定期维护状况来确定。

大修时拆卸元件前，应清除元件和装置上的灰尘，保持环境清洁。必须切断电源和气源，并认真检查各部位，确认压缩空气全部排出后方能动手拆卸。

拆卸时应按组件为单位进行，并注意各零件的排列顺序、安装方向，以便日后装配。开始拆卸，要慢慢松动螺钉。一边拆卸，一边逐个检查零件是否正常。对滑动部分零件，要注意 O 型密封圈和密封垫圈的磨损、损伤和变形情况；对节流孔、喷嘴和过滤芯，要注意其堵塞情况；对塑料和玻璃制品，要检查是否龟裂或损伤；对电磁线圈，要检查绝缘情况。

更换已损坏的零件。拆下来准备再用的零件，应放在清洗液中清洗，除去污垢。不得用汽油等有机溶剂清洗橡胶、塑料件，可用优质煤油清洗。清洗后不得用棉纱、化纤物品擦拭，可用干燥、清洁的空气吹干，涂上润滑油。然后以组件为单位装配，尤其不要漏装密封件。装配好的元件要进行通气试验。试验时要缓慢升压到规定压力，确认元件无泄漏。

检修后的元件一定要试验其动作情况。检修后的气缸，开始时应使缓冲装置的节流部分调到最小，然后调节流量阀，使气缸以非常慢的速度移动，再逐渐打开节流阀，使气缸速度达到规定值。

✦✦✦✦ 思考练习题 ✦✦✦✦

1. 简述 JS02 型工业机械手液压系统的组成及元件功用。

2. 简述 JS02 型工业机械手液压系统的工作原理。

3. 简述 JS02 型工业机械手液压与气压系统的特点。

4. 简述 JS02 型工业机械手气压传动系统的工作原理。

5. 液压与气动系统的故障诊断方法有哪些？

6. 液压与气动系统的大修间隔期为多少？其主要内容是什么？

7. JS-1 型液压机械手手臂不能回转的原因有哪些？一般应如何排除其故障？

8. 简述机械手的作用、使用领域和一般结构组成部分。

9. 如图 8-14 所示为气动机械手的工作原理图，试分析并回答以下各题。

(1) 写出元件 1、3 的名称及 b_0 的作用。

(2) 填写电磁铁动作顺序表。

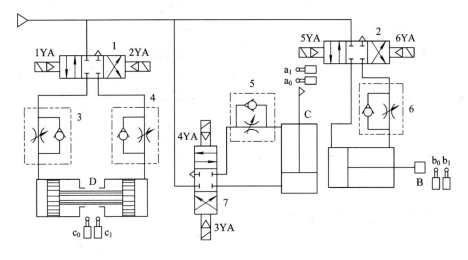

图 8-14 题 9 图

附录

常用液压与气动元件图形符号

附表1　基本符号、管路及连接（GB/T 786.1—93）

名　称	符　号	名　称	符　号
液压	▶	气动	▷
工作管路	——————	控制管路	− − − − − − −
组合元件框线	− · − · − · −	泄油管线	− − − − − − −
连接管路		交叉管路	
柔性管路		油箱	
连续放气装置		间断放气装置	
单向放气装置		直接排气口	
带连接排气口		带单向阀快换接头	
不带单向阀快换接头		旋转接头	

附表2　泵、马达和缸（GB/T 786.1—93）

名　称	符　号	名　称	符　号
泵的一般符号	液压泵　　气泵	单向定量液压泵	
双向定量液压泵		单向变量液压泵	
双向变量液压泵		单向定向马达	
双向定量马达		摆动马达	
液压源		气压源	
单作用缸	弹簧压出	单作用缸	弹簧压入
双作用单活塞缸		双作用双活塞缸	
单向缓冲气缸		双向缓冲气缸	
单作用伸缩气缸		单作用伸缩液压缸	

附表 3 控制元件(GB/T 786.1—93)

名　称	符　号	名　称	符　号
二位二通换向阀		二位三通换向阀	
二位四通换向阀		二位五通换向阀	
三位四通换向阀		三位五通换向阀	
无弹簧单向阀		有弹簧单向阀	
液控单向阀		或门型梭阀	
与门型梭阀		快速排气阀	
直动式溢流阀		先导式溢流阀	
减压阀		溢流式减压阀	
先导式减压阀		直动式顺序阀	
先导式顺序阀		卸荷阀	
固定式节流阀		可调节流阀	
调速阀		分流阀	

附表 4　辅助元件(GB/T 786.1—93)

名　称	符　号	名　称	符　号
过滤器	粗　　精	空气过滤器	人工　　自动
分水排水器	人工　　自动	除油器	人工　　自动
空气干燥器		油雾器	
气源调节装置		冷却器	
加热器		压力指示器	
压力计		压差计	
液位计		流量计	
温度计		蓄能器	
储气罐		消声器	
压力继电器		行程开关	

参 考 文 献

[1] 许福玲，陈尧. 液压与气压传动. 北京：机械工业出版社，1997.

[2] 许福玲. 液压与气压传动. 武汉：华中科技大学出版社，2001.

[3] 赵世友. 液压与气压传动. 北京：北京大学出版社，2007.

[4] 何存兴. 液压传动与气压传动. 武汉：华中理工大学出版社，1998.

[5] 孙名楷. 液压与气压传动. 北京：电子工业出版社，2008.

[6] 梅荣娣. 气压与液压控制技术基础. 北京：电子工业出版社，2011.